비빔밥 산업화

조문구 저

yh 도서출판 유한문화사

컬러화보

비빔밥 표준식단 10종 사진

전주식 비빔밥

산채 비빔밥

새싹 비빔밥

버섯 불고기 비빔밥

참치 샐러드 비빔밥

김치 비빔밥

나물 비빔밥

해초·굴 비빔밥

오곡 돌솥 비빔밥

견과류 비빔밥

비빔밥 산업화

조 문 구 저

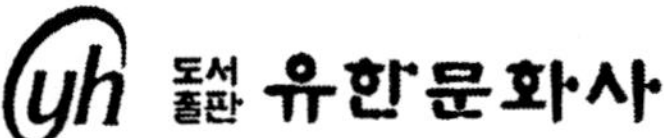

머리말

한식에 대한 세간의 관심이 집중되면서 마침 한식재단이 설립되고 대학의 조직도 식품과학대학 편제가 시작되었다.

전주라는 지역의 특성과 한식의 개념을 과제화 하여 한식의 표준화, 산업화와 세계화까지 이어지기를 바라는 마음으로 비빔밥 산업화에 주목하였다.

벌써 10년이 되어 가지만 아직도 갈 길은 멀다고 생각한다. 부디 더 많은 연구와 상용화가 이어져 한국음식이 보다 더 보편적인 음식이 되기를 희망한다.

2021. 3

삼례에서 저자 씀

차 례

제 1 장 비빔밥 산업화의 방법론 / 11

제 2 장 비빔밥 산업화 연구 / 35

제 3 장 비빔밥 및 한식용 소스개발 / 153

제 4 장 한식용 식용유 개발 / 171

제 5 장 비빔밥 세계화의 조건 / 193

제6장 비빔밥 산업화 결론과 제언 / 213

제7장 비빔밥 산업화 연구 기초자료 / 227

제 1 장

비빔밥 산업화의 방법론

세계 각국은 전통음식의 역사와 문화적 가치가 농업, 식품산업과 관광 등 다양한 산업에 매우 큰 영향을 미친다는 것을 인식하면서 전통음식의 세계화에 국가 정책적 차원의 지원이 이루어지고 있다. 우리나라도 2008년 11월 식품산업종합대책의 수립 및 2010년 한식재단의 출범과 함께 한식의 우수성을 기반으로 세계적 음식으로 도약하기 위하여 범정부적으로 한식 세계화 정책을 추진해 오고 있다.

한식의 세계화는 정부의 구호나 업계의 희망만으로 달성하기 어려운 복합적인 문제이므로 세계화의 비전을 갖고 체계적으로 한식의 역사적 정통성과 이에 기반한 산업화 전략이 시행되어야 하고, 우리 국민이 먼저, 그리고 진심으로 우리 한식을 이해하고 사랑할 수 있도록 해야 한다.

세계 최고의 기내식 부문 금상인 머큐리상 수상과 WHO의 평가와 함께 비빔밥과 한식은 전 세계적으로 관심이 집중되고 있는 건강식으로서, 또한 비만문제를 해결할 수 있는 가장 현실적인 대안으로 평가받고 있다. 특히 최근에 발표된 보건복지부와 국민건강관리공단의 발표에 따르면 대한민국 국민의 건강지수는 세계 3위를 하였다. 결국 한국의 전통음식은 영양학적으로 우수하며, 세계인에게 소개할 만한 충분히 매력적인 음식이므로 한식의 세계화를 위한 체계적인 연구와 접근이 필요하다.

현재까지 비빔밥을 비롯한 한식관련 연구과제와 사업은 대부분 재료의 독창성이나 특정한 일부 재료나 성분의 건강기능성, 또는 시각적인 부분을 강조해 왔으나, 이러한 측면은 한식의 진정한 차별성인 한상차림을 정확하게 나타내지 못하고 있다. 한식이 다른 나라의 음식과 가장 두드러진 차이점은 주로 식물성 재료를 사용하면서도 음식의 다양성이나 맛, 그리고 영양학적 균형을 유지하고 있으며, 특히 음식을 통해 섭취하는 칼로리의 총량이 상대적으로 낮아 장기간의 섭취를 통해 현대의학의 가장 문제점으로 지적되는 영양과다와 과체중으로 인해 발생하는 여러 성인병에 근본적인 대응이 가능한 기능식이며, 한 상에 모든 음식을 차려낸다는 점이다. 그러나 일반적인 한식당과 한정식에서 지적되는 치명적인 문제로서 너무 과다한 상차림과 음식의 양이 너무 많고, 계절과 지역적인 차별성과 그릇의 개성이 없다는 단점 등이 지적된다.

이러한 상황에서 한식의 대표 음식으로 세계적으로 잘 알려진 비빔밥의 가치와 중요성이 새롭게 조명되고 있고, 한식의 세계화・퓨전화 추세와 웰빙 음식에 대한 인식 증대로 비빔밥이 한식의 핵심 메뉴로 부상하고 있어 비빔밥의 세계화 필요성이 제기되고 있다. 그러나 국내외적인 명성에도 불구하고 비빔밥의 우수성을 입증하고 산업화 자산으로 전환하는 데 필요한 과학적인 연구는 체계적으로 수행되지 못했다. 비빔밥의 종주국으로서 위상을 제고하고, 한식의 국가대표 브랜드로 선점 및 육성하기 위해서는 비빔밥에 대한 이론적인 체계 확립과 산업화에 대한 종합적인 접근이 필요하다.

따라서 본 과제는 한식 고유의 특징을 바탕으로 가장 널리 알려져 있으며, 비교적 쉽게 세계화가 가능한 비빔밥을 주제로 한식문화 자원의 경쟁력을 향상시키고 선도적인 한식 세계화를 주도하기 위하여 비빔밥의 세계화와 산업화 방향을 수립하는 동시에 전통적인 개념에 계절과 지역, 인종과 문화에 접근할 수 있는 다양한 재료와 부담스럽지 않은 상차림과 정갈한 그릇, 한식의 세계화를 견인하는 다양한 한국적 소스를 개발하고자 한다.

또한 국내에 유학중인 거점국가 출신의 유학생과 외국인을 대상으로 지역적 접근성을 확보하여 한식 세계화에 기여하고자 한다. 특히 전 세계에서 거의 유일하게 말린 나물, 들깨와 들기름을 사용하는 한식의 장점을 독창적인 식문화로 발전시켜 세계적인 식문화 선진국으로 발전할 수 있는 계기와 전통음식 산업화 및 세계화로 예상되는 실질적인 부가가치의 핵심 요소인 소스와 기름 등 소재개발을 목표로 수립하였다.

요약하면, ① 다양한 재료를 사용해서 골라 먹는 재미가 있고, ② 칼로리 개념을 도입하여 저칼로리 식품이면서도 영양학적 균형식이고, ③ 장기간 동안 섭취하면 체중조절로 인한 건강상태를 유지시켜 주는 기능식이다. ④ 개발된 소스와 기름을 상품화하여 현지에서도 쉽게 구입이 가능하고, 개인의 기호에 적합한 재료에 적용한 한국풍 및 현지화를 통해 농식품 소재 가공산업의 발전을 유도하며, ⑤ 말린 나물, 들깨를 포함하는 다양한 식재료의 수요 창출로 농민의 자발적인 농업구조 조정을 유도하여 장기적으로 농업생산성과 농촌복지 향상에도 기여하고자 한다.

1. 비빔밥 산업화 국내외 동향 및 배경

세계 식품시장은 지속적 성장추세를 보여 2005년 3.6조 달러 규모에서 2008년 4조 달러, 2012년 4.6조 달러로 연평균 3.2% 정도 증가할 것으로 전망된다. 특히 아시아·태평양 지역의 성장속도가 가장 빨라 연평균 4.8%의 증가율을 나타내고 있다. 세계 식품·음식산업 시장은 각 국가 GDP의 10~12%를 차지하고 있고, 이 중에서 외식산업의 규모는 전체 식품산업 시장의 50%에 달한다. 2008년을 기준으로 다른 산업과 비교하면 IT산업의 6배, 자동차의 약 2.5배인 것을 알 수 있다(표 1-1).

국내 식품산업도 지속적 성장 추세를 나타내고 있고, 식품산업 생산액은 2007년 약 109.5조 원으로 농림어업 생산액 41.6조 원의 2.6배 규모이다. 식품산업의 산업별 생산액은 2006년 음식료품 제조업이 52.5조 원, 음식업 57조 원으로 2000년 대비 각각 41.2%와 60.6%가 증가하였다. 또한 일자리 창출 효과는 음식업 종사자 150만 명, 음식료품 제조업은 19만 명으로 역시 2000년 대비 각각 7.3%와 4.9% 증가하였다. 그러나 식품수출액 대비 수입액 규모는 2008년을 기준으로 약 5.3배로서 식품산업의 성장이 바로 국내산 농식품산업의 성장으로 연결되지 않고 있음을 알 수 있다.

음식 세계화 → 식문화 산업의 탄생 → 농업에서 고부가가치 명품산업으로!

오늘날 세계는 '음식전쟁'이라 할 정도로 자국의 음식과 식문화산업을 국가전략 산업으로 삼아 정부 차원의 광범위한 지원을 전개하고 있으며, 일부 국가들은 이미 소기의 성과를 달성하고 있다. 대표적인 성공사례로서 태국은 정부 주도로 2001년 '태국음식 세계화' 사업으로 정부가 메뉴 개발을 주도하여 태국음식의 전통과 맛을 보존하는 데 앞장서고 있다. 'Kitchen of the World' 프로젝트를 통해 태국음식의 표준화, 음식점 메뉴얼화, 정부 인증제 등을 추진하고 있고, 'Thai Select Certification' 프로그램을 통해서 홍보와 함께 국제적으로 태국식당에 대한 소비자의 신뢰를 확산하고 있

표 1-1. 식품·음식산업의 규모 비교

산업구분	규모(십억 달러)
IT	784
자동차	1,729
식품·음식	4,389

(출처 : Data monitor, 2008)

다. 또한 Global Thai Restaurant를 설립하여 뉴욕, 런던, 파리, 베를린, 시드니, 도쿄 등에 자국의 농식품 수출도 활발하게 이루어지고 있다.

일본은 1964년 동경올림픽 이후에 꾸준하게 일본음식의 세계화를 추구하였고, 2006년 'Try Japan's good food' 사업을 전개하여 2010년까지 전 세계에서 일식 애호가를 12억 명으로 늘리는 '일식 애호가 배가운동'을 추진하고 있다. 스시는 각국의 현지 사정에 맞게 다양한 변형과 고급화로 날 생선에 대한 서양인의 거부감을 극복하고 세계화된 대표적인 음식이다. 이태리는 세계 여러 나라에 산재한 '해외 이탈리아식당 정부 인증제'를 시행하여 외국에서 신뢰할 수 있는 이탈리아 식품제공을 목적으로 조리사 파견, 조리지도 및 식자재 등을 공급지원하고 있다. 1991년에는 외국인을 위한 요리학교인 ICIF(Italian Culinary Institute for Foreigners)를 설립하여 현재 한국, 일본, 미국, 독일 등 12개 국가에서 활동하고 있다.

또한 '국립영양연구소'와 별도로 2003년 농식품부에서 'BUON ITALIA'를 설립하여 이탈리아 농식품의 세계화, 진흥과 관리를 통해 현재는 '이탈리아의 맛, 요리가 예술이 될 때, 프로젝트 와인'등 이탈리아 음식의 세계진출을 지속적으로 추진하고 있다. 이러한 세계적인 추세 속에서 우리 음식의 세계화는 경제적 효과 이외에 국가 이미지 제고라는 중요한 의미를 포함하고 있다.

아직 한식과 우리 식품에 대한 세계적인 인지도는 저조하지만, 전 세계적인 웰빙 트랜드, 건강과 자연식품에 대한 관심증가, 그리고 한류 열풍으로 인한 한식에 대한 관심이 증가하고 있고, 저 열량식, 식단구성의 다양성, 동물성과 식물성 식품의 이상적 비율, 김치와 장류를 포함하는 발효식품의 기능성 등으로 한식의 우수성에 대한 인식이 점차 확산되고 있다.

2006년 미국 건강전문잡지 'Health'는 김치를 세계 5대 건강식품의 하나로 선정하였고, 2004년 WHO는 한식을 영양학적으로 균형 잡힌 모범식으로 선정한 바 있다. 또한 국적 항공기에서 제공하는 비빔밥(1998년)과 비빔국수(2006년)은 가장 우수한 기내식으로 평가받았으며, 한식을 변형시킨 메뉴를 선보이는 '모모푸쿠'는 2007년 뉴욕타임스가 선정한 베스트 뉴 레스토랑으로 선정되었다. 2010년 일본 간사이국제공항의 돌솥비빔밥 전문점, 중국 북경의 대장금, 프랑스 파리 상제리제의 전주비빔밥 등 최근에는 더욱 활발한 해외진출과 성공사례가 나타나고 있다.

농림수산식품부는 2008년 10월 16일 '한식세계화 선포식'을 통하여 한식 세계화에 대한 정부의 의지를 표명하였고, 2009년 '한식 세계화 국제심포지엄' 개최 및 2010년 '한식재단'을 설립하여 한식을 세계적인 식품으로 발전시켜 나가기 위한 다각적이면서 주도적인 노력을 추진하고 있다.

2. 비빔밥 산업화 목적 및 필요성

최근 한식 세계화 추세에 대응하여 비빔밥 산업에 대한 체계적이고 종합적인 발전 모델을 수립하고, 비빔밥 산업 활성화 방안을 마련하여 산업화를 통한 국제경쟁력 강화와 특화된 소스를 개발하여 비빔밥 관련 산업의 부가가치 창출을 극대화하고, 비빔밥 산업화 및 세계시장을 선도하고자 한다.

국내외 비빔밥 시장과 산업화 사례를 조사하여 비빔밥 산업화를 위한 비전, 목표, 주요 핵심과제를 설정하고 비빔밥 산업의 발전전략을 도출하여 기존 비빔밥 관련 연구와 차별성을 확보하면서 관련 산업의 성장을 뒷받침 할 수 있는 방향성을 제시하고자 한다.

일반적으로 한식의 산업화·세계화 추진과 관련한 현실적 제약요인은 경영규모의 영세성, Cold-chain system과 식품위생 미비, 안정적인 식재료 공급기반 취약, 표준거래규격 미비, 메뉴 개발비 과다, 과다한 상차림, 과다한 반찬 수와 음식량, 개성 없는 그릇, 식사 후 냄새 등이 지적된다. 이러한 제약요인들을 극복하고 한식의 산업화·세계화를 추진하기 위해서는 가능성이 높은 품목을 중심으로 원료·조리·서비스의 표준화와 상품성 제고를 위한 기술을 집중적으로 개발·보급하여 비용을 절감하고, 문화와 재료, 조리 및 서비스의 특성을 융합하여 해외 현지 사정과 사업유형에 맞는 다양한 모델의 개발과 보급이 필요하다.

한식의 특징은 다양한 야채와 양념을 식재료로 사용하지만, 현지화 과정에서 채소의 공급문제로 실질적인 부가가치가 급감하므로 양념, 즉 소스의 개선이 필요하다. 따라서 신선채소 이외에 건조 및 동결 채소와 나물을 사용함으로써 한식의 정체성을 유지하면서도 농업 생산자에게 실질적인 혜택이 돌아가도록 유도하고, 양념을 소스화한 한국풍(Korean-style) 소스와 외국인의 기호에 적합한 소스의 개발과 상품화가 필요하다.

본 사업은 이러한 연구개발 필요성에 부응하여 대표적인 한식 품목으로써 산업화·세계화 가능성이 높고, 대내적으로 농업농촌에 대한 후방 연쇄효과가 큰 "비빔밥"에 특화하여 한식의 우수성을 입증하고, 핵심적인 소스류의 개발과 상품화로 농식품 산업발전과 한식 세계화에 기여하고자 한다. 특히, 과다한 식사로 인한 성인병을 차단하기 위해서는 다이어트가 필요하지만, 외식조건에서 개인의 선택에 제한요인이 많은 것이 문제이므로 건강에 문제를 일으키지 않으면서 체중의 감량과 증량에 적합한 외식 상품화가 가능한 새로운 개념의 다이어트 비빔밥 메뉴와 이와 관련된 소스류 개발과 상품화를 포함하여 소비자와 공급자 모두가 Win-Win 할 수 있는 새로운 개념의

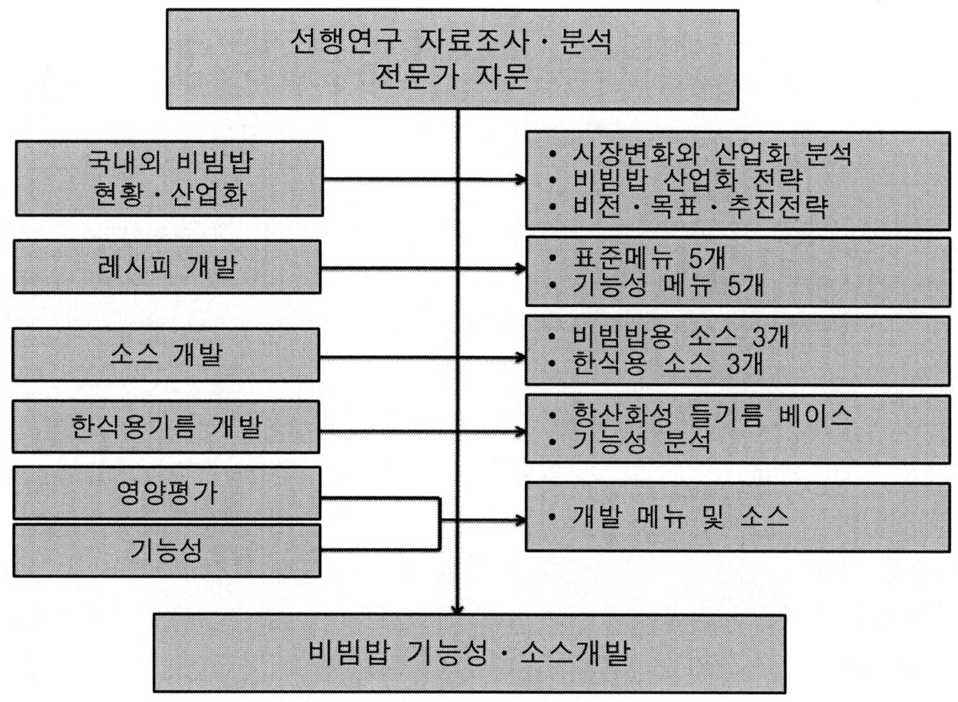

그림 1-1. 비빔밥 산업화 연구체계

한식 산업화 및 세계화 모델을 개발한다. 본 연구의 목적과 주요 내용을 요약한 전체 사업의 체계는 그림 1-1과 같다.

3. 비빔밥 산업화의 설계 및 내용

본 연구의 목적을 달성하기 위한 단계별 목표와 각각의 주요 내용을 표 1-2에 정리하였다.

표 1-2. 비빔밥 산업화 설계 - 연구개발의 목표와 내용

연구개발 목표	연구개발의 내용
비빔밥 메뉴 개발	• 기존 메뉴 및 자료 분석을 통한 1차 메뉴 선발 • 관능평가 및 기능성 분석 • 표준식단 개발(외국인용 5종, 기능성 5종)
비빔밥용 소스 개발	• 비빔밥용 고추장 소스 시제품 : 3종 • 한식(볶음, 조림, 찌개용) 소스 : 3종 – 1차 표본 기호도 조사 – 외국인 50명이상 2차 및 최종 기호도 조사 – 일반성분 및 물성분석
한식용 식용유 개발 (들기름 베이스)	• 들깨 구입 및 착유 • 지방산 조성 및 스테롤 함량분석 • 토코페놀 함량분석 • 배합비율에 따른 산화 안정성 분석
영양평가	• 메뉴 설계(주・부재료 및 소스의 조합) – 열량 기준 – 기능성(식이섬유, 항산화, 비타민, 무기질) • 개발 식단의 영양평가(CAN pro 3.0) • 표준 식단의 영양평가(CAN pro 3.0)
기능성 평가	• 비빔밥 관련 기능성 성분 I – TLC 및 HPLC(GABA, 오르니틴) 및 분석키트(시트룰린) • 면역 및 생화학 활성성분
일반성분 및 물성분석	• 일반성분 분석 – 수분, 회분, 단백질, 지방, 칼로리 • 물성분석 – 색도, 점도, 염도, 당도, pH
산업화 및 세계화 (관능검사)	• 10명 이상의 고정 패널 검사 – 예비교육 및 1차 훈련으로 선발 – 3회 반복 검사 실시 • 선호도 및 기호도 검사 – 50명 이상의 거점국가 국민을 대상 – 2회 이상 실시 – 전주 한옥마을, 외국어학당 등 방문검사 • 상관 분석 – 관능검사, 일반 성분분석, 기호도 검사 값의 종합적 분석 평가

4. 비빔밥 산업화 계획

4.1 비빔밥 산업화 추진계획

1) 연구계획

(1) 비빔밥 기능성 및 산업화 모델 개발

① 단품형, Take-out형, 세트형, 코스요리 등 다양한 메뉴를 체계적으로 개발하여 한식의 대표품목으로 완성함.

② 새로운 재료 및 소스를 개발하여 국내외 수요 기반 다양화, 특히 인스턴트식품에 집중하는 청소년과 젊은 세대의 거부감을 감소시켜 시장을 확대할 수 있는 신세대 친화형 다이어트 메뉴를 개발함.

③ 다이어트를 원하는 외식 인구가 쉽게 접근할 수 있도록 다양한 상업화 모델을 개발하여 적극적으로 한식 외식업소에 집중적으로 소개함(계절별 새로운 상차림 및 식기 디자인).

④ 1회 섭취하는 칼로리의 양을 조절한 다양한 식사메뉴를 제공하여 지속적인 접근성을 유지함.

⑤ 포만감을 주면서 칼로리 섭취에 문제가 없는 다양한 사이드 메뉴를 개발하여 제시함.

⑥ 계절별, 지역문화에 따른 식재료를 조합하여 지루하지 않고 골라 먹을 수 있는 재미를 제공함.

⑦ 채소, 특히 마른 나물을 적극적으로 활용하여 한국의 농업 생산자에게 실질적인 혜택을 제공함.

⑧ 보건위생학적 문제가 발생하는 축산물을 배제하고, 해산물과 농산가공물을 적극적으로 사용함.

(2) 비빔밥 세계화 모델 개발

① 정통 한식을 기본으로 퓨전형, Ready-to-Eat형 등 세계인의 입맛에 맞게 메뉴를 새롭게 개발함.

② 프랜차이즈, 현지협력, 직영 등 사업 유형별로 현지화를 위한 재료 · 조리 · 서비스 매뉴얼을 개발함.

③ 특히 동경 · 상해 · 뉴욕 · LA와 유럽 등 거점 지역별로 경쟁력 있는 비빔밥 메뉴를 개발하여 제시함.

(3) 한식 및 비빔밥용 소스류 개발

① 고추장, 된장, 쌈장, 간장을 주재료로 하는 소스류를 개발함.
② 볶음, 조림, 무침, 비빔, 찌개, 국, 국수용 등 한식요리에 필요한 소스류를 개발함.

(4) 한식 및 비빔밥용 식용유 개발

① 한국음식의 특성을 반영하는 한국풍 식용유를 개발함.
② 외국인에게 접근성이 있는 기름을 개발함.
③ 들기름을 주원료로 하면서 건강과 식품조리에 적합한 기름을 개발함.

(5) 세계화를 위한 관능평가

① 한국에 체류 중인 거점국가 출신 외국 유학생을 대상으로 관능평가를 실시함.
② 관능평가의 결과를 개발 사업에 반영함.

2) 연구내용

비빔밥의 우수성과 기능성을 기반으로 한식 상품개발을 통해 농식품 산업기반을 강화하고, 고유 음식문화를 세계화시키기 위해서는 다양하고 지속적인 접근방법이 필요하지만, 단기간의 연구기간에 결과를 도출하기 위하여 핵심문제 방식으로 우선순위를 정하고, 이미 완료된 연구결과를 연계하여 성과위주로 과제를 수행한다.

[과제 1] 비빔밥의 우수성 및 기능성

비빔밥 세트 메뉴의 1회 섭취 칼로리를 기준량의 90% 또는 110% 이내로 제한하여 지속적인 섭취를 통해 영양학적 균형상태를 유지하면서 체중 감소와 증량 및 성인병의 예방효과를 강조한다.

1일 섭취량 기준 1,200~1,800 kcal 및 1식당 400~600 kcal로 구성된 business set menu(주식 1 + 부식과 반찬 4종 이내로 구성된 고 열량식, 표준식, 저 열량식 및 개인 증상별 처방식으로서 고혈압, 당뇨, 고지혈증, 골다공증 등)와 이에 적합한 식기와 조리법, 상차림을 개발한다.

비빔밥은 다양한 채소와 소량의 육류 및 달걀을 조리하여 밥 위에 얹고 비빔장을 넣어 섞어 먹는 전통 음식으로 지역에 따라 독특한 대표적인 형태가 알려져 있으며, 원형대로 조리할 경우 1회에 섭취하는 칼로리는 600 kcal를 초과하지만, 단백질과 탄수화물 및 지방과 무기질의 균형이 거의 완벽한 식사이다. 특히 재료를 조리하는 방식을 바꾸면 칼로리 조절이 가능하고, 추가하는 재료의 특성에 따라 다양한 기능성을 나타낼 수 있다.

비빔밥의 기능성은 먼저 현대인들의 대부분이 지향하는 다이어트에 주목하여 체중이 70 kg 정도인 성인이 3~5주간 하루에 두 끼 이상을 지속적으로 섭취했을 때 1kg의 감량과 증량이 가능한 정도로 설정하였고, 한국영양학회의 발표에 따라 개인에게 필요한 칼로리 섭취량을 기준으로 10~20% 적거나 많게 섭취하면 가능하다는 연구결과에 따라 설계하였다. 또한 자신의 체중과 나이를 비롯하여 직업의 특성을 토대로 설정된 칼로리만큼의 음식을 골라먹을 수 있도록 음식정보를 제공하면 다이어트의 목적을 달성하는 데 있어서 가장 중요한 음식조절의 문제를 상대적으로 쉽게 달성할 수 있다. 특히 인터넷이나 무선통신에 기반한 프로그램을 제공한다면 보다 효과적으로 다이어트의 목적을 달성할 수 있다.

따라서 비빔밥을 구성하는 음식재료의 조리방법과 재료를 선별하여 자신이 원하는 정도의 칼로리를 설정할 수 있고, 이것을 인터넷으로 정보를 제공하며, 미리 설계한 음식을 외식환경에서도 쉽게 사먹거나, 직접 조리해 먹을 수 있도록 한다면 가장 한국적인 콘텐츠로 현재와 미래의 인간이 원하는 다이어트 기능성을 부여할 수 있다. 제공하는 칼로리의 계산은 한국영양학회가 발표한 CAN 프로그램으로 계산한다.

▣ 프로그램의 특징

개인의 영양섭취 상태를 평가하는 프로그램으로 한국영양학회 영양정보센터에서 과학적이고 객관적인 영양학적 자료를 바탕으로 식품 데이터베이스, 음식 데이터베이스와 영양평가용 수식 및 판정기준을 정하고, 이에 근거하여 2008년도에 개발되었다. 개발 목적은 식품영양학을 전공자는 교육용 도구로, 일반인들은 건강 향상을 위한 영양관리 도구로 활용할 수 있도록 도움을 주는데 있다.

개인이 먹은 혹은 먹어야 할 식품이나 음식의 분량과 영양적 적절성을 정확하게 평가하는 것은 보다 바람직한 식습관을 이해함으로서 최적의 건강을 유지할 수 있게 도와주는 중요한 작업이다. 섭취한 음식의 영양소 함량을 계산하려면 수많은 종류의 식품 데이터베이스를 필요로 하며, 개인별 조건에 따라 다르게 적용되는 영양평가 기준에 맞추어 분석하는 과정은 매우 복잡하며 시간이 필요한 작업이다.

CAN 프로그램은 식사 일기를 쓰는 것처럼 쉽고 편리하게 사용할 수 있으며, 개인의 기본 정보와 음식의 종류 및 분량을 선택하면 프로그램에 내장된 최신 데이터를 활용하여 영양소의 종류와 함량을 알 수 있고 각 영양소별, 식품군별로 과부족이나 적정성 여부를 파악할 수 있도록 구성되어 있다.

▣ 프로그램의 구성

(1) 영양소와 식품군별 섭취 수준의 평가

개인이 선택한 음식을 각 끼니별로 입력하면 특정 음식의 영양소 함량은 물론 일일 및 끼니별 영양소와 식품군별 섭취 수준, 개인별 필요량 대비 영양 섭취의 수준을 한눈에 확인할 수 있다. 특히, 식품군 별 섭취평가에서는 식사구성의 개념과 각 식품군에 속하는 식품 종류를 포함하고 있다.

(2) 프로그램의 기본 자료

① 모든 자료는 한국영양학회에서 제시하는 한국인 영양섭취 기준 및 식사 구성안에 근거하였다.
② 제시되는 수식 및 판정 기준은 학계에서 인정되는 보편적인 자료에 근거하여 선정하였다.
③ 음식자료는 한국인이 상용하는 대표적인 음식 재료 및 재료량에 근거하여 구성하였다.

(3) 음식체계 분류

사용된 총 1,266 종의 음식들은 대체로 섭취 빈도가 높은 음식을 기준으로 하였다. 음식은 조리법을 기준으로 24가지 대분류와 주재료 식품에 따라 중분류 하였다. 사용상의 편의를 위하여 음식에 들어간 주재료가 음식명에 반영되므로 사용자가 선택할 음식이 없는 경우는 음식에 사용된 주재료 식품을 고려하여 음식명을 선택하면 실제 섭취한 것과 근접한 결과를 얻을 수 있다.

〔과제 2〕 비빔밥의 다양성

계절, 재료, 조리방법, 형태에 따른 다양한 비빔밥을 제공하여 골라먹는 재미를 부여한다. 비빔밥은 한국의 전통 음식문화를 대표하고 외국인들이 한국과 관련하여 가장 보편적으로 연상하는 음식이다. 특히 전주비빔밥은 지역에서 생산되는 다양한 농산물을 이용한 한 그릇 음식으로 색이 아름답고 영양학적으로 우수하여 세계화에 적합한 음식이다. 비빔밥은 지방에 따라 재료와 조리법의 차이로 맛과 형태가 다르다. 현재 전주비빔밥이 가장 대중화된 대표적 비빔밥이지만 보다 다양한 형태의 비빔밥 개발이 요구된다.

예를 들어, 다음에 예시한 전통음식을 1식 3～5찬 이내로 조정한 세트메뉴를 구성하고, 조리법을 조정하여 하루 1,200 kcal에서 2,400 kcal 또는 한 끼니당 300～800

kcal에 해당되는 메뉴 10~20개 개발하여 전통음식의 표준 상차림 또는 표준 식단의 보급으로 한식의 경쟁력을 높이는 시도가 필요하다.

〔예시〕 전통음식의 세트화 상차림

비빔밥	묵 비빔밥, 해물달걀찜 비빔밥, 우렁된장 나물비빔밥, 근채비빔밥, 새우계란찜비빔밥, 야채계란찜 비빔밥, 버섯계란찜 비빔밥, 해초계란찜 비빔밥, 약선비빔밥, 건나물 비빔밥, 오곡밥, 무-톳 비빔밥, 홍합-무 비빔밥, 해물 비빔밥, 콩나물 비빔밥, 버섯 비빔밥, 잡곡 비빔밥, 전복밥 보리밥, 굴-콩나물밥
국 또는 찌개	두부김치찌개, 청국장, 해물고추장찌개, 오이우무미역냉국, 해물순두부
반 찬	혼합 쌈채 샐러드, 해물-돼지고기 두부 두루치기, 미니 백김치보쌈, 쌈과 강된장
김 치	오이소박이, 백김치, 배추김치, 총각김치, 양배추김치, 나박김치, 겉절이
후식 음료	식혜, 수정과
반 주	막걸리, 동동주, 모주

〔과제 3〕 비빔밥용 고추장 소스개발 및 한식용 소스 표준화

가장 한국적인 식품소재인 고추장을 비빔, 볶음, 조림, 찌개용으로 사용 가능한 소스로 개발하여 한국의 우수한 식문화를 기반으로 우리가 주도하는 세계적인 식품산업으로 육성한다. 비빔용 소스, 볶음용 소스, 무침용 소스, 조림용 소스, 매운 맛 소스 등 현지에서 쉽고 익숙한 재료에 한국의 고유한 식문화가 반영된 소스를 상품으로 공급하여 한국음식에 대한 인지도와 접근성을 향상시키면서, 결과적으로 한국의 농업농촌의 생산구조와 복지향상을 유도한다. 사업기간 동안 개발할 소스는 칼로리를 분석하여 제시한다.

〔과제 4〕 한식용 식용유 개발 및 표준화

한식의 특징인 다양한 채소를 먹기 쉽게 하면서 맛과 영양균형을 위해 들기름을 주재료로 사용한 한식용 식용유(Korean oil)을 개발하여 한국풍 비빔, 무침, 볶음과 조림음식에 적용하여 세계적인 식품소재 산업으로 유도한다. 한식용 식용유는 들기름을 주성분으로 하고, 외국인의 기호와 영양 및 전체적인 색상의 조화를 고려하여 기

타 식용유 등을 혼합하고 관능평가를 거쳐 소스화 한다.

한식의 특징인 다양한 채소를 먹기 쉽게 하면서 맛과 풍미를 제공하고, 영양학적 균형을 위하여 기존에 사용하던 고소한 맛과 향을 갖는 참기름 위주의 한식용 식용유는 일부 외국인에게는 거부감을 갖는 향으로 인식되고 있어 한식 세계화에 걸림돌로 작용할 수 있다. 또한, 참기름은 오메가-6 지방산 함량이 높아서 현대인의 식생활에 영양적인 불균형을 초래한다. 따라서 한식의 세계화를 위해서는 건강에 유익한 성분이 다량 함유 되어 있으면서 동시에 외국인의 입맛에도 적합한 맞춤형 한식용 혼합 식용유의 개발이 필요하다. 특히 우리나라에서 주로 사용하는 들기름은 오메가-3 지방산 함량이 약 60% 정도로 매우 특이적으로 높다. 따라서 고혈압 및 심혈관계 질환을 예방하고, 항암기능 및 두뇌발달에 매우 유익하지만, 들기름은 향이 매우 독특하여 일부 외국인들에게는 거부감을 갖고 있어 새로운 한식용 식용유 개발은 독특한 향을 마스킹하기 위한 다른 식용유의 배합이 필요하다. 또한 들기름은 산화에 매우 민감하기 때문에 산화 안정성을 확보하기 위한 연구도 필요하다.

최근에 본 연구진들이 개발한 식용유(DBF, Deep buttery Flavour Oil)는 서구인들이 좋아하는 버터향 및 마가린 향을 함유하고 있다. 이를 1~3% 정도 첨가하여 산화 안정성을 높이고, 감마-오리자놀 및 항암성 성분인 토코트리에놀 함량이 높은 미강유와 카놀라유, 포도씨 기름, 올리브유 등의 고유한 향미 특성을 갖고 있는 식용유를 적절히 배합하면 향과 맛의 거부감이 없다. 그리고 산화 안정성이 높고, 오메가-3 지방산이 풍부하므로 건강에 유익한 세계인의 입맛에 맞는 한국형 들기름 베이스 식용유 개발을 목표로 한다. 한국형 식용유의 개발이 완료되면 칼로리 분석을 수행하여 제시한다.

[과제 5] 비빔밥 세계화 검증

거점국가(일본, 미국, 홍콩, 중국, 베트남, 유럽)의 시장진입을 전제로 해당국가 출신 유학생을 대상으로 기호성·편의성·상품성에 대한 개발 메뉴의 관능평가와 한류문화의 홍보를 실시한다. 수도권 및 주요 도시에 체류하고 있는 유학생과 외국인을 초청하여 한국문화와 음식을 체험하게 하고, 관능시험과 설문을 통해 최대한 시행착오를 줄여 현지화 가능성을 향상시키고, 관능평가와 시식 후 설문조사를 병행하여 비빔밥 산업화 및 세계화의 기초자료로 활용한다.

거점국가 및 도시와 현지에 진출한 한국식당과 연계하여 사업성과의 확산을 최대한 유도하고, shop-in-shop 마케팅 등을 활용하여 한식문화를 정착시킨다. 개발된 세트메뉴를 플라스틱 모형으로 제작하여 적극적인 전시홍보에 활용하며, 희망하는 음식점에 보급하여 한식의 산업화와 세계화에 기여한다.

4.2 연구 추진 일정

구 분	월별 추진 일정											
수행 내용	'10. 7		8		9		10		11		12	
과제 1. 비빔밥의 우수성 및 기능성												
• 칼로리 제한 메뉴설계												
• 영양분석 및 평가												
• 자료평가 및 분석												
과제 2. 비빔밥의 다양성												
• 계절별 세트메뉴 설계												
• 식재료 평가												
• 시장성 분석과 평가												
과제 3. 비빔밥용 고추장 소스개발 및 한식용 소스 표준화												
• 비빔밥용 소스												
• 한식용 소스												
• 시제품 제조												
• 시장성 분석과 평가												
과제 4. 한식용 기름개발 및 표준화												
• 한식용 식용유 개발												
• 시제품 제조												
• 한식용 기름의 분석 및 평가												
• 시장성 분석과 평가												
과제 5. 비빔밥세계화 검증												
• 설문조사 문항작성												
• 설문조사												
• 전시용 플라스틱 모형제작												
• 주요 거점국가 및 도시방문												
단계별 검토, 자문 및 평가회의												
• 자체 진도 및 산학 평가회의												
• 과제 총괄												
• 1차 자문회의												
• 2차 자문회의												
중간보고 및 보고서												
• 착수보고												
• 중간보고												
• 진도보고												
최종보고 및 보고서												
추진 진도(%)		5	10	20	30	40	50	60	70	80	90	100

5. 비빔밥 산업화 추진 절차 및 방법

5.1 메뉴개발 및 시험조리

본 연구에서 비빔밥 메뉴 10종과 관련된 메뉴와 식단의 개발은 선행 연구 자료를 분석하여 선발대상을 선별한 다음 우석대학교 재학생을 대상으로 선호도 및 인지도 조사를 거쳐 20종을 1차 선발하였다. 선행 연구 자료는 2009년도에 전주시의 지원으로 우석대학교 연구진이 수행한 "전주비빔밥 문화 콘텐츠 개발사업"에서 개발한 101가지 비빔밥을 대상으로 하였다.

101가지 비빔밥은 스토리 비빔밥 9종, 부재료별 비빔밥 19종, 소스별 비빔밥 14종, 지역전통 비빔밥 27종, 테이크아웃 비빔밥 8종, 퓨전 비빔밥 22종으로 우리나라에서 적용이 가능한 거의 모든 형태의 비빔밥을 포함한다(표 1-3). 1차 선발한 20종을 대상으로 영양분석, 상차림, 시험조리를 거쳐 최종적으로 10종의 비빔밥 메뉴를 선택하였다(그림 1-2).

그림 1-2와 같은 과정을 거쳐 단품요리로서 비빔밥이 아니라 비빔밥과 어울리는 반찬을 포함하는 표준식단으로 개발하여 각각의 비빔밥에 어울리는 반찬, 식기, 칼로리 및 산업화를 전제로 한 재료의 백분율 등을 개발하여 제시하였다.

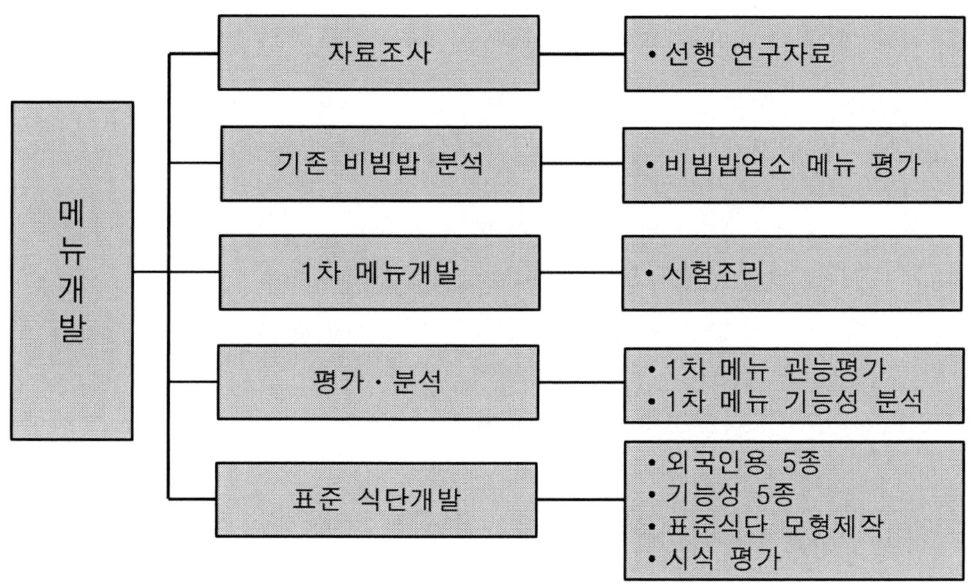

그림 1-2. 메뉴 선발과정

표 1-3. 전주비빔밥 문화콘텐츠개발사업의 101가지 비빔밥 (우석대학교 수행)

비빔밥의 구분	개발한 비빔밥의 이름 및 주재료
스토리 (9종)	• 놀부비빔밥 : 계란, 육회, 잣, 버섯, 야채 • 흥부비빔밥 : 계란, 나물, 야채 • 토끼비빔밥 : 당금, 잣, 야채 • 거북이비빔밥 : 통깨, 해초류 • 햇님비빔밥 : 계란, 잣, 호두, 야채 • 바람비빔밥 : 계란, 청포묵, 야채 • 평강공주비빔밥 : 새싹채소 • 바보온달비빔밥 : 육회, 호두, 버섯, 야채 • 해님달님비빔밥 : 떡, 양파, 계란, 야채
부재료별 (19종)	• 약선 비빔밥 : 쇠고기, 인삼, 계란, 묵, 야채, 들기름 • 시래기비빔밥 : 쇠고기, 된장, 시래기, 새싹 • 모둠해초비빔밥 : 모둠해초, 간장, 식초 • 검은깨콩나물 비빔밥 : 돼지고기, 부추, 검은깨, 마늘 • 취나물비빔밥 : 나물, 버섯, 쇠고기 • 도토리묵 비빔밥 : 야채, 간장, 대파 • 녹 비빔밥 : 버섯, 쇠고기, 무순, 청주 • 연근초 비빔밥 : 날치알, 게맛살, 식초 • 부추잡곡비빔밥 : 새싹, 어린잎채소, 양파 • 무나물비빔밥 : 무, 실파, 간장 • 수삼야채 비빔밥 : 도라지, 무, 수삼, 야채 • 키조개오징어 비빔밥 : 키조개, 오징어, 나물, 부추 • 강된장새싹 비빔밥 : 된장, 청국장가루, 야채, 멸치육수 • 굴새싹비빔밥 : 샐러드야채, 새싹, 국 • 돌나물참치 비빔밥 : 참치, 무채, 단무지채 • 전복비빔밥 : 전복살, 돼지고기, 야채, 간장 • 날치알새싹 고추장 비빔밥 : 모둠새싹, 양파 • 두부비빔밥 : 양파, 당근, 감자, 간장 • 꿩고기비빔밥 : 버섯, 양파, 야채

(계속)

비빔밥의 구분	개발한 비빔밥의 이름 및 주재료
소스별 (14종)	• 레몬 고추장 소스를 곁들인 해산물 비빔밥강회 • 청국장 비빔밥, • 오곡선식 된장소스 비빔밥 • 두부 깨 소스 열무비빔밥, • 베이컨 고추장비빔밥 • 막걸리식초를 곁들인 낙지비빔밥 • 꽃게살 고추장 소스 비빔밥 • 고추기름, 두반장, 고추장소스 비빔밥 • 토마토케첩과 고추장 소스 비빔밥 • 가다랭이포 소스 비빔밥, • 레몬 초고추장 소스 비빔밥 • 고추장 마요네즈 소스 비빔밥, • 과일소스 비빔밥 • 데리야끼 소스 비빔밥
지역 전통 (27종)	• 강원도 산채비빔밥, • 경남 통영비빔밥, • 경남 산채비빔밥 • 경남 진주비빔밥, • 경북 안동헛제사밥, • 경북 대게비빔밥 • 경북 주왕산 산채비빔밥, • 경북 직지사 산채비빔밥 • 서울 경기 골동반, • 전남 육회비빔밥 • 전북 전주비빔밥, • 전북 산채비빔밥, • 전북 보리비빔밥 • 충남 호두산채비빔밥, • 충남 구기자순 비빔밥 • 충북 소백산 산채비빔밥, • 충청 우렁이된장비빔밥 • 봄나물비빔밥과 약고추장, • 명란젓비빔밥 • 함경도 닭비빔밥, • 양지머리 비빔밥, • 버섯비빔밥 • 생선비빔밥, • 전복비빔밥, • 평양비빔밥, • 해주비빔밥 • 돌솥비빔밥
테이크아웃 (8종)	• 날치알 월남쌈 비빔밥, • 오징어순대 비빔밥 • 비빔밥 춘권, • 비빔밥 피자, • 주머니비빔밥 • 비빔밥꼬치, • 비빔밥 샌드위치, • 비빔밥 또띠야
퓨 전 (22종)	• 비빔밥시금치라자냐, • 비빔밥그라탕, • 돈가스비빔밥 • 파프리카치즈비빔밥, • 레몬스테이크비빔밥, • 파인애플 삼겹살비빔밥, • 샤브샤브 들깨비빔밥 • 치킨데리야끼 비빔밥, • 비빔밥구이, • 불고기치즈비빔밥, • 양배추 비빔밥 찜, • 토마토비빔밥, • 비빔밥어선 • 양파 장아찌 해물비빔밥, • 골뱅이 채소비빔밥 • 게살비빔밥, • 김치주물럭 비빔밥, • 매운해물비빔밥, • 새우비빔밥, • 매운 낙지비빔밥, • 회비빔밥, • 한치비빔밥

5.2 소스개발 및 시험조리

선별한 비빔밥 10종에 적용할 비빔밥용 소스와 함께 제공하는 반찬을 조리하는 데 필요한 소스류를 선행 연구 자료와 한식조리 관련 문헌을 통해 1차 정리하였다. 비빔밥용 소스와 다양한 한식용 소스의 식재료 중에서 최근의 건강지향성을 고려하여 소금, 합성조미료와 설탕 같은 인공첨가물을 배제하고, 가급적 천연재료 및 한국의 특산물로 대체하여 메뉴와 식단을 구성하였다. 소스개발 과정은 그림 1-3과 같다.

먼저 비빔밥 및 한식용 소스의 기본 재료인 장류는 전북 군산시에 소재한 옹고집 영농조합법인의 전통고추장, 된장과 조선간장을 사용하였고, 소금은 대한염업조합의 전남 신안산 천일염을, 그리고 설탕은 전북 완주군에 소재한 (주)꿈엔들의 유기농 쌀 조청을 사용하였다.

개발한 소스류는 모두 산업화를 위한 기본조건으로서 외부 전문가의 조언에 따라 백분율로 환산한 값으로 표시하여 관련업체는 물론 대규모 음식점에서 쉽게 활용할 수 있도록 하였다. 특히 가장 표준적인 비빔밥용 고추장 소스의 세계화를 위해 기호에 따라 세 가지 형태를 개발하였다.

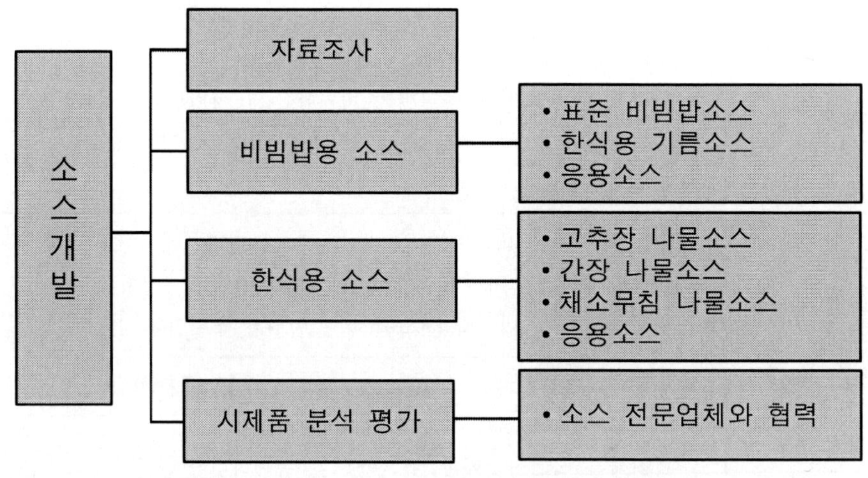

그림 1-3. 소스 개발과정

5.3 한식용 식용유 개발 및 평가

한국의 농식품산업 발전과 한식 세계화를 위하여 본 사업의 내용에서 가장 중요한 고려사항의 하나가 바로 한식용 식용유의 개발이다. 한식용 식용유는 세계적으로 거의 유일하게 들기름을 식용으로 사용하는 한국에서 가장 한국적인 음식과 문화의 코드로 산업화가 가능하지만, 외국인들에게는 강한 향기와 함께 산화 안정성이 낮아 저장성이 나쁜 단점이 있다.

그러나 오메가-3 지방산의 함량이 식용유 중에서 가장 높아 단점을 보완하면 다양한 용도로 산업화가 가능할 것으로 예상하며, 다른 작물에 비교하여 상대적으로 쉽게 재배가 가능하므로 쌀 농업의 편중문제를 해결할 수 있는 대안으로도 예상한다. 한식용 식용유의 개발과정은 그림 1-4와 같다.

한식용 식용유은 먼저 들기름의 가장 큰 약점인 산화 안정성과 강한 향을 보완하기 위하여 산화 안정성이 높고, 상대적으로 향이 거의 없는 미강유와 대두유 등을 대상으로 혼합유를 만들어 생리활성과 산화안정성 및 관능평가를 통해 개발하였다. 특히 쌀가공 부산물인 미강유의 가능성에 집중하여 한국 쌀 산업의 부가가치를 높이기 위한 시도를 포함하였다.

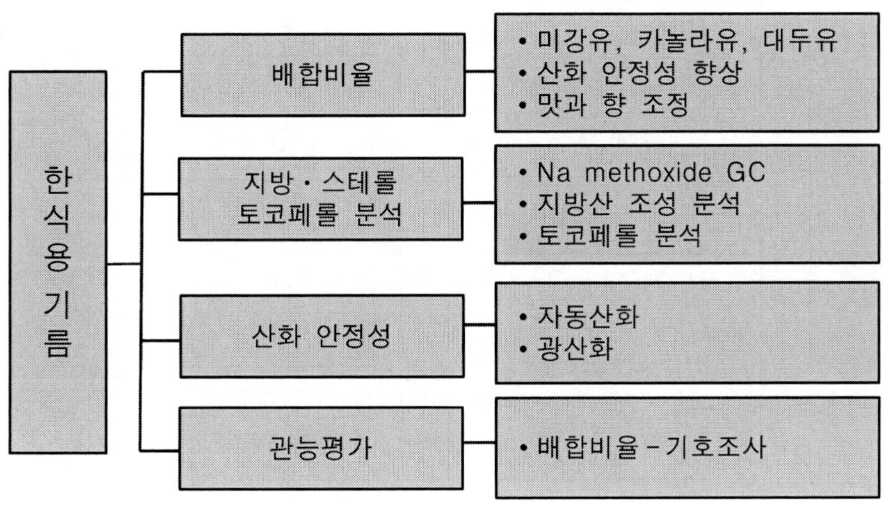

그림 1-4. 한식용 식용유의 개발과정

5.4 영양평가 및 설계

본 사업에서 개발하려는 10가지 비빔밥 메뉴와 반찬을 포함한 표준식단, 그리고 다양한 기능과 용도의 식단에 작용하는 주·부재료의 양과 총 칼로리는 1차적인 메뉴 설계를 거쳐 조리방법과 음식의 양을 조절하여 개인의 특성에 맞게 적용할 수 있도록 각각 설계하였다. 소스를 포함한 식단의 영양평가 단계는 그림 1-5와 같다.

본 과제에서는 비빔밥 단품요리를 개발하는 것이 아니라 10가지 비빔밥에 적합한 반찬과 상차림 및 그릇을 포함하는 표준식단을 개발하였으며, 연구결과를 한식의 표준화를 통해 산업화와 세계화에 기여하는 것을 목적으로 개발하였다. 그러나 기존의 알려진 비빔밥의 칼로리를 분석한 결과 대부분이 2,000 kcal를 초과하였다.

따라서 본 과제에서 개발하려는 비빔밥 표준 식단은 비빔밥과 반찬을 포함하여 음식의 양과 조리법, 소스를 조정하여 한 끼의 식사에서 섭취하는 칼로리를 조정하였다. 기본적으로는 하루 두 끼의 표준 식단을 3~5주간 섭취할 때 평균적으로 1kg의 감량 및 증량이 가능한 수준으로 설계하였다.

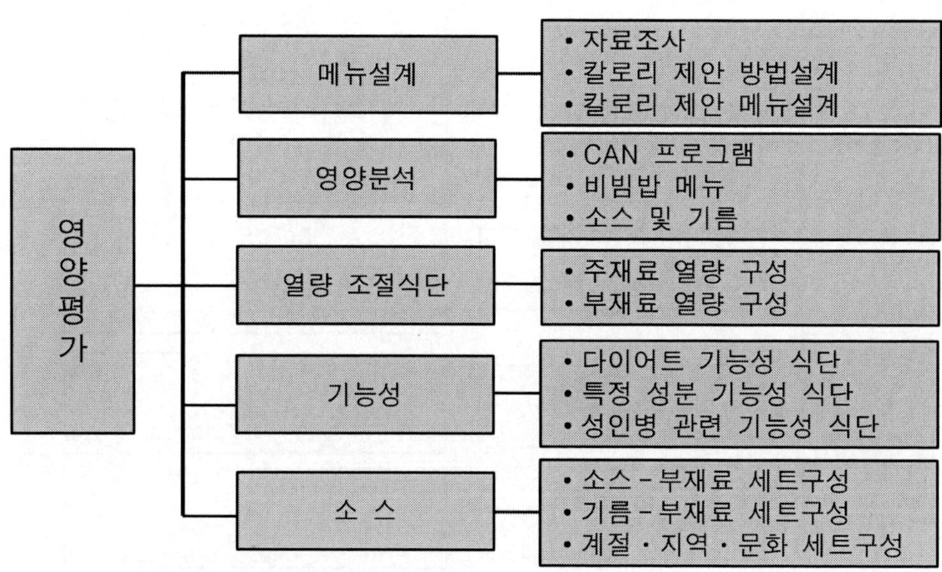

그림 1-5. 영양평가 및 설계과정

5.5 기능성 소재 개발 및 평가

선발한 10가지 비빔밥의 기능성과 면역활성을 분석하기 위하여 1차적으로 문헌조사를 수행하였고, 특수 아미노산과 면역활성에 미치는 효과를 동물실험을 통해 평가하는 과정은 그림 1-6에 정리하였다.

선행 연구 자료의 분석을 통해 한식의 구성 재료인 다양한 식재료에 포함된 각각의 성분에 대한 조사와 생리활성 분석은 지금까지 부분적으로 이루어져 왔으나, 비빔밥 자체에 대한 생리활성 성분과 면역활성에 대한 분석은 시도된 바가 없었으므로 비빔밥의 성분분석을 통해 한식의 우수성에 대한 과학적 근거를 확인하고자 기능성 분석을 실시하였다.

기능성 분석은 두 가지로 시도하였다. 먼저 비빔밥의 구성 재료와 비빔밥에 대한 아미노산 분석과 함께 두뇌활성 관련 항비만 및 스태미나와 관련된 가바, 오르니틴 및 시트룰린 분석을 별도로 실시하였다. 두 번째는 면역 생리활성으로서 기초 면역활성과 세포의 생존성 및 아토피와 관련된 항알레르기 관련 분석을 수행하였다.

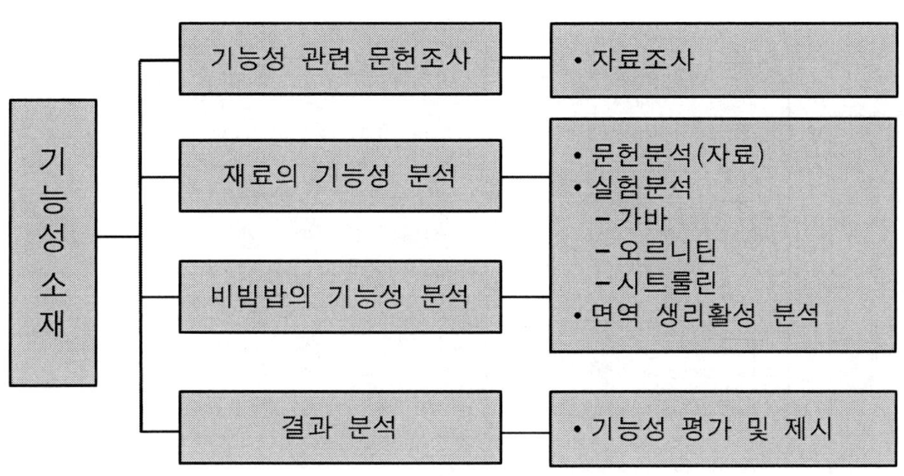

그림 1-6. 개발한 10종 비빔밥의 기능성 분석과 평가

5.6 관능평가(산업화 및 세계화 검증)

비빔밥의 산업화와 세계화를 보다 구체적으로 추진하기 위해서 비빔밥을 포함한 표준식단의 일반적인 분석과 함께 한국인과 외국인을 대상으로 관능평가를 통해 메뉴설계를 실시하고, 국내외적으로 비빔밥의 확산을 달성하기 위한 과정은 그림 1-7에 정리하였다. 비빔밥과 함께 소스와 한식용 식용유에 대해서도 관능평가를 실시하여 제품개발에 반영하였다.

본 과제에서 개발된 비빔밥과 소스에 대하여 일반적인 식품분석은 물론 한국인과 외국인 유학생을 대상으로 관능평가를 실시하여 한식 세계화를 위한 타당성을 평가하였다. 한국인은 우석대학교 식품과학대학 재학생을 대상으로 실시하였고, 외국인은 우석대학교를 포함하여 전북지역의 4년제 대학에 재학하고 있는 유학생을 대상으로 실시하였다.

특히, 한식 세계화의 가장 가까운 대상지역인 일본과 중국을 대상으로 현지 시장조사와 인지도 및 선호도 조사를 실시하여 비빔밥을 포함한 한식 세계화의 방향성을 검토하였다.

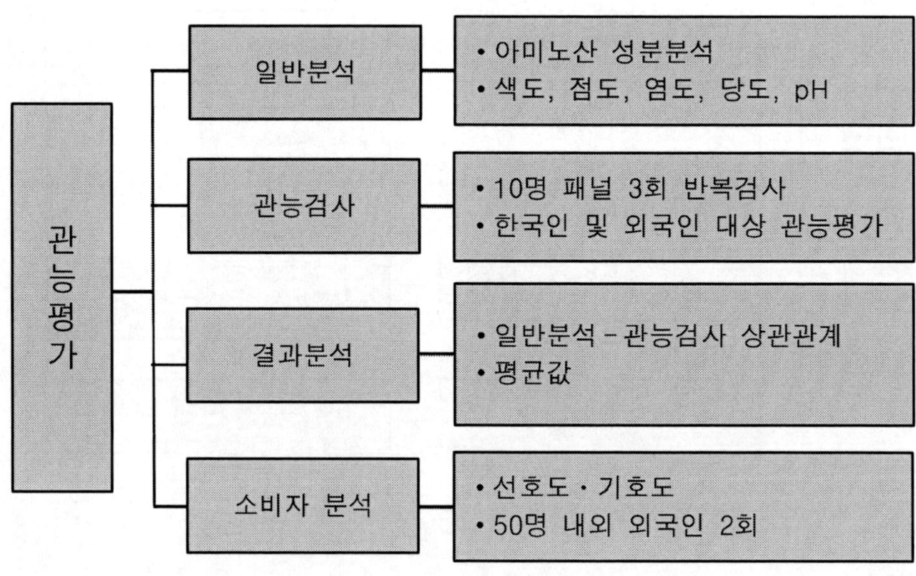

그림 1-7. 비빔밥 세계화를 위한 관능평가

5.7 자체 평가지표

본 과제를 수행하면서 사업목적을 달성하기 위해 표 1-4에 정리한 것과 같이 5가지 분야별로 달성 목표를 정하고, 사입기간 내에 자체적으로 점검하여 성과달성의 기준으로 점검하였다.

표 1-4. 과제수행의 점검을 위한 자체 성과 평가지표

<table>
<tr><th colspan="2">평가항목</th><th>달성목표</th><th>평가지표</th><th>비 고</th></tr>
<tr><td rowspan="3">비빔밥</td><td>우수성</td><td>한식의 표준화/
기능성</td><td>• 칼로리 제한설계
• 합리적 상차림</td><td>하루 섭취 기준량
50～100% 이내</td></tr>
<tr><td>기능성</td><td>기능성 입증</td><td>• 아미노산 분석
• 면역활성 분석</td><td>특수 아미노산 및
면역활성 분석</td></tr>
<tr><td>다양성</td><td>6종 이상
메뉴 개발</td><td>• 새로운 메뉴 수
• 말린 나물 활용</td><td>계절・재료별
특선 메뉴</td></tr>
<tr><td colspan="2">비빔밥 소스</td><td>3종 이상 개발</td><td>• 새로운 소스 수</td><td>용도별</td></tr>
<tr><td colspan="2">한식용 식용유</td><td>한식용 식용유 개발</td><td>• 들기름활용</td><td>항산화 및 기능성</td></tr>
</table>

제 2 장

비빔밥 산업화 연구

1. 비빔밥의 우수성 및 다양성

1.1 10가지 비빔밥의 메뉴개발과 분석

비빔밥은 쌀밥에 채소와 나물, 버섯, 계란, 고기, 고추장과 식용유를 넣어 비벼 먹는 음식으로 다양한 재료들이 잘 혼합되어 영양적으로 균형이 잡혀있을 뿐만 아니라 조화로운 맛을 내는 우리 민족 고유의 전통음식이다. 또한 기호와 계절에 따라 다양한 재료를 배합하여 맛과 영양을 달리할 수 있는 창조적인 음식이기도 하다.

최근 고지방·고단백의 서구화된 식생활은 비만, 당뇨, 고혈압, 암 등 각종 질병과의 관련성이 높은 것으로 알려지면서 한식의 대표 메뉴 가운데 하나인 비빔밥이 주목을 받고 있다. 비빔밥은 다양한 식재료가 골고루 균형을 이루고 있어 탄수화물, 단백질, 지방, 비타민, 무기질 등 주요 영양소가 골고루 포함되어 있으며, 식물성 천연섬유소가 풍부하고, 동물성 재료가 적게 포함되어 있어 열량이 상대적으로 낮아 변비와 비만 예방식품으로도 알려져 있다.

따라서 본 연구는 현대인의 건강과 웰빙을 위한 음식의 하나인 비빔밥의 영양학적 우수성과 음식으로서의 기호성을 유지하면서 열량을 조절할 수 있는 새로운 개념의 식단을 개발하는 데 그 목적이 있다.

1.2 연구방법

1) 10가지 비빔밥 메뉴의 선발

1800년대 말엽의 『시의전서』에 처음으로 나타나는 비빔밥은 궁중의 간단한 점심이었으나, 한국인이라면 누구나 쉽게 개인의 기초와 상황에 맞추어 비빔밥을 만들어 즐길 수 있을 정도로 수 없이 많은 종류가 사랑받고 있다.

본 연구에서는 먼저 1990년대부터 최근까지 보고된 한식 및 음식과 관련된 문헌 및 보고서와 선행 연구 자료로서 2009년도에 전주시의 지원으로 우석대학교 연구진이 수행한 「전주비빔밥 문화 콘텐츠 개발사업」에서 개발한 101가지 비빔밥을 대상으로 검토 하였다. 101가지 비빔밥은 스토리 비빔밥 9종, 부재료별 비빔밥 19종, 소스별 비빔밥 14종, 지역전통 비빔밥 27종, 테이크아웃 비빔밥 8종, 퓨전 비빔밥 22종으로 우리나라에서 적용이 가능한 거의 모든 형태의 비빔밥을 포함하고 있다(표 1-3 참조).

101가지 비빔밥 중에서 식재료 구성과 사업목적에 부적합한 메뉴를 제외하고, 부재료별 비빔밥과 지역적 전통 비빔밥 중에서 한국적 재료의 특성이 부족한 비빔밥을 제외시킨 다음에 시험조리를 거쳐 20종의 비빔밥을 1차 선발하였다.

1차 선발한 비빔밥 20종은 전주식 비빔밥, 진주비빔밥, 평양비빔밥, 안동 헛제사밥, 개성비빔밥, 산채비빔밥, 나물비빔밥, 돌솥비빔밥, 꽁보리 비빔밥, 김치비빔밥, 순두부비빔밥, 강된장비빔밥, 젓갈비빔밥, 꽃허브 비빔밥, 새싹야채 비빔밥, 참치샐러드 비빔밥, 해초·굴 비빔밥, 오곡 돌솥비빔밥, 견과류 영양비빔밥, 버섯불고기 비빔밥 등이다. 1차 선발한 20종의 비빔밥을 대상으로 우석대학교, 원광대학교, 전북대학교의 식품관련 학과에 재학 중인 한국인 및 외국인 유학생과 교수 및 음식전문가를 대상으로 설문조사하여 재료와 계절의 특성, 본 사업에서 구현하고자 하는 상차림의 특성을 고려하여 2차 선발을 하였다.

2차 선발한 비빔밥 10종은 전주식 비빔밥, 산채비빔밥, 새싹야채 비빔밥, 버섯불고기 비빔밥, 참치샐러드 비빔밥, 김치비빔밥, 나물비빔밥, 해초·굴 비빔밥, 오곡 돌솥비빔밥, 견과류 영양비빔밥이며, 2차 선발한 10가지 비빔밥은 시험조리와 내부 및 외부 전부가의 자문을 거쳐 ① 외국인 및 청소년 등 젊은 세대에게 접근이 쉬운 5종류(전주식 비빔밥, 산채비빔밥, 새싹야채 비빔밥, 버섯불고기 비빔밥, 참치샐러드 비빔밥)와 ② 기능성을 강조한 5종류(김치비빔밥, 나물비빔밥, 해초·굴 비빔밥, 오곡 돌솥비빔밥, 견과류 영양비빔밥)로 나누어 연구를 수행하였다.

그러나 본 과제를 수행하면서 외국인 유학생과 관광객을 대상으로 실시한 설문조사 및 현지조사에서 나타난 결과를 요약하면 한국인과 달리 외국인에게는 단지 2가지 비빔밥으로 집중된다. 한국 전통 비빔밥의 개념으로 전주식 비빔밥과 돌솥비빔밥 2가지였다. 특히 비빔밥을 포함한 한식이 가장 광범위하게 인식되고 있는 일본과 중국 및 홍콩지역에서는 전체 설문조사의 90% 이상에 해당된다. 또한 현지에 장기 체류 중인 한국인을 제외한다면 거의 100%에 해당하는 외국인이 비빔밥의 형태로서 전주식 비빔밥과 돌솥비빔밥만 있는 것으로 알고 있다고 분석된다. 이것은 앞으로 한식 세계화 측면에서 한국음식의 다양성을 알리고 확산하기 위해서는 앞으로 더 많이,

그리고 지속적인 홍보의 필요성을 의미하는 것으로 평가한다.

2) 메뉴 설계

메뉴의 설계는 CAN-pro 3.0 및 한국인 영양섭취 기준(2010, 한국영양학회)을 활용하였으며, 기존의 문헌자료를 참고하였다. 메뉴 설계는 열량 조절과 기능성 식단의 설계를 위하여 다음과 같은 방법으로 수행하였다.

(1) 열량조절 메뉴 설계

① 비빔밥 주재료의 설계(주재료의 종류 및 열량 단위설계)
② 비빔밥 부재료의 설계(부재료의 종류 및 열량 단위설계)
③ 소스류 및 식용유의 열량단위 설계

(2) 기능성 식단 설계

① 주・부재료의 특정 성분에 기초한 식단 설계
② 식이섬유 조절식단 설계
③ 비타민 및 무기성분 조절식단 설계
④ 항산화 성분 조절식단 설계
⑤ 체질개선 조절식단 설계

3) 영양평가

개발된 식단의 영양평가는 CAN-pro 3.0 및 한국인 영양섭취 기준(2010, 한국영양학회)을 활용하여 분석하였고, 영양평가의 대상은 다음과 같다.

(1) 개발된 비빔밥 식단의 영양평가

5종의 외국인을 위한 비빔밥 식단 및 5종의 기능성 비빔밥 식단에 대한 영양평가로서 열량 및 기본 영양소에 대한 분석을 실시하였다.

이상의 개발된 10종의 식단에 대하여 한국인 영양섭취기준(2010, 한국영양학회)에 근거하여 1일 영양섭취 권장 수준에 대한 섭취량을 %단위로 표시하였다.

(2) 대체식단의 영양평가

비빔밥의 활용성을 높이기 위해 체중조절 식단 및 기능성 식단을 별도로 10여 가지를 개발하였다. 체중조절 식단에 대한 영양평가는 열량에 대한 분석을 하였으며, 기능성 식단에 대해서는 철분, 칼슘, β-carotene 및 비타민 C와 같은 몇 가지 영양소를 강화하는 효과에 대한 분석과 일반음식 업소에서 활용할 수 있도록 식재료 구성과 열량평가 및 주의사항을 포함한 조리법까지 정리하였다.

1.3 칼로리 제한 메뉴 및 식재료 설계

1) 열량조절 식단 설계

(1) 주재료의 설계

주재료인 곡류의 열량은 약 200～500 kcal가 되도록 설계하였다. 밥 1공기(약 210g)는 쌀 90g의 분량으로 약 300 kcal 정도의 열량을 함유한다. 따라서 밥을 섭취하는 데서 오는 열량을 조절하는 것이 열량조절 식단 설계의 방법으로 이용할 수 있다.

밥의 열량 구성은 밥 1공기(약 210g, 쌀 90g)가 약 300 kcal에 해당되므로, 일반적인 식당과 편의형 즉석밥의 형태에서 적용되는 것을 참고하여 정상, 적은 양, 아주 적은 양으로 분류하였으며, 각각 1공기(쌀 90g, 300 kcal), 2/3공기(쌀 60g, 200kcal) 및 1/3공기(쌀 30g, 100 kcal)로 나누어 개인의 신체 상태에 따른 건강관리가 가능하도록 설계하였다.

한편, 최근의 건강지향성을 고려하여 일반적인 가정과 일부 식당에서 적용하는 것과 마찬가지로 점차 확대되고 있는 혼식을 가정하여 주재료인 곡류의 구성에 있어서 백미와 잡곡의 배합비율에 대한 설계는 다음과 같이 설계하였다.

한 공기가 약 300 kcal, 쌀 90g으로 가정하고, 백미와 잡곡의 배합비율은 각각 다음과 같이 설계하였다. 여기서 언급한 쌀은 일반적인 20kg 들이 포장 쌀을 의미하며, 동량의 배아미를 사용할 수 있다.

① 현미밥: 쌀 60g, 찰현미(현미) 30g
② 보리밥: 쌀 60g, 찰보리 30g
③ 찹쌀밥: 쌀 60g, 찹쌀 15g, 현미(찰현미) 15g
④ 잡곡밥: 쌀 80g, 잡곡(찰현미, 현미, 찰보리, 흑미, 기장, 수수, 율무, 옥수수 등) 10g
⑤ 쌀밥: 쌀 90g, 또는 배아미 90g

(2) 부재료의 설계

부재료인 나물류, 육류, 어패류, 생 채소, 견과류, 해조류 등에 대한 설계는 약 200～300 kcal가 되도록 설계하였다. 비빔밥의 나물류는 보통 7～8가지가 밥 위에 올리며, 나물류 및 해조류는 열량이 낮은 식품으로서 포만감을 주면서도 미량 영양소를 공급하는 중요한 식재료이다. 또한 단백질 및 지방질의 공급원으로서 육류, 어패류, 견과류 등을 다양하게 활용할 수 있도록 식단을 설계하였다. 일반적으로 비빔밥의 부재료로 사용되는 식재료의 분류는 다음과 같다.

① 흰색 : 도라지, 콩나물, 무생채, 은행
② 청색 : 애호박, 시금치, 취나물, 깻잎
③ 붉은색 : 당근, 홍 파프리카, 적양배추
④ 검은색 : 고사리, 표고버섯
⑤ 육류 : 쇠고기, 닭고기, 참치, 바지락숙회
⑥ 달걀 : 계란(생 노른자)
⑦ 견과류 : 잣, 통깨, 호두
⑧ 황색 : 밤채, 노란 파프리카, 황포 묵

(3) 소스와 식용유의 설계

비빔밥의 주요 양념장인 소스와 식용유의 열량을 100 kcal 정도로 설계하였다. 비빔 양념장에는 주로 고추장을 주원료로 하는 고추장 소스가 보편적으로 사용되고 있으며, 초고추장, 약고추장 등으로 이용되고 있다. 보통 100 kcal 내외의 열량을 함유하고 있어서 열량을 제한하고자 하는 경우에는 간장, 된장 등을 이용하여 열량을 조절하는 방법으로 설계하였다. 식용유의 경우에는 보통 비빔밥 양념장에 포함되어 있으므로 별도로 설계하지 않았다. 따라서 고추장소스는 일반적으로 약 100 kcal 정도의 열량으로 설계하였고, 간장소스는 약 50~100 kcal 정도의 열량으로 설계하였다.

(4) 반찬의 설계

비빔밥 외에 제공되는 반찬은 1가지로서 약 50~200 kcal가 되도록 설계하였다. 반찬의 선택에서 고려한 사항은 가급적 계절적 특성을 최대한 반영하였고, 나물, 전·조림·구이·찜, 젓갈·장아찌 중에서 하나를 선택하도록 설계하였다. 나물류는 각각 익힌 것, 생나물과 외국인의 선호도를 고려하여 잡채류로 분류하여 설계하였다.

- **숙 채** : 콩나물, 숙주나물, 가지나물, 취나물, 고구마 순, 깻잎 순, 깻잎찜, 참나물, 다래순, 무나물, 버섯볶음, 쇠고기·피망 볶음 등
- **생 채** : 해파리냉채, 천사채, 파래무생채, 생다시마 / 초장, 무생채 등
- **잡 채** : 부추잡채, 버섯잡채 등

전류는 기름에 지진 음식으로 일반적으로 열량이 높으므로 전체 섭취 가능한 열량 조절이 쉽도록 각각 저 열량, 중간 열량 및 고 열량군으로 나누어 설계하였다.

- **저열량** : 무전, 부추전, 배추전, 마전, 파전 등
- **중열량** : 애호박전, 버섯전(표고전, 새송이전), 고추전, 부추전, 쑥전, 참죽전, 계란말이 등
- **고열량** : 감자채전, 생선전(동태전, 대구전), 두부전

식단설계에 반영한 조림이나 구이, 찜, 젓갈과 장아찌류는 다음과 같다.

- **조림 또는 구이** : 조기, 고등어, 삼치, 꽁치, 감자 등
- **찜류** : 계란찜 등
- **젓갈류** : 굴젓, 황석어젓, 꼴뚜기젓 등
- **장아찌류** : 마늘쫑, 마늘, 양파, 깻잎, 고추, 콩잎 등

(5) 국의 설계

비빔밥에 함께 제공되는 국은 비교적 비빔밥과 어울리는 식재료를 선택하였으며, 비빔밥의 부족한 영양소를 보충하면서도 식후에 잔류하는 강한 음식냄새를 중화할 수 있는 담백한 것으로 설계하였다. 국의 열량은 50～100 kcal 내외로 설계하였다. 종류는 콩나물국, 쇠고기・다시마・무 맑은 국, 된장국 등을 식단설계에 반영하였다.

(6) 김치의 설계

김치류는 열량이 10～50 kcal 정도이며, 유산균이 풍부하여 청량감을 주는 음식이다. 종류도 다양하며 계절에 따라 다양한 김치를 설계할 수 있다. 식단설계에 반영한 종류는 백김치, 포기김치, 깍두기, 갓김치, 물김치, 오미자물김치, 깻잎김치, 고구마순김치, 파김치, 달래김치 등이다.

(7) 후식의 설계

후식류는 약 50～100 kcal 정도의 열량으로 설계해 볼 수 있으며, 한식의 전통적인 맛을 제공하는 방법으로 다음과 같은 전통음료나 전통한과 등을 고려할 수 있다.

- **음 료** : 오미자차, 매실차, 식혜, 수정과 등
- **과 일** : 화채
- **한과류** : 다식, 강정 등

저녁식사의 음료로서는 위에서 언급한 것 이외에 막걸리, 동동주 또는 약주와 청주 같은 전통 발효주를 식단설계에 반영하였으며, 술을 거부하는 소비자에게는 전통 모주를 제공한다.

2) 기능성 식단설계

기능성 식단의 설계는 일반 비빔밥에 미량 영양소가 충분히 포함되도록 구성하였다. 현대인의 식생활에 부족하기 쉬운 철분, 칼슘, β-carotene 및 비타민 C, 식이섬유 등이 풍부한 식재료를 선택하여 식단을 구성하였다. 나물류 및 채소류에는 비타민 A의 전구체인 β-carotene이 풍부하므로 비타민 A 강화식단을 구성하는 데 활용할 수 있으며, 해조류 및 패류에는 철분과 칼슘 등의 무기원소가 풍부하므로 철분 또는 칼슘 강화 식단을 구성하는 데 활용할 수 있다. 비타민 C는 생 채소에 풍부하므로 새싹이나 생 채소를 활용하여 공급할 수 있으며, 식이섬유는 나물류와 채소류로 식단을 구성하여 공급 가능하다.

식재료를 구성하는 데 있어서 가능한 한 종류를 다양하게 선택하고, 전통개념인 오방색을 조합하도록 고려하며, 재료의 국산화와 세계인 누구나 섭취 거부감 없이 할 수 있는 가능성을 고려하였다. 그리고 미량영양소의 공급이 가능하도록 구성하였다.

개발된 식단의 영양성분 분석은 열량과 영양소 성분을 분석하여 수행하였다. 영양성분 분석에는 CAN-pro 3.0을 활용하였으며, 2009 기능성 성분표, 2010 영양소 성분표, 2010 한국인 영양섭취 기준(한국영양학회)을 활용하였다. 2010 한국인 영양섭취 기준의 내용은 첨부 자료에 정리하였다. 기능성 식단의 개발 목표는 열량조절을 위한 체중관리 식단, 기능성 성분이 풍부한 생리활성형 식단을 개발하는 것이며, 그 방법으로는 주식으로 잡곡밥을 사용하고, 비빔밥의 부재료로는 육류와 채소류, 산채류, 근채류, 나물류, 해조류 등을 활용하는 것이다.

1.4 영양평가 및 분석

1) 외국인을 위한 비빔밥 5종

외국인을 위한 비빔밥 5종의 분석결과는 1.7 1)항에 표로 정리하였다. 외국인을 위한 비빔밥 5종은 비빔밥 한 그릇을 비벼서 섭취했을 때 열량이 400~800 kcal로 다양하였다. 비빔밥 한 상에 제공되는 국, 반찬 한 가지, 김치를 모두 섭취하는 경우에는 700~1,000 kcal가 되도록 설계하였다. 한국인의 영양소 섭취 기준(2010)과 비교하여 보았을 때 1일 권장 섭취기준(2010)에 50~100%를 충족하며, 한 끼의 식사에서 식이섬유, 비타민 및 무기질 등을 고루 섭취할 수 있는 것으로 나타났다.

2) 기능성 비빔밥 5종

기능성 비빔밥 5종의 분석결과는 1.7 1)항에 표로 정리하였다. 기능성 비빔밥 5종에 대한 분석결과, 비빔밥 한 그릇에 대한 열량은 400~800 kcal로 다양하였으며, 비빔밥 한 상에 제공되는 국, 반찬 한 가지, 김치를 모두 섭취하는 경우에는 600~950 kcal가 되도록 설계하였다. 한국인 성인남자에 대한 1일 영양소 섭취 기준(2010)에 비교하여 보았을 때 식이섬유, 비타민 및 무기질 등을 고루 섭취할 수 있는 것으로 나타났으며, 특히 해초·굴 비빔밥은 비타민 B_{12} 함량이 매우 높은 것으로 나타났다.

외국인을 위한 비빔밥 5종 및 기능성 비빔밥 5종에 대한 열량, 영양소 및 기능성 성분에 대한 분석 결과와 개발된 비빔밥 10종에 대한 전체적인 영양성분 분석 결과는 각각 별도로 정리하였다.

3) 체중조절 식단

현대인의 건강문제의 출발은 체중 조절의 성공 여부와 밀접한 관련이 있을 정도로 체중관리는 중요한 문제가 되었으므로 한식의 대표 메뉴의 하나인 비빔밥을 통한 열량섭취 관리를 계획하였다. 체중조절 식단은 열량 섭취를 조절할 수 있는 탄력적인 식단을 구성하는 방향으로 설계되었다.

밥과 반찬을 열량이 적은 것과 많은 것 중에서 선택할 수 있도록 식단을 설계하였다. 대체 가능한 반찬의 종류는 1.7 4)항에 표로 정리하였다.

4) 기능성 대체식단의 개발

다양한 식재료를 활용한 미량 영양소의 공급을 위하여 특정 영양성분이 풍부한 식재료를 활용하여 식단을 구성하는 방법으로 기능성 대체식단을 개발하였다. 성인을 위한 식단은 만성질환을 예방하기 위하여 칼로리, 당, 지방, 나트륨을 과도하게 제공하지 않으며 전곡류, 채소류, 해조류 등 식이섬유가 풍부하게 계획하였다. 음주, 흡연, 스트레스로 인해 부족하기 쉬운 비타민 A, 비타민 C, 비타민 E의 섭취를 위하여 녹황색 채소와 과일을 식단에 풍부하게 계획하였다. 한국인의 성인기는 19~64세로서 성인 남자는 일일 2,400 kcal, 성인 여자는 일일 1,900 kcal를 섭취할 수 있는 권장식사 패턴은 1.7 5)항에 나타냈으며, 기능성 대체식단의 예는 1.7 6)항과 같다.

1.5 거점국가 및 지역 특성 메뉴설계

(1) 홍콩의 비빔밥 현지조사

거점국가 현지조사 및 외국인 관광객과 유학생을 대상으로 설문조사와 관능평가를 통하여 11월 29일부터 31일까지 3일간 분석하였다.

(2) 일본 나고야·오사카 현지조사

거점국가 현지조사 및 외국인 관광객과 유학생을 대상으로 11월 5일 부터 8일까지 4일간 설문조사 및 관능평가를 통하여 분석하였다.

(3) 비빔밥 인지도 조사

설문조사를 통하여 비빔밥 및 주요 한식에 대한 인지도 조사를 수행하였다.

1.6 비빔밥 식재료 표준량

비빔밥의 식재료에 대한 표준화는 비빔밥의 세계화를 위한 정비 차원에서 체계적으로 이루어져야 할 부분이다. 일반적으로 비빔밥의 주재료는 곡류 중에서도 백미로 한정되어 있으며, 그 양에 있어서도 90g~130g 정도로 다양한 조리법이 통용되고 있다. 그러나 오늘날 현대인의 건강과 웰빙에 대한 관심의 증가와 체중관리를 위한 열량섭취의 조절이 필요하게 되었으므로 비빔밥의 식재료에 있어서도 곡류의 부분적인 감량이 필요할 것이다. 또한 열량의 함량이 비교적 낮은 양념 및 소스류의 개발을 통한 열량 조절도 요구되고 있어 이를 표준식단 개발에 반영하였다.

비빔밥의 부재료로 사용되는 식재료들은 각각 10~25g 정도의 양으로 열량 조절에 별다른 영향을 주지 않는 식품들로 구성된다. 비빔밥의 열량을 조절하는 방법은 밥의 양 조절과 양념류에 대한 조절로 요약될 수 있다. 표준 식단에 사용된 식재료에 대한 백분율은 첨부자료에 수록하였으며, 양념 및 소스류에 대한 백분율표, 그리고 비빔밥 식재료 및 양념류에 대한 원가계산도 별도로 정리하였다.

1.7 연구결과

1) 10가지 비빔밥 메뉴개발

문헌조사와 선호도 조사 및 전문가 회의와 시험조리를 통해 최종 선발하여 개발한 10가지 비빔밥의 메뉴와 식재료 구성, 영양성분 및 주요 기능성 성분을 분석하였다.

(1) 10가지 비빔밥 메뉴와 기능성 성분

10가지 비빔밥의 기능성 성분을 분석한 결과는 표 2-1 및 2-2와 같다.

(2) 10가지 비빔밥 메뉴와 영양분석

10가지 비빔밥 메뉴 중에서 전주식 비빔밥의 구성 재료와 영양성분은 표 2-4와 같다. ( )로 표시한 값은 2010년도 기준 한국인 성인 남자의 영양섭취 기준에 대한 섭취율을 %로 환산한 값이다.

표 2-3의 전주식 비빔밥 영양성분에서 ( )로 표시한 값은 2010년도 기준으로 한국인 성인 남자가 하루에 섭취하는 영양기준에 대한 비율로 환산하여 계산한 값이다. 비타민 E와 비타민 B_6는 모두 한 끼의 식사만으로도 하루에 필요한 섭취량을 충족시키는 것을 알 수 있지만, 상대적으로 인과 나트륨 역시 상당한 양을 섭취한다는 점에서 전체적인 메뉴의 저염화와 인공첨가물의 사용에 주의해야 한다.

표 2-1. 외국인을 위한 비빔밥 5종의 기능성 성분

비빔밥	기능성 성분						
	식이섬유 (g)	비타민 A (μgRE)	레티놀 (μg)	β-카로틴 (μg)	ω-3 지방산 (g)	비타민 B_{12} (μg)	이소 플라본 (mg)
전주식	19	825	96	3,800	3.0	1.0	1.0
산 채	24	1,221	21	7,194	7.4	0.7	2.4
새싹야채	11	1,247	51	7,081	2.4	0.4	2.3
버섯 불고기	12	778	12	4,597	5.0	1.5	0.0
참치 샐러드	8	460	43	2,472	2.0	0.2	0.0

표 2-2. 기능성 비빔밥 5종의 기능성 성분

비빔밥	기능성 성분								
	식이섬유 (g)	비타민 A (μgRE)	레티놀 (μg)	β-카로틴 (μg)	엽산 (μg)	비타민 E (mg)	ω-3 지방산 (g)	비타민 B_{12} (μg)	이소플라본 (mg)
김 치	5	432	69	2,177	97	8	0.4	2.1	5
나 물	7	157	-	938	84	6	0.1	-	-
해초굴	4	120	27	1,025	112	4	-	8.1	-
오곡 돌솥	13	456	71	2,323	187	7	0.2	0.6	5
견과류 영양	7	167	-	616	47	5	0.1	-	-

표 2-3. 전주식 비빔밥의 영양성분

<table>
<tr><th>열량 (Kcal)</th><th>식물성 단백질 (g)</th><th>동물성 단백질 (g)</th><th>식물성 지질 (g)</th><th>동물성 지질 (g)</th><th>당질 (g)</th><th>식이섬유 (g)</th><th>회분 (g)</th></tr>
<tr><td rowspan="2">1,047
(44)</td><td>21.5</td><td>14.3</td><td rowspan="2">35.6</td><td rowspan="2">10.5</td><td rowspan="2">124.1</td><td rowspan="2">15.5
(62)</td><td rowspan="2">19.6</td></tr>
<tr><td colspan="2">(65)</td></tr>
<tr><th>식물성 칼슘 (mg)</th><th>동물성 칼슘 (mg)</th><th>인 (mg)</th><th>식물성 철분 (mg)</th><th>동물성 철분 (mg)</th><th>나트륨 (mg)</th><th>칼륨 (mg)</th><th>아연 (mg)</th></tr>
<tr><td>298.3</td><td>39.4</td><td rowspan="2">693.8
(99)</td><td>6.3</td><td>2.6</td><td rowspan="2">5,452.7
(364)</td><td rowspan="2">1,555.4
(44)</td><td rowspan="2">5.9
(56)</td></tr>
<tr><td colspan="2">(45)</td><td colspan="2">(89)</td></tr>
<tr><th>비타민 A (μg RE)</th><th>레티놀 (μg)</th><th>β-카로틴 (μg)</th><th>비타민 B_1 (mg)</th><th>비타민 B_2 (mg)</th><th>비타민 B_6 (mg)</th><th>나이아신 (mg)</th><th>비타민 C (mg)</th></tr>
<tr><td>736.5
(98)</td><td>71.6</td><td>3,319.8</td><td>0.7
(58)</td><td>0.7
(47)</td><td>1.6
(107)</td><td>9.6
(60)</td><td>40.8
(41)</td></tr>
<tr><th>엽산 (μg)</th><th>비타민 E (mg)</th><th>콜레스테롤 (mg)</th><th>오메가-3 (g)</th><th>비타민 B_{12} (μg)</th><th>이소플라본 (mg)</th><th></th><th></th></tr>
<tr><td>108.2
(27)</td><td>16.8
(140)</td><td>348.7</td><td>0.7</td><td>0.92
(38)</td><td>13.8</td><td></td><td></td></tr>
</table>

표 2-4. 전주식 비빔밥의 구성 재료와 영양성분

구 분	음식명	분량 (g)	단백질 (g)	지질 (g)	당질 (g)	비타민 B_1 (mg)	나이아신 (mg)	열량 (kcal)
밥	배아미	90	6.3	1.8	67.0	0.270	1.980	319
주재료	쇠고기육회	30	7.7	6.4	9.6	0.052	2.003	130
	도라지나물	15	0.6	1.6	3.4	0.021	0.123	30
	고사리나물	15	1.2	2.6	1.1	0.011	0.147	31
	애호박나물	25	0.6	1.6	2.8	0.026	0.188	28
	표고버섯볶음	15	0.8	1.6	1.3	0.018	0.387	23
	당근볶음	15	0.2	1.0	1.2	0.009	0.120	14
	콩나물	15	1.0	1.7	0.9	0.016	0.108	20
	미나리	15	0.3	1.0	0.4	0.003	0.090	12
	황포묵	15	–	1.0	1.3	–	0.030	14
	황백지단	20	2.3	2.8	0.2	0.012	–	35
	생달걀노른자	15	2.3	4.5	0.1	0.030	0.015	50
	은행볶음	3	0.1	0.5	1.0	0.008	0.027	9
	잣소금	1	0.1	0.3	0.1	0.003	0.018	4
소스	비빔고추장 I	42	1.6	4.6	14.0	0.080	0.340	103
소 계						**0.56** (47%)	**0.58** (35%)	**822** (34%)
국	콩나물 냉국	25	1.8	1.5	1.0	0.041	0.361	24
찬 1	더덕구이	45	2.7	6.4	15.5	0.086	0.558	125
찬 2	오이선	40	4.1	4.4	1.0	0.026	0.965	59
김치	열무물김치	25	0.6	0.1	0.9	0.010	0.150	7
합 계		타입 A(찬 1)				**0.70**	**6.65**	**978**
		타입 B(찬 2)				**0.64**	**7.05**	**912**

▣ 산채 비빔밥

산채 비빔밥의 구성 재료와 영양성분은 각각 다음 표 2-5와 같다. ( )로 표시한 값은 2010년도 기준 한국인 성인 남자의 영양섭취 기준에 대한 섭취율을 %로 환산한 값이다.

표 2-5. 산채 비빔밥의 구성 재료와 영양성분

구 분	음식명	분량 (g)	단백질 (g)	지질 (g)	당질 (g)	비타민 B_1 (mg)	식이섬유 (g)	열량 (kcal)
밥	배아미	90	6.3	1.8	67.0	0.27	1	319
주재료	도라지나물	15	0.6	1.6	3.4	0.02	1	30
	시래기나물	15	1.0	2.6	1.4	0.01	2	33
	취나물	15	1.0	2.5	1.1	0.01	1	31
	깻잎순볶음	15	1.0	2.5	1.2	0.02	1	31
	비름나물볶음	15	1.0	2.6	1.2	0.02	1	33
	표고버섯볶음	15	1.0	2.6	2.4	0.02	1	37
	당근볶음	15	0.2	1.0	1.2	0.01	0	14
소스	달래간장	36	2	3	4	0.02	1	49
소 계						**0.4** (33%)	**9** (36%)	**577** (24%)
국	미역 냉국	60	1	1	17	0.03	1	84
찬 1	통더덕구이	45	2.7	6.4	15.5	0.086	3	125
찬 2	미삼무침	25 2		1	9	0.23	1	49
김치	배추김치	30	1	0	1	0.02	1	7
합 계		타입 A(찬 1)				**0.54**	**14**	**793**
		타입 B(찬 2)				**0.68**	**12**	**717**

<table>
<tr><th colspan="8">표 2-6. 산채 비빔밥의 영양 성분</th></tr>
<tr><th>열량
(Kcal)</th><th>식물성
단백질
(g)</th><th>동물성
단백질
(g)</th><th>식물성
지질
(g)</th><th>동물성
지질
(g)</th><th>당질
(g)</th><th>식이섬유
(g)</th><th>회분
(g)</th></tr>
<tr><td rowspan="2">849
(35)</td><td>19.4</td><td>3.2</td><td rowspan="2">28.8</td><td rowspan="2">0.7</td><td rowspan="2">122.5</td><td rowspan="2">14.2
(57)</td><td rowspan="2">17.2</td></tr>
<tr><td colspan="2">(41)</td></tr>
<tr><th>식물성
칼슘
(mg)</th><th>동물성
칼슘
(mg)</th><th>인
(mg)</th><th>식물성
철분
(mg)</th><th>동물성
철분
(mg)</th><th>나트륨
(mg)</th><th>칼륨
(mg)</th><th>아연
(mg)</th></tr>
<tr><td>352.2</td><td>1.2</td><td rowspan="2">466.2
(67)</td><td>7.8</td><td>0.4</td><td rowspan="2">5,761.8
(384)</td><td rowspan="2">1,382.7
(40)</td><td rowspan="2">3.7
(41)</td></tr>
<tr><td colspan="2">(47)</td><td colspan="2">(82)</td></tr>
<tr><th>비타민 A
(μg RE)</th><th>레티놀
(μg)</th><th>β-카로틴
(μg)</th><th>비타민 B_1
(mg)</th><th>비타민 B_2
(mg)</th><th>비타민 B_6
(mg)</th><th>나이아신
(mg)</th><th>비타민 C
(mg)</th></tr>
<tr><td>709.5
(95)</td><td>24.8</td><td>4,110</td><td>0.5
(42)</td><td>0.4
(27)</td><td>1.1
(73)</td><td>6.3
(39)</td><td>38.1
(38)</td></tr>
<tr><th>엽산
(μg)</th><th>비타민 E
(mg)</th><th>콜레스테롤
(mg)</th><th>오메가-3
(g)</th><th>비타민 B_{12}
(μg)</th><th>이소플라본
(mg)</th><td colspan="2" rowspan="2"></td></tr>
<tr><td>143.3
(36)</td><td>11.1
(93)</td><td>7.1</td><td>0.37</td><td>0.30
(12)</td><td>2.3</td></tr>
</table>

표 2-6의 산채 비빔밥 영양성분에서 ( )로 표시한 값은 2010년도 기준으로 한국인 성인 남자가 하루에 섭취하는 영양기준에 대한 비율로 환산하여 계산한 값이다.

산채 비빔밥은 한 끼의 식사로 일일섭취량 이상을 조과하는 영양성분은 없었지만 비타민 A와 E는 각각 95%와 93%를 공급하는 것을 알 수 있다. 그러나 전주식 비빔밥과 마찬가지로 나트륨과 인이 과다하게 섭취하지 않도록 세심한 식재료 선택이 필요하다.

▣ 새싹야채 비빔밥

새싹야채 비빔밥의 구성 재료와 영양성분은 각각 표 2-7과 같다. ( )로 표시한 값은 2010년도 기준 한국인 성인 남자의 영양섭취 기준에 대한 섭취율을 %로 환산한 값이다.

표 2-7. 새싹야채 비빔밥의 구성 재료와 영양성분

구 분	음식명	분량 (g)	단백질 (g)	지질 (g)	당질 (g)	비타민 E (mg)	비타민 B_6 (mg)	열량 (kcal)
밥	배아미	90	6.3	1.8	67.0	0.9	0.09	319
주재료	새싹 4종	60	1.2	0.1	0.9	7.56	0.08	9
	오이	20	0.2	0.0	0.4	0.10	0.01	2
	영양부추	20	0.9	0.1	0.7	0.18	0.03	7
	래디쉬	10	0.1	0.0	0.7	0.04	0.01	3
	청상추	10	0.1	0.0	0.3	0.04	0.02	2
	겨자잎	10	0.3	0.0	0.5	0.23	0.12	3
소스	부추간장	59	4	3	9	1.0	0.18	79
소 계						**10.05** (84%)	**0.54** (36%)	**424** (18%)
국	오이냉국	50	1.1	1.3	16.5	0.38	0.34	82
찬 1	쇠고기완자전	45	8.6	13.5	8.2	6.38	0.11	188
찬 2	홍합초	20	2.0	0.5	2.0	0.53	0.11	20
김치	나박김치	50	0.9	0.3	2.1	0.20	0.18	15
합 계		타입 A(찬 1)				**17.01**	**1.17**	**709**
		타입 B(찬 2)				**11.16**	**1.17**	**541**

<table>
<tr><th colspan="8">표 2-8. 새싹야채 비빔밥의 영양성분</th></tr>
<tr><th>열량
(Kcal)</th><th>식물성
단백질
(g)</th><th>동물성
단백질
(g)</th><th>식물성
지질
(g)</th><th>동물성
지질
(g)</th><th>당질
(g)</th><th>식이섬유
(g)</th><th>회분
(g)</th></tr>
<tr><td rowspan="2">753
(31)</td><td>17.3</td><td>6.8</td><td rowspan="2">16.5</td><td rowspan="2">3.14</td><td rowspan="2">121.3</td><td rowspan="2">9.8
(39)</td><td rowspan="2">16.0</td></tr>
<tr><td colspan="2">(44)</td></tr>
<tr><th>식물성
칼슘
(mg)</th><th>동물성
칼슘
(mg)</th><th>인
(mg)</th><th>식물성
철분
(mg)</th><th>동물성
철분
(mg)</th><th>나트륨
(mg)</th><th>칼륨
(mg)</th><th>아연
(mg)</th></tr>
<tr><td>230.6</td><td>11</td><td rowspan="2">433.7
(62)</td><td>7.8</td><td>0.9</td><td rowspan="2">5,944.5
(396)</td><td rowspan="2">1,075.3
(31)</td><td rowspan="2">3.8
(42)</td></tr>
<tr><td colspan="2">(32)</td><td colspan="2">(87)</td></tr>
<tr><th>비타민 A
(μg RE)</th><th>레티놀
(μg)</th><th>β-카로틴
(μg)</th><th>비타민 B_1
(mg)</th><th>비타민 B_2
(mg)</th><th>비타민 B_6
(mg)</th><th>나이아신
(mg)</th><th>비타민 C
(mg)</th></tr>
<tr><td>508.7
(68)</td><td>33</td><td>1,478</td><td>0.6
(50)</td><td>0.5
(33)</td><td>1.0
(67)</td><td>5.5
(34)</td><td>50.4
(50)</td></tr>
<tr><th>엽산
(μg)</th><th>비타민 E
(mg)</th><th>콜레스테롤
(mg)</th><th>오메가-3
(g)</th><th>비타민 B_{12}
(μg)</th><th>이소플라본
(mg)</th><th></th><th></th></tr>
<tr><td>127.6
(32)</td><td>17.3
(144)</td><td>104.4</td><td>0.461</td><td>0.347
(14)</td><td>2.273</td><td></td><td></td></tr>
</table>

표 2-8의 새싹야채 비빔밥 영양성분에서 ( )로 표시한 값은 2010년도 기준으로 한국인 성인 남자가 하루에 섭취하는 영양기준에 대한 비율로 환산하여 계산한 값이다.

새싹야채 비빔밥을 하루에 한 끼만 섭취해도 비타민 E 필요량의 144%를 섭취할 수 있으나, 나트륨 섭취량이 약 400%에 달한다는 점에서 각별한 주의가 필요하다. 이것은 다량의 채소가 포함되어 음식의 간을 조정하기 위해 상대적으로 많은 양의 소스를 첨가하기 때문이므로 소스 양의 조절이 필요하다.

■ 버섯불고기 비빔밥

버섯불고기 비빔밥의 구성 재료와 영양성분은 각각 표 2-9와 같다. ( )로 표시한 값은 2010년도 기준 한국인 성인 남자의 영양섭취 기준에 대한 섭취율을 %로 환산한 값이다.

표 2-9. 버섯불고기 비빔밥의 구성 재료와 영양성분

구 분	음식명	분량 (g)	단백질 (g)	지질 (g)	당질 (g)	비타민 E (mg)	나이아신 (mg)	열량 (kcal)
밥	배아미	90	6.3	1.8	67.0	0.9	2.0	319
주재료	쇠고기 불고기	80	17.8	10.5	11.3	1.5	4.4	212
	느타리버섯볶음	25	0.7	1.1	1.2	1.1	1.3	16
	표고버섯볶음	20	0.9	1.6	2.6	1.2	0.8	29
	미나리무침	10	0.2	0.2	0.6	0.4	0.2	4
	당근볶음	15	0.2	1.0	1.2	1.3	0.6	14
소스	비빔고추장Ⅱ	41	1.6	3.0	16.1	1.1	0.6	99
소 계						**7.5** (63%)	**9.9** (62%)	**693** (29%)
국	모시조개된장국	50	3.8	1.1	5.6	0.6	0.5	47
찬 1	오이숙장아찌	45	2.2	4.4	3.8	2.6	0.7	62
찬 2	풋고추전	45	5.8	6.0	6.3	3.1	1.3	100
김치	배추겉절이	35	1.2	1.6	1.9	0.5	0.6	24
합 계		타입 A(찬 1)				**11.2**	**11.7**	**826**
		타입 B(찬 2)				**11.7**	**12.3**	**864**

<table>
<tr><th colspan="8">표 2-10. 버섯불고기 비빔밥의 영양성분</th></tr>
<tr><th>열량
(Kcal)</th><th>식물성
단백질
(g)</th><th>동물성
단백질
(g)</th><th>식물성
지질
(g)</th><th>동물성
지질
(g)</th><th>당질
(g)</th><th>식이섬유
(g)</th><th>회분
(g)</th></tr>
<tr><td rowspan="2">1,047
(44)</td><td>21.3</td><td>17.3</td><td rowspan="2">31.7</td><td rowspan="2">6.5</td><td rowspan="2">137.2</td><td rowspan="2">14.9
(60)</td><td rowspan="2">15.4</td></tr>
<tr><td colspan="2">(70)</td></tr>
<tr><th>식물성
칼슘
(mg)</th><th>동물성
칼슘
(mg)</th><th>인
(mg)</th><th>식물성
철분
(mg)</th><th>동물성
철분
(mg)</th><th>나트륨
(mg)</th><th>칼륨
(mg)</th><th>아연
(mg)</th></tr>
<tr><td>289.8</td><td>13.9</td><td rowspan="2">681.2
(97)</td><td>8.0</td><td>2.5</td><td rowspan="2">3,690.0
(246)</td><td rowspan="2">1,441.0
(41)</td><td rowspan="2">5.1
(57)</td></tr>
<tr><td colspan="2">(40)</td><td colspan="2">(105)</td></tr>
<tr><th>비타민 A
(㎍ RE)</th><th>레티놀
(㎍)</th><th>β-카로틴
(㎍)</th><th>비타민 B_1
(mg)</th><th>비타민 B_2
(mg)</th><th>비타민 B_6
(mg)</th><th>나이아신
(mg)</th><th>비타민 C
(mg)</th></tr>
<tr><td>540.9
(72)</td><td>7.9</td><td>3,196.8</td><td>0.8
(67)</td><td>0.8
(53)</td><td>1.5
(100)</td><td>11.4
(71)</td><td>27.6
(28)</td></tr>
<tr><th>엽산
(㎍)</th><th>비타민 E
(mg)</th><th>콜레스테롤
(mg)</th><th>오메가-3
(g)</th><th>비타민 B_{12}
(㎍)</th><td colspan="3" rowspan="2"></td></tr>
<tr><td>100.3
(25)</td><td>11.1
(93)</td><td>44.6</td><td>0.24</td><td>6.048
(397)</td></tr>
</table>

표 2-10에 정리한 버섯불고기 비빔밥의 영양성분에서 ( )로 표시한 값은 2010년도 기준으로 한국인 성인 남자가 하루에 섭취하는 영양기준에 대한 비율로 환산하여 계산한 값이다.

버섯과 육류가 사용된다는 점에서 철분과 비타민 B_6 필요량의 100% 이상, 특히 비타민 B_{12} 필요량의 약 400%를 한 끼의 식사로 충족시킨다. 그러나 상대적으로 불고기 양념으로 인해 나트륨 섭취량이 높다는 점에 주의가 필요하다.

■ 참치샐러드 비빔밥

참치샐러드 비빔밥의 구성 재료와 영양성분은 각각 표 2-11과 같다. ( )로 표시한 값은 2010년도 기준 한국인 성인 남자의 영양섭취 기준에 대한 섭취율을 %로 환산한 값이다.

표 2-11. 참치샐러드 비빔밥의 구성 재료와 영양성분

구 분	음식명	분량 (g)	단백질 (g)	지질 (g)	당질 (g)	β-카로틴 (㎍)	비타민E (mg)	열량 (kcal)
밥	배아미	90	6.3	1.8	67.0	-	0.9	319
주재료	통조림참치	50	8.8	8.2	0.6	-	3.3	111
	양상추	20	0.2	-	0.5	19.2	0.2	3
	오이	15	0.1	-	0.3	27.2	0.1	2
	파프리카(적/황)	각 15	0.4	0.2	1.4	700.8	-	8
	삶은 난황	3	0.5	0.9	0.1	1.6	0.1	10
	검정깨	2	0.4	1.0	0.3	0.2	0.1	12
소스	마요네즈 된장소스	27	0.9	10.8	5 .5	2.7	1.9	122
소 계						**751.7** (17%)	**6.6** (55%)	**587** (24%)
국	우거지된장국	20	3	1	6	149.6	0.4	47
찬 1	미나리강회	45	5	3.8	4.5	676.6	0.7	73
찬 2	오이소박이	35	1	0	1	373.0	0.3	12
김치	깍두기	50	1	0	3	113	0.3	18
합 계		타입 A(찬 1)				**1,691**	**7.9**	**725**
		타입 B(찬 2)				**1,387**	**7.6**	**664**

<table>
<tr><th colspan="8">표 2-12. 참치샐러드 비빔밥의 영양성분</th></tr>
<tr><th>열량
(Kcal)</th><th>식물성
단백질
(g)</th><th>동물성
단백질
(g)</th><th>식물성
지질
(g)</th><th>동물성
지질
(g)</th><th>당질
(g)</th><th>식이섬유
(g)</th><th>회분
(g)</th></tr>
<tr><td rowspan="2">702
(29)</td><td>13.2</td><td>15.5</td><td rowspan="2">14.5</td><td rowspan="2">10.3</td><td rowspan="2">88.3</td><td rowspan="2">6.5
(26)</td><td rowspan="2">6.9</td></tr>
<tr><td colspan="2">(52)</td></tr>
<tr><th>식물성
칼슘
(mg)</th><th>동물성
칼슘
(mg)</th><th>인
(mg)</th><th>식물성
철분
(mg)</th><th>동물성
철분
(mg)</th><th>나트륨
(mg)</th><th>칼륨
(mg)</th><th>아연
(mg)</th></tr>
<tr><td>163.9</td><td>9.2</td><td rowspan="2">511.2
(73)</td><td>5.5</td><td>1.4</td><td rowspan="2">1,091.3
(73)</td><td rowspan="2">870.3
(25)</td><td rowspan="2">3.2
(36)</td></tr>
<tr><td colspan="2">(23)</td><td colspan="2">(69)</td></tr>
<tr><th>비타민 A
(㎍ RE)</th><th>레티놀
(㎍)</th><th>β-카로틴
(㎍)</th><th>비타민 B_1
(mg)</th><th>비타민 B_2
(mg)</th><th>비타민 B_6
(mg)</th><th>나이아신
(mg)</th><th>비타민 C
(mg)</th></tr>
<tr><td>206.8
(28)</td><td>16.6</td><td>1,126.5</td><td>0.5
(42)</td><td>0.3
(20)</td><td>0.7
(47)</td><td>9.6
(60)</td><td>59.8
(60)</td></tr>
<tr><th>엽산
(㎍)</th><th>비타민E
(mg)</th><th>콜레스테롤
(mg)</th><th>오메가-3
(g)</th><th>비타민 B_{12}
(㎍)</th><td colspan="3" rowspan="2"></td></tr>
<tr><td>53.1
(13)</td><td>4.9
(41)</td><td>100.2</td><td>0.01</td><td>0.39
(16)</td></tr>
</table>

표 2-12의 참치샐러드 비빔밥 영양성분에서 ( )로 표시한 값은 2010년도 기준으로 한국인 성인 남자가 하루에 섭취하는 영양기준에 대한 비율로 환산하여 계산한 값이다. 참치샐러드 비빔밥을 총 열량 및 전체적인 영양성분의 구성 측면에서 상대적으로 저열량 고단백 및 철분식으로 평가할 수 있을 정도로 다양한 영양성분이 고르게 포함되어 있는 것을 알 수 있다.

이상으로 외국인 및 젊은 세대를 위한 비빔밥 5종의 식재료 구성과 영양성분을 정리하였고, 이어서 기능성 비빔밥 5종에 대한 분석을 정리한다.

■ 김치 비빔밥

김치 비빔밥의 구성 재료와 영양성분은 각각 표 2-13과 같다. ( )로 표시한 값은 2010년도 기준 한국인 성인 남자의 영양섭취 기준에 대한 섭취율을 %로 환산한 값이다.

표 2-13. 김치 비빔밥의 구성 재료와 영양성분

구 분	음식명	분량 (g)	단백질 (g)	지질 (g)	당질 (g)	PUFA (g)	비타민 E (mg)	열량 (kcal)
밥	배아미	90	6.3	1.8	67.0	-	0.9	319
주재료	날치 알	10	1.2	0.2	0.8	-	0.9	10
	볶은 김치	30	0.7	2.9	1.2	1.5	2.7	32
	콩나물	15	1.0	1.7	0.9	0.8	0.4	20
	당근볶음	15	0.2	1.0	1.2	0.6	1.1	14
	달걀노른자	15	2.3	4.5	0.1	0.7	0.5	51
	김가루	2	0.8	0.0	0.8	0.01	0.1	5
	쇠고기볶음	20	4.7	5.4	0.7	1.1	0.7	70
	시금치나물	15	0.8	1.6	0.9	0.7	0.8	19
소 계						5.41	8.1 (68%)	540 (23%)
국	맑은장국	양지50	11.3	4.6	0.6	-	0.1	92
찬 1	도라지 오이생채	35	1.0	0.5	8.1	0.1	0.3	38
찬 2	북어채 무침	10	7.2	1.4	2.4	0.4	0.7	53
김치	오이 수삼물김치	30	0.7	0.1	2.0	-	0.3	10
합 계		타입 A(찬 1)				5.5	8.8	680
		타입 B(찬 2)				5.8	9.2	695

<table>
<tr><th colspan="8">표 2-14. 김치 비빔밥의 영양성분</th></tr>
<tr><th>열량
(Kcal)</th><th>식물성
단백질
(g)</th><th>동물성
단백질
(g)</th><th>식물성
지질
(g)</th><th>동물성
지질
(g)</th><th>당질
(g)</th><th>식이섬유
(g)</th><th>회분
(g)</th></tr>
<tr><td rowspan="2">721
(30)</td><td>13.2</td><td>18.3</td><td rowspan="2">15.3</td><td rowspan="2">10.9</td><td rowspan="2">88.7</td><td rowspan="2">6.9
(28)</td><td rowspan="2">8.5</td></tr>
<tr><td colspan="2">(57)</td></tr>
<tr><th>식물성
칼슘
(mg)</th><th>동물성
칼슘
(mg)</th><th>인
(mg)</th><th>식물성
철분
(mg)</th><th>동물성
철분
(mg)</th><th>나트륨
(mg)</th><th>칼륨
(mg)</th><th>아연
(mg)</th></tr>
<tr><td>157.3</td><td>27.0</td><td rowspan="2">511.2
(73)</td><td>3.3</td><td>2.6</td><td rowspan="2">2,942.1
(196)</td><td rowspan="2">875.5
(25)</td><td rowspan="2">5.0
(56)</td></tr>
<tr><td colspan="2">(25)</td><td colspan="2">(59)</td></tr>
<tr><th>비타민 A
(μg RE)</th><th>레티놀
(μg)</th><th>β-카로틴
(μg)</th><th>비타민 B_1
(mg)</th><th>비타민 B_2
(mg)</th><th>비타민 B_6
(mg)</th><th>나이아신
(mg)</th><th>비타민 C
(mg)</th></tr>
<tr><td>528
(70)</td><td>77.1</td><td>2,705</td><td>0.5
(42)</td><td>0.5
(33)</td><td>0.9
(60)</td><td>7.5
(47)</td><td>32.2
(32)</td></tr>
<tr><th>엽산
(μg)</th><th>비타민 E
(mg)</th><th>콜레스테롤
(mg)</th><th>오메가-3
(g)</th><th>이소플라본
(mg)</th><td rowspan="2" colspan="3"></td></tr>
<tr><td>133
(33)</td><td>11.6
(97)</td><td>236.5</td><td>0.6</td><td>5.16</td></tr>
</table>

표 2-14의 김치 비빔밥의 영양성분에서 ( )로 표시한 값은 2010년도 기준으로 한국인 성인 남자가 하루에 섭취하는 영양기준에 대한 비율로 환산하여 계산한 값이다.

김치 비빔밥의 총 열량 및 다양한 영양성분을 고려하면 참치샐러드 비빔밥의 경우와 유사한 정도로 우수한 식사로 평가할 수 있으나, 김치의 재료로 사용되는 절임과 젓갈 등 과다한 염분섭취에 주의할 필요가 있다.

▣ 나물 비빔밥

나물 비빔밥의 구성 재료와 영양성분은 각각 표 2-15와 같다. ( )로 표시한 값은 2010년도 기준 한국인 성인 남자의 영양섭취 기준에 대한 섭취율을 %로 환산한 값이다.

표 2-15. 나물 비빔밥의 구성 재료와 영양성분

구 분	음식명	분량 (g)	단백질 (g)	지질 (g)	당질 (g)	식이섬유 (g)	n-3 (C18:3) (g)	열량 (kcal)
밥	배아미	90	6.3	1.8	67.0	1.2	-	319
주재료	콩나물	15	1.0	1.7	0.9	0.6	0.034	20
	얼갈이배추나물	15	0.5	1.6	0.7	0.4	0.006	17
	시금치나물	15	0.8	1.6	0.9	0.6	0.012	19
	고사리볶음	15	1.2	2.6	1.1	0.8	0.082	31
	토란대볶음	15	1.0	2.2	1.6	0.9	0.000	31
	도라지볶음	15	0.6	1.6	3.4	0.8	0.005	28
	느타리버섯 볶음	15	0.8	1.6	1.0	0.8	0.005	19
소스	비빔간장	32	1.7	2.7	0.9	0.4	0.01	35
소 계						6.5 (26%)	0.154	519 (22%)
국	나박김치	50	0.9	0.3	2.1	3.0	0.003	15
찬 1	무숙장아찌	30	2	4	5	1.4	0.156	64
찬 2	콩잎찬	20	1	0	3	1.3	-	19
김치	달래김치	35	2	0	2	4.2	0.001	18
합 계		타입 A(찬 1)				15.1	0.314	616
		타입 B(찬 2)				15.0	0.314	571

<table>
<tr><th colspan="8">표 2-16. 나물 비빔밥의 영양성분</th></tr>
<tr><th>열량
(Kcal)</th><th>식물성
단백질
(g)</th><th>동물성
단백질
(g)</th><th>식물성
지질
(g)</th><th>동물성
지질
(g)</th><th>당질
(g)</th><th>식이섬유
(g)</th><th>회분
(g)</th></tr>
<tr><td rowspan="2">726
(30)</td><td>17.2</td><td>6.4</td><td rowspan="2">23.9</td><td rowspan="2">1.4</td><td rowspan="2">100.9</td><td rowspan="2">9.7
(39)</td><td rowspan="2">11.5</td></tr>
<tr><td colspan="2">(43)</td></tr>
<tr><th>식물성
칼슘
(mg)</th><th>동물성
칼슘
(mg)</th><th>인
(mg)</th><th>식물성
철분
(mg)</th><th>동물성
철분
(mg)</th><th>나트륨
(mg)</th><th>칼륨
(mg)</th><th>아연
(mg)</th></tr>
<tr><td>252.6</td><td>2.4</td><td rowspan="2">430.9
(62)</td><td>4.3</td><td>0.8</td><td rowspan="2">4,317.3
(288)</td><td rowspan="2">923.9
(26)</td><td rowspan="2">3.8
(42)</td></tr>
<tr><td colspan="2">(34)</td><td colspan="2">(51)</td></tr>
<tr><th>비타민 A
(μg RE)</th><th>레티놀
(μg)</th><th>β-카로틴
(μg)</th><th>비타민 B_1
(mg)</th><th>비타민 B_2
(mg)</th><th>비타민 B_6
(mg)</th><th>나이아신
(mg)</th><th>비타민 C
(mg)</th></tr>
<tr><td>240.5
(32)</td><td>3.6</td><td>1,417.7</td><td>0.5
(42)</td><td>0.4
(27)</td><td>1.0
(67)</td><td>7.2
(45)</td><td>33.5
(34)</td></tr>
<tr><th>엽산
(μg)</th><th>비타민 E
(mg)</th><th>콜레스테롤
(mg)</th><th>오메가-3
(g)</th><th>이소플라본
(mg)</th><td colspan="3" rowspan="2"></td></tr>
<tr><td>91.3
(23)</td><td>12.2
(102)</td><td>14.1</td><td>0.54</td><td>5.16</td></tr>
</table>

김치 비빔밥의 영양성분에서 ( )로 표시한 값은 2010년도 기준으로 한국인 성인 남자가 하루에 섭취하는 영양기준에 대한 비율로 환산하여 계산한 값이다.

나물 비빔밥도 참치샐러드 비빔밥과 김치 비빔밥과 마찬가지로 저 열량식으로 평가 할 수 있으나, 나물의 간을 조정하는 과정에서 과다한 나트륨의 사용에 대한 주의가 필요하다. 그러나 양념으로 사용한 한식용 식용유로 인해 인체 비타민 E 섭취량이 100%를 상회하는 것을 알 수 있다.

■ 해초 · 굴 비빔밥

해초 · 굴 비빔밥의 구성 재료와 영양성분은 표 2-17과 같다. ( )로 표시한 값은 2010년도 기준 한국인 성인 남자의 영양섭취 기준에 대한 섭취율을 %로 환산한 값이다.

표 2-17. 해초 · 굴 비빔밥의 구성 재료와 영양성분

구 분	음식명	분량 (g)	단백질 (g)	지질 (g)	당질 (g)	철분 (mg)	비타민 C (mg)	열량 (kcal)
밥	배아미	90	6.3	1.8	67.0	0.5	-	319
주재료	굴	50	5.0	1.1	4.2	2.7	1.5	47
	생미역	15	0.3	-	0.4	0.2	2.4	3
	톳	15	0.2	-	0.8	0.2	4.2	4
	다시마	15	0.2	-	0.5	0.4	2.1	3
	칠면채 (세모가사리)	15	0.3	-	0.4	0.2	2.4	3
소스	초고추장	52	2	5	14	2.7	0.2	107
소 계						**6.9** (69%)	**12.8** (13%)	**486** (20%)
국	선지국	50	17	10	10	6.9	10.8	192
찬 1	쇠고기완자전	45	8.6	13.5	8.2	1.3	0.7	188
찬 2	탕평채	60	2	1	5	0.6	3.3	37
김치	장김치	53	2	0	7	1.4	9.0	36
합 계	타입 A(찬 1)					**16.5**	**33**	**904**
	타입 B(찬 2)					**15.8**	**36**	**753**

<table>
<tr><th colspan="8">표 2-18. 해초 · 굴 비빔밥의 영양성분</th></tr>
<tr><th>열량
(Kcal)</th><th>식물성
단백질
(g)</th><th>동물성
단백질
(g)</th><th>식물성
지질
(g)</th><th>동물성
지질
(g)</th><th>당질
(g)</th><th>식이섬유
(g)</th><th>회분
(g)</th></tr>
<tr><td rowspan="2">807
(34)</td><td>15.2</td><td>17.8</td><td rowspan="2">17.5</td><td rowspan="2">6.6</td><td rowspan="2">112.1</td><td rowspan="2">10.6
(42)</td><td rowspan="2">13.9</td></tr>
<tr><td colspan="2">(60)</td></tr>
<tr><th>식물성
칼슘
(mg)</th><th>동물성
칼슘
(mg)</th><th>인
(mg)</th><th>식물성
철분
(mg)</th><th>동물성
철분
(mg)</th><th>나트륨
(mg)</th><th>칼륨
(mg)</th><th>아연
(mg)</th></tr>
<tr><td>144.3</td><td>64.0</td><td rowspan="2">514.6
(74)</td><td>4.5</td><td>6.0</td><td rowspan="2">3,367.4
(224)</td><td rowspan="2">1,775.6
(51)</td><td rowspan="2">49.7
(552)</td></tr>
<tr><td colspan="2">(28)</td><td colspan="2">(105)</td></tr>
<tr><th>비타민 A
(μg RE)</th><th>레티놀
(μg)</th><th>β-카로틴
(μg)</th><th>비타민 B_1
(mg)</th><th>비타민 B_2
(mg)</th><th>비타민 B_6
(mg)</th><th>나이아신
(mg)</th><th>비타민 C
(mg)</th></tr>
<tr><td>474.9
(63)</td><td>64.3</td><td>2,459.7</td><td>0.7
(58)</td><td>0.6
(40)</td><td>1.0
(67)</td><td>11.1
(69)</td><td>28.5
(29)</td></tr>
<tr><th>엽산
(μg)</th><th>비타민 E
(mg)</th><th>콜레스테롤
(mg)</th><th>오메가-3
(g)</th><th>이소플라본
(mg)</th><td colspan="3" rowspan="2"></td></tr>
<tr><td>159
(40)</td><td>11.7
(98)</td><td>147.5</td><td>0.47</td><td>2.27</td></tr>
</table>

표 2-18의 해초 · 굴 비빔밥 영양성분에서 ( )로 표시한 값은 2010년도 기준으로 한국인 성인 남자가 하루에 섭취하는 영양기준에 대한 비율로 환산하여 계산한 값이다.

해초류는 대표적인 저 열량 고 식이섬유 및 무기질의 공급원이며, 굴은 서양에서 가장 폭 넓게 인지하고 있는 강장식품이다. 그러나 상대적으로 나트륨 함량이 높은 것에 역시 주의가 필요하다. 철분과 일일 섭취량의 500%를 상회하는 아연의 공급원 및 지역과 계절을 반영한 식단으로 평가한다.

▣ 오곡돌솥 비빔밥

오곡돌솥 비빔밥의 구성 재료와 영양성분은 각각 표 2-19와 같다. ( )로 표시한 값은 2010년도 기준 한국인 성인 남자의 영양섭취 기준에 대한 섭취율을 %로 환산한 값이다.

표 2-19. 오곡돌솥 비빔밥의 구성 재료와 영양성분

구 분	음식명	분량 (g)	단백질 (g)	지질 (g)	당질 (g)	비타민 A (μg RE)	레티놀 (μg)	β-카로틴 (μg)	열량 (kcal)
밥	오곡밥	120	14.3	2.8	87.0	-	-	-	435
주재료	쇠고기육회	30	7.7	6.4	9.6	7.3	3.6	22.1	130
	표고버섯볶음	25	1.3	2.7	3.7	2.6	0.7	15.7	41
	당근볶음	15	0.2	1.0	1.2	188.6	-	1131.0	14
	콩나물	15	1.0	1.7	0.9	1.3	-	7.9	20
	애호박볶음	15	0.5	1.6	1.9	8.1	-	48.6	22
	도라지나물	15	0.6	1.6	3.4	1.3	-	7.9	28
	황포묵 무침	15	-	1.0	1.3	-	-	-	14
	김가루	2	0.8	-	0.8	80.0	-	480.0	5
	생달걀노른자	15	2.3	4.5	0.1	68.0	67.0	8.0	51
	상추	10	0.1	0.0	0.4	37.0	-	219.0	2
소스	달래간장	36	2	3	4	62	-	383	49
소 계						**456.2** (61%)	**71.3**	**2,323**	**811** (34%)
국	달걀탕	30	1	3	7	53	46	41	65
찬 1	우엉조림	25	1	2	6	-	-	-	43
찬 2	더덕무침	45	2	0	6	20	-	120	34
김치	파김치	30	1	0	3	106	-	633	19
합 계		타입 A(찬 1)				**615**	**117**	**2,997**	**938**
		타입 B(찬 2)				**635**	**117**	**3,117**	**929**

표 2-20. 오곡돌솥 비빔밥의 영양성분

열량 (Kcal)	식물성 단백질 (g)	동물성 단백질 (g)	식물성 지질 (g)	동물성 지질 (g)	당질 (g)	식이섬유 (g)	회분 (g)
975.4 (41)	27.2	12.5	25.0	9.2	131.7	18.0 (72)	18.1
	(72)						
식물성 칼슘 (mg)	**동물성 칼슘 (mg)**	**인 (mg)**	**식물성 철분 (mg)**	**동물성 철분 (mg)**	**나트륨 (mg)**	**칼륨 (mg)**	**아연 (mg)**
281.7	35.9	758.9 (108)	7.9	2.2	5,052.5 (337)	1,823.6 (52)	5.6 (62)
(42)			(101)				
비타민 A (μg RE)	**레티놀 (μg)**	**β-카로틴 (μg)**	**비타민 B_1 (mg)**	**비타민 B_2 (mg)**	**비타민 B_6 (mg)**	**나이아신 (mg)**	**비타민 C (mg)**
709.7 (95)	116.3	3,558.1	0.6 (50)	0.7 (47)	1.3 (87)	7.4 (46)	32.7 (33)
엽산 (μg)	**비타민E (mg)**	**콜레스테롤 (mg)**	**오메가-3 (g)**	**이소플라본 (mg)**			
213.8 (53)	10.8 (90)	348.8	0.45	5.16			

오곡 돌솥비빔밥 영양성분에서 ( )로 표시한 값은 2010년도 기준으로 한국인 성인 남자가 하루에 섭취하는 영양기준에 대한 비율로 환산하여 계산한 값이다.

오곡 돌솥비빔밥은 거점국가 현지조사와 외국인 유학생 및 관광객을 대상으로 실시한 설문조사의 결과에서 가장 전략적으로 중요한 메뉴이다. 첫째로 대부분의 외국인들이 가장 선호하는 비빔밥은 압도적으로 돌솥에 담긴 비빔밥이며, 쌀밥을 주식으로 하지 않은 외국인, 특히 서양인들은 건강을 고려하여 잡곡과 현미에 대한 선호도가 높다. 따라서 저열량이면서 상대적으로 특수 아미노산 함량이 우수하며, 쌀 이외에 잡곡을 포함하는 점에서 한국의 쌀농사를 자연스럽게 전환시키는 계기로 활용할 가치가 있다고 평가한다.

■ 견과류 영양비빔밥

견과류 영양비빔밥의 구성 재료와 영양성분은 표 2-21과 같다. ( )로 표시한 값은 2010년도 기준 한국인 성인 남자의 영양섭취 기준에 대한 섭취율을 %로 환산한 값이다.

표 2-21. 견과류 영양비빔밥의 구성 재료와 영양성분

구 분	음식명	분량 (g)	단백질 (g)	지질 (g)	당질 (g)	비타민 E (mg)	비타민 C (mg)	열량 (kcal)
밥	배아미	90	6.3	1.8	67.0	0.9	-	319
주재료	밤	30	1.0	0.2	10.7	-	3.6	49
	인삼	15	0.7	0.05	3.0	0.1	2.3	15
	대추	1	0.1	0.0	0.7	0.02	0.1	3
	호두	7	1.1	4.7	0.7	0.2	0	46
	잣	3	0.4	2.0	0.3	0.4	0	20
	은행	3	0.1	0.5	1.0	1.1	0.6	9
	우엉조림	15	0.7	1.0	3.3	1.0	0.5	24
	표고버섯볶음	15	0.8	1.6	1.3	0.3	1.1	23
소스	부추간장	59	4	3	9	1.0	7.2	79
소 계						**5.02** (41%)	**15.4** (15%)	**587** (24%)
국	오이냉국	50	1.1	1.3	16.5	0.3	5.0	82
찬 1	쇠고기완자전	45	8.6	13.5	8.2	6.38	0.68	188
찬 2	겨자채	45	3.4	2.1	2.9	0.35	3.42	45
김치	나박김치	50	0.9	0.3	2.1	0	22.0	15
합 계	타입 A(찬 1)					**11.7**	**43**	**872**
	타입 B(찬 2)					**5.67**	**46**	**729**

<table>
<tr><th colspan="8">표 2-22. 견과류 영양비빔밥의 영양성분</th></tr>
<tr><th>열량
(kcal)</th><th>식물성
단백질
(g)</th><th>동물성
단백질
(g)</th><th>식물성
지질
(g)</th><th>동물성
지질
(g)</th><th>당질
(g)</th><th>식이섬유
(g)</th><th>회분
(g)</th></tr>
<tr><td rowspan="2">773
(32)</td><td>18.6</td><td>4.1</td><td rowspan="2">20.5</td><td rowspan="2">0.7</td><td rowspan="2">126</td><td rowspan="2">10.3
(41)</td><td rowspan="2">14.0</td></tr>
<tr><td colspan="2">(41)</td></tr>
<tr><th>식물성
칼슘
(mg)</th><th>동물성
칼슘
(mg)</th><th>인
(mg)</th><th>식물성
철분
(mg)</th><th>동물성
철분
(mg)</th><th>나트륨
(mg)</th><th>칼륨
(mg)</th><th>아연
(mg)</th></tr>
<tr><td>163</td><td>23.2</td><td rowspan="2">480
(69)</td><td>5.0</td><td>1.1</td><td rowspan="2">5,214
(348)</td><td rowspan="2">1,144
(33)</td><td rowspan="2">3.7
(41)</td></tr>
<tr><td colspan="2">(25)</td><td colspan="2">(61)</td></tr>
<tr><th>비타민 A
(㎍ RE)</th><th>레티놀
(㎍)</th><th>β-카로틴
(㎍)</th><th>비타민 B_1
(mg)</th><th>비타민 B_2
(mg)</th><th>비타민 B_6
(mg)</th><th>나이아신
(mg)</th><th>비타민 C
(mg)</th></tr>
<tr><td>255
(34)</td><td>0</td><td>1,141</td><td>0.6
(50)</td><td>0.4
(27)</td><td>0.9
(60)</td><td>5.8
(36)</td><td>28.7
(29)</td></tr>
<tr><th>엽산
(㎍)</th><th>비타민E
(mg)</th><th>콜레스테롤
(mg)</th><th>오메가-3
(g)</th><th>이소플라본
(mg)</th><td colspan="3" rowspan="2"></td></tr>
<tr><td>68
(17)</td><td>6.7
(56)</td><td>20.8</td><td>0.022</td><td>0.0035</td></tr>
</table>

표 2-22의 견과류 영양비빔밥 영양성분에서 ( )로 표시한 값은 2010년도 기준으로 한국인 성인 남자가 하루에 섭취하는 영양기준에 대한 비율로 환산하여 계산한 값이다. 견과류의 효능으로 알려진 두뇌 활성기능과 저열량식의 특성을 적극적으로 홍보하면 한식을 기피하는 청년층 이하의 세대에게 비빔밥과 한식의 소비확장을 기대할 수 있을 것으로 기대한다. 또한 외국인과 고급 음식점에서 흰쌀밥 대신에 제공하는 것도 고려할 수 있다.

이상으로 기능성 비빔밥 5종의 재료 구성과 표준식단 설계 및 영양성분 분석 결과를 정리하였다. 특히 기능성 비빔밥은 일반 백미 대신에 배아미를 사용하여 특수 아미노산의 함유량이 월등하게 높은 것을 확인(비빔밥의 기능성 항목 참조)하였고, 밥물로는 황기 추출물을 사용하였다.

(3) 10가지 비빔밥 표준 식단표

앞에서 소개한 10가지 비빔밥 메뉴의 식재료 구성, 칼로리, 영양성분을 바탕으로 표준 식단의 모델을 다음과 같이 정리하였다. 즉, 지나치지 않은 정갈한 상차림에 계절과 지역적인 특성을 반찬으로 제공하는 1인용 세트 메뉴의 개념으로 10가지 비빔밥 표준 식단을 개발하였다(표 2-23 및 2-24).

<table>
<tr><th colspan="7">표 2-23. 외국인을 위한 비빔밥 5종의 표준식단</th></tr>
<tr><th colspan="7">전주식 비빔밥</th></tr>
<tr><td>밥</td><td>319</td><td rowspan="2">콩나물냉국</td><td rowspan="3">찬류
(택1)</td><td>더덕구이</td><td>125</td><td rowspan="2">열무물김치</td></tr>
<tr><td>주재료</td><td>400</td><td>오이선</td><td>59</td></tr>
<tr><td>비빔고추장 I</td><td>103</td><td rowspan="2">24</td><td></td><td></td><td rowspan="2">7</td></tr>
<tr><td>소 계</td><td>822</td><td></td><td></td><td></td></tr>
<tr><td>합 계</td><td colspan="6">(822 + 24 + 125 + 7) = 978 Kcal</td></tr>
<tr><th colspan="7">산채 비빔밥</th></tr>
<tr><td>밥</td><td>319</td><td rowspan="2">미역냉국</td><td rowspan="3">찬류
(택1)</td><td>통더덕구이</td><td>125</td><td rowspan="2">배추김치</td></tr>
<tr><td>주재료</td><td>209</td><td>미삼무침</td><td>49</td></tr>
<tr><td>달래간장</td><td>49</td><td rowspan="2">84</td><td></td><td></td><td rowspan="2">7</td></tr>
<tr><td>소 계</td><td>577</td><td></td><td></td><td></td></tr>
<tr><td>합 계</td><td colspan="6">(577 + 84 + 125 + 7) = 793 Kcal</td></tr>
<tr><th colspan="7">새싹야채 비빔밥</th></tr>
<tr><td>밥</td><td>319</td><td rowspan="2">오이냉국</td><td rowspan="3">찬류
(택1)</td><td>쇠고기완자전</td><td>188</td><td rowspan="2">나박김치</td></tr>
<tr><td>주재료</td><td>26</td><td>홍합조림</td><td>20</td></tr>
<tr><td>부추간장</td><td>79</td><td rowspan="2">82</td><td></td><td></td><td rowspan="2">15</td></tr>
<tr><td>소 계</td><td>424</td><td></td><td></td><td></td></tr>
<tr><td>합 계</td><td colspan="6">(424 + 82 + 188 + 15) = 709 Kcal</td></tr>
</table>

버섯불고기 비빔밥						
밥	319	모시조개 된장국	찬류 (택1)	오이숙장아찌	62	배추겉절이
주재료	275			풋고추전	100	
비빔고추장 II	99	47				24
소 계	693					
합 계	(693 + 47 + 62 + 24) = 826 Kcal					

참치샐러드 비빔밥						
밥	319	우거지 된장국	찬류 (택1)	미나리강회	73	깍두기
주재료	146			오이소박이	12	
마요네즈 된장소스	122	47				18
소 계	587					
합 계	(587 + 47 + 73 + 18) = 725 Kcal					

표 2-24. 기능성 비빔밥 5종의 표준식단

김치 비빔밥						
밥	319	맑은장국	찬류 (택1)	도라지 오이생채	38	오이수삼 물김치
주재료	221			북어채 무침	51	
양념장	-	92				10
소 계	540					
합 계	(540 + 92 + 38 + 10) = 680 Kcal					

나물 비빔밥						
밥	319	나박김치	찬류 (택1)	무숙장아찌	64	달래김치
주재료	165			콩잎찬	19	
비빔간장	35	15				18
소 계	519					
합 계	(519 + 15 + 64 + 18) = 616 Kcal					

해초 · 굴 비빔밥						
밥	319	선지국	찬류 (택1)	쇠고기완자전	188	장김치
주재료	60			탕평채	37	
초고추장	107	192				36
소 계	486					
합 계	(486 + 192 + 188 + 36) = 902 Kcal					
오곡 돌솥비빔밥						
밥	435	달걀탕	찬류 (택1)	우엉조림	43	파김치
주재료	327			더덕무침	34	
달래간장	49	65				19
소 계	811					
합 계	(811 + 65 + 43 + 19) = 938 Kcal					
견과류 영양비빔밥						
밥	319	오이냉국	찬류 (택1)	쇠고기완자전	188	나박김치
주재료	189			겨자채	45	
부추간장	79	82				15
소 계	587					
합 계	(587 + 82 + 188 + 15) = 872 Kcal					

2) 10가지 비빔밥 메뉴 백분율 표

10가지 비빔밥의 재료와 식단표를 기준으로 양념과 소스를 포함하여 산업화를 위한 백분율 표를 다음과 같이 각각 환산하여 정리하였다.

(1) 전주식 비빔밥

	식재료명	1인분 중량(g)	100인분 중량(kg)	식재료 비율(%)
주재료	불린 쌀	120	12.0	23.9
	정제수	120	12.0	23.9
	홍두깨	30	3.0	6.0
	애호박	25	2.5	5.0
	도라지	15	1.5	3.0
	고사리	15	1.5	3.0
	표고버섯	15	1.5	3.0
	당근	15	1.5	3.0
	콩나물	15	1.5	3.0
	미나리	15	1.5	3.0
	황포묵	15	1.5	3.0
	노른자(생)	15	1.5	3.0
	난황(지단)	10	1.0	2.0
	난백(지단)	10	1.0	2.0
	은행	3	0.3	0.6
	잣가루	3	0.3	0.6
양 념	정제수	10	1	2.0
	다진 마늘	9	0.9	1.8
	다진 파	8	0.8	1.6
	설탕(조청)	7	0.7	1.4
	통깨	6	0.6	1.2
	배즙	5	0.5	1.0
	청주	5	0.5	1.0
	참기름	10	0.5	1.0
	식용유	2	0.2	0.4
	천일염	2	0.2	0.4
	잣	0.5	0.1	0.2
	후춧가루	0.2	0.02	0.0
총 량		**505.7**	**50.12**	**100**

*참기름은 한식용 식용유로 대체가 가능함.

	식재료명	1인분 중량(g)	100인분 중량(kg)	식재료 비율(%)
고추장	고추장	20	2	38.5
	정제수	10	1	19.2
	쌀조청	7	0.7	13.5
	정종	7	0.7	13.5
	참기름	3	0.3	5.8
	매실청	2	0.2	3.8
	다진 파	2	0.2	3.8
	통깨	1	0.1	1.9
총 량		**52**	**5.2**	**100**
*참기름은 한식용 식용유로 대체가 가능함.				

(2) 산채 비빔밥

	식재료명	1인분 중량(g)	100인분 중량(kg)	식재료 비율(%)
주재료	불린 쌀	120	12	30.7
	정제수	120	12	30.7
	도라지	15	1.5	3.8
	삶은 시래기	15	1.5	3.8
	삶은 취나물	15	1.5	3.8
	삶은 깻잎순	15	1.5	3.8
	삶은 비름나물	15	1.5	3.8
	불린 표고버섯	15	1.5	3.8
	당근	15	1.5	3.8

양 념	조선간장	15	1.5	3.8
	들기름	10	1	2.6
	다진 파	6	0.6	1.5
	다진 마늘	6	0.6	1.5
	들깨	5	0.5	1.3
	참기름	1	0.1	0.3
	통깨	1	0.1	0.3
	식용유	1	0.1	0.3
	천일염	0.6	0.06	0.2
총 량		**390.6**	**39.06**	**100**

	식재료명	1인분 중량(g)	100인분 중량(kg)	식재료 비율(%)
달래간장	조선간장	20	2	48.8
	달래	10	1	24.4
	정제수	5	0.5	12.2
	설탕(조청)	2	0.2	4.9
	참기름	2	0.2	4.9
	고춧가루	1	0.1	2.4
	통깨	1	0.1	2.4
총 량		**41**	**4.1**	**100**

(3) 새싹야채 비빔밥

	식재료명	1인분 중량(g)	100인분 중량(kg)	식재료 비율(%)
주재료	불린 쌀	120	12	32.4
	정제수	120	12	32.4
	새싹	60	6	16.2
	오이	20	2	5.4
	영양부추	20	2	5.4
	청상추	10	1	2.7
	레디쉬	10	1	2.7
	겨자잎	10	1	2.7
총 량		**370**	**37**	**100**

	식재료명	1인분 중량(g)	100인분 중량(kg)	식재료 비율(%)
부추간장	조선간장	30	3	50.8
	다진 부추	10	1	16.9
	레몬즙	5	0.5	8.5
	설탕(조청)	5	0.5	8.5
	다진 마늘	3	0.3	5.1
	고춧가루	3	0.3	5.1
	참기름	2	0.2	3.4
	통깨	1	0.1	1.7
총 량		**59**	**5.9**	**100**

*참기름은 한식용 식용유로 대체가 가능함.

**설탕은 동량의 조청으로 대체가 가능함.

(4) 버섯불고기 비빔밥

	식재료명	1인분 중량(g)	100인분 중량(kg)	식재료 비율(%)
주재료	불린 쌀	120	12	30.8
	정제수	120	12	30.8
	불고기용 쇠고기	80	8	20.5
	느타리버섯	25	2.5	6.4
	표고버섯	20	2	5.1
	미나리	10	1	2.6
	당근	15	1.5	3.8
총 량		**390**	**39**	**100**

	식재료명	1인분 중량(g)	100인분 중량(kg)	식재료 비율(%)
고추장 II	고추장	20	2	48.8
	쌀조청	5	0.5	12.2
	배즙	5	0.5	12.2
	매실청	3	0.3	7.3
	청주	3	0.3	7.3
	다진 마늘	2	0.2	4.9
	참기름	2	0.2	4.9
	통깨	1	0.1	2.4
총 량		**41**	**4.1**	**100**

(5) 참치샐러드 비빔밥

	식재료명	1인분 중량(g)	100인분 중량(kg)	식재료 비율(%)
주재료	불린 쌀	120	12	33.3
	정제수	120	12	33.3
	통조림참치	50	5	13.9
	양상추	20	2	5.6
	오이	15	1.5	4.2
	홍 파프리카	15	1.5	4.2
	노란 파프리카	15	1.5	4.2
	삶은 달걀노른자	3	0.3	0.8
	레몬즙	2	0.2	0.6
총 량		360	36	100

	식재료명	1인분 중량(g)	100인분 중량(kg)	식재료 비율(%)
마요네즈 된장소스	마요네즈	15	1.5	42.5
	다진 양파	5	0.5	14.2
	다진 피클	5	0.5	14.2
	된장	5	0.5	14.2
	설탕(조청)	2	0.2	5.7
	흑임자	2	0.2	5.7
	감식초	1	0.1	2.8
	천일염	0.3	0.03	0.8
총 량		35.3	3.53	100

(6) 김치 비빔밥(소스 없음)

	식재료명	1인분 중량(g)	100인분 중량(kg)	식재료 비율(%)
주재료	배아미	120	12	31.7
	정제수	120	12	31.7
	볶은 김치	30	3	7.9
	쇠고기	20	2	5.3
	삶은 콩나물	15	1.5	4.0
	당근	15	1.5	4.0
	달걀 노른자	15	1.5	4.0
	삶은 시금치	15	1.5	4.0
	날치알	10	1	2.6
	김가루	2	0.2	0.5
양 념	참기름	4	0.4	1.1
	통깨	3	0.3	0.8
	다진 파	3	0.3	0.8
	다진 마늘	3	0.3	0.8
	간장	2	0.2	0.5
	식용유	1	0.1	0.3
	천일염	0.9	0.09	0.2
	후추	0.2	0.02	0.1
총 량		**379.1**	**37.91**	**100**

(7) 나물 비빔밥

	식재료명	1인분 중량(g)	100인분 중량(kg)	식재료 비율(%)
주재료	불린 쌀	120	12	29.5
	정제수	120	12	29.5
	삶은 콩나물	15	1.5	3.7
	삶은 얼갈이배추	15	1.5	3.7
	삶은 시금치	15	1.5	3.7
	삶은 고사리	15	1.5	3.7
	삶은 토란대	15	1.5	3.7
	생도라지	15	1.5	3.7
	버섯	15	1.5	3.7
양 념	정제수(나물)	20	2	4.9
	간장	10	1	2.5
	다진 파	7	0.7	1.7
	다진 마늘	7	0.7	1.7
	참기름	6	0.6	1.5
	통깨	6	0.6	1.5
	들깨가루	3	0.3	0.7
	들기름	1	0.1	0.2
	천일염	1.5	0.15	0.4
총 량		406.5	40.65	100

	식재료명	1인분 중량(g)	100인분 중량(kg)	식재료 비율(%)
비빔간장	간장	20	2	62.5
	정제수	5	0.5	15.6
	청주	2	0.2	6.3
	참기름	2	0.2	6.3
	다진 파	1	0.1	3.1
	다진 마늘	1	0.1	3.1
	통깨	1	0.1	3.1
총 량		**32**	**3.2**	**100**
*참기름 및 들기름은 한식용 식용유로 대체가 가능함.				

(8) 해초 · 굴 비빔밥

	식재료명	1인분 중량(g)	100인분 중량(kg)	식재료 비율(%)
주재료	불린 쌀	120	12	34.3
	정제수	120	12	34.3
	굴	50	5	14.3
	미역	15	1.5	4.3
	톳	15	1.5	4.3
	다시마	15	1.5	4.3
	칠면채	15	1.5	4.3
총 량		**350**	**35**	**100**

	식재료명	1인분 중량(g)	100인분 중량(kg)	식재료 비율(%)
초고추장	고추장	20	2	32.3
	정제수	10	1	16.1
	식초	10	1	16.1
	조청	7	0.7	11.3
	청주	7	0.7	11.3
	참기름	3	0.3	4.8
	매실청	2	0.2	3.2
	다진 마늘	2	0.2	3.2
	통깨	1	0.1	1.6
총 량		**62**	**6.2**	**100**
*청주는 동량의 막걸리로 대체가 가능함.				

(9) 오곡돌솥 비빔밥

	식재료명	1인분 중량(g)	100인분 중량(kg)	식재료 비율(%)
주재료	정제수	120	12	25.4
	찹쌀	70	7	14.8
	팥	15	1.5	3.2
	수수	15	1.5	3.2
	차조	10	1	2.1
	검은콩	10	1	2.1
	쇠고기홍두깨	30	3	6.4
	불린 표고버섯	25	2.5	5.3
	당근	15	1.5	3.2
	삶은 콩나물	15	1.5	3.2
	애호박	15	1.5	3.2
	도라지	15	1.5	3.2
	황포묵	15	1.5	3.2
	생달걀 노른자	15	1.5	3.2
	황포묵	15	1.5	3.2
	상추	10	1	2.1
	김가루	2	0.2	0.4
양 념	참기름	9	0.9	1.9
	다진 마늘	9	0.9	1.9
	다진 파	8	0.8	1.7
	간장	7	0.7	1.5
	조청	7	0.7	1.5
	배즙	5	0.5	1.1
	청주	5	0.5	1.1
	통깨	5	0.5	1.1
	잣가루	2	0.2	0.4
	천일염	1.7	0.17	0.4
	식용유	1	0.1	0.2
	후추	0.2	0.02	0.0
총 량		471.9	47.19	100

	식재료명	1인분 중량(g)	100인분 중량(kg)	식재료 비율(%)
달래간장	조선간장	20	2	48.8
	달래	10	1	24.4
	정제수	5	0.5	12.2
	조청	2	0.2	4.9
	참기름	2	0.2	4.9
	고춧가루	1	0.1	2.4
	통깨	1	0.1	2.4
총 량		**41**	**4.1**	**100**

(10) 견과류 영양비빔밥

	식재료명	1인분 중량(g)	100인분 중량(kg)	식재료 비율(%)
주재료	불린 쌀	120	12	36.5
	정제수	120	12	36.5
	밤	30	3	9.1
	인삼	15	1.5	4.6
	표고버섯	15	1.5	4.6
	우엉조림	15	1.5	4.6
	호두	7	0.7	2.1
	잣	3	0.3	0.9
	은행	3	0.3	0.9
	대추	1	0.1	0.3
총 량		**329**	**32.9**	**100**

	식재료명	1인분 중량(g)	100인분 중량(kg)	식재료 비율(%)
부추간장	조선간장	30	3	50.8
	다진 부추	10	1	16.9
	레몬즙	5	0.5	8.5
	조청	5	0.5	8.5
	다진 마늘	3	0.3	5.1
	고춧가루	3	0.3	5.1
	참기름	2	0.2	3.4
	통깨	1	0.1	1.7
총 량		**59**	**5.9**	**100**
*참기름은 한식용 식용유로 대체가 가능함.				

3) 식재료의 원가 분석

10종 비빔밥의 제조원가를 분석하기 위하여 일반 소비자 물가를 반영하는 일반 대형 마트(서울 양재동 소재, H마트)에서 본 연구에서 취급하는 비빔밥의 모든 식재료(83종류)에 대해 판매단위와 가격을 조사하고, 표준원가를 산출하기 위해 100g당 가격으로 환산하여 표 2-25와 이어지는 표에 각각을 정리하였다.

10가지 비빔밥에 사용되는 모든 식재료의 원가는 시장원가 분석을 바탕으로 각각의 비빔밥에 대한 표준원가 분석을 수행하였다. 이어지는 다음의 표 2-25부터 표 2-34까지 각각의 비빔밥 1인분에 해당되는 음식의 표준단위로 환산한 양과 함께 재료의 종류와 사용량 및 1인분의 표준원가를 분석하여 정리하였다.

비빔밥 5종의 재료구성과 사용량 및 표준원가 분석은 각각 다음과 같다.

표 2-25. 전주식 비빔밥의 표준원가

식재료명	구매단가		100g당 단가	표준원가	
	가격(원)	중 량	가격(원)	1인 분량(g)	가격(원)
배아미	11,500	3kg	383	90	345
홍두깨	2190	100g	2,190	30	657
애호박	4500	1.4kg	321	25	80
도라지	8400	1kg	840	15	126
고사리	1,820	100g	1,820	15	273
표고버섯	2,190	100g	2,190	15	329
당근	125	100g	125	15	19
콩나물	2,750	4kg	69	15	10
미나리	3,480	328g	1,061	15	159
황포묵	2,180	350g	623	15	93
난황(생)	4200	1650g	255	15	38
난황(지단)	4200	1650g	255	10	25
난백(지단)	4,200	1650g	255	10	25
은행	10,670	1kg	1,067	3	32
고운소금	15,800	30kg	53	4	2
조선간장	18,200	13L	140	14	20
마늘	952	100g	952	9	86
파	2,950	458g	644	8	52
조청	8,000	2.5kg	320	7	22
배즙	9600	5kg	192	5	10
청주	4,200	700ml	600	5	30
참기름	22,500	1.8L	1,250	13	163
식용유	9,700	3.6L	269	2	5
잣	26,580	310g	8,574	2	171
후춧가루	4,000	240g	1,667	0	0
고추장	23,800	14kg	170	20	34
쌀조청	8,000	2.5kg	320	7	22
정종	4,200	700ml	600	7	42
매실청	4,500	1L	450	2	9
파	2,950	458g	644	2	13
통깨	10,200	500g	2,040	7	143
총 계			30,339	402	3,035

*식용유, 참기름은 한식용 식용유로 대체가 가능함.

표 2-26. 산채 비빔밥의 표준원가

식재료명	구매단가		100g당 단가	표준원가	
	가격(원)	중 량	가격(원)	1인 분량(g)	가격(원)
배아미	11,500	3kg	383	90	345
도라지	8400	1kg	840	15	126
시래기	1,000	100g	1,000	15	150
취나물	2,160	100g	2,160	15	324
깻잎순	3,000	438g	685	15	103
비름나물	7,500	4kg	188	15	28
표고버섯	2,190	100g	2,190	15	329
당근	125	100g	125	15	19
조선간장	18,200	13L	140	35	49
들기름	22,500	1.8L	1,250	10	125
파	2,950	458g	644	6	39
마늘	952	100g	952	6	57
들깨	10,300	600g	1,717	5	86
참기름	22,500	1.8L	1,250	3	38
통깨	10,200	500g	2,040	2	41
식용유	9,700	3.6L	269	1	3
고운소금	15,800	30kg	53	1	1
달래	1,780	100g	1,780	10	178
쌀조청	8,000	2.5kg	320	2	6
고춧가루	47,700	3kg	1,590	1	16
총 계			**19,576**	**277**	**2,063**

*식용유, 들기름, 참기름은 한식용 식용유로 대체가 가능함.

표 2-27. 새싹야채 비빔밥의 표준원가

식재료명	구매단가		100g당 단가	표준원가	
	가격(원)	중 량	가격(원)	1인 분량(g)	가격(원)
배아미	11,500	3kg	383	90	345
새싹	4,950	4kg	124	60	74
오이	3,100	1kg	310	20	62
영양부추	9,900	1.4kg	707	20	141
상추	10,000	4kg	250	10	25
레디쉬	2,250	1kg	225	10	23
겨자잎	1,180	100g	1,180	10	118
조선간장	18,200	13L	140	30	42
부추	9,900	1.4kg	707	10	71
레몬즙	2,300	200ml	1,150	5	58
쌀조청	8,000	2.5kg	320	5	16
마늘	952	100g	952	3	29
고춧가루	47,700	3kg	1,590	3	48
참기름	22,500	1.8L	1,250	2	25
통깨	10,200	500g	2,040	1	20
총 계			**11,328**	**279**	**1,097**

표 2-28. 버섯불고기 비빔밥의 표준원가

식재료명	구매단가		100g당 단가	표준원가	
	가격(원)	중 량	가격(원)	1인 분량(g)	가격(원)
배아미	11,500	3kg	383	90	345
불고기용 쇠고기	2,190	100g	2,190	80	1,752
느타리버섯	13,800	2kg	690	25	173
표고버섯	2,190	100g	2,190	20	438
미나리	3,480	328g	1,061	10	106
당근	125	100g	125	15	19
고추장	23,800	14kg	170	20	34
쌀조청	8,000	2.5kg	320	5	16
배즙	9,600	5kg	192	5	10
매실청	4,500	1L	450	3	14
청주	4,200	700ml	600	3	18
마늘	952	100g	952	2	19
참기름	22,500	1.8L	1,250	2	25
통깨	10,200	500g	2,040	1	20
총 계			**12,613**	**281**	**2,989**

*참기름은 한식용 식용유로 대체가 가능함.

표 2-29. 참치샐러드 비빔밥의 표준원가

식재료명	구매단가		100g당 단가	표준원가	
	가격(원)	중 량	가격(원)	1인 분량(g)	가격(원)
배아미	11,500	3kg	383	90	345
통조림참치	10,600	1.89kg	561	50	280
양상추	5,900	1.2kg	492	20	98
오이	3,100	1kg	310	15	47
홍 파프리카	950	100g	950	15	143
노란 파프리카	950	100g	950	15	143
달걀노른자	4,200	1650g	255	3	8
레몬즙	2,300	200ml	1,150	2	23
마요네즈	6,700	3.2kg	209	15	31
양파	19,800	20kg	99	5	5
피클	4,700	3kg	157	5	8
된장	22,500	14kg	161	5	8
설탕	8,000	2.5kg	320	2	6
흑임자	10,520	1kg	1,052	2	21
감식초	11,200	900ml	1,244	1	12
고운소금	15,800	30kg	53	0.3	0
총 계			**8,346**	**245.3**	**1,178**

*고운 소금은 동량의 천일염으로 대체가 가능함.

전주식 비빔밥, 산채 비빔밥, 새싹야채 비빔밥, 버섯불고기 비빔밥과 참치샐러드 비빔밥의 100g당 단가, 1인분 양(g)과 가격을 분석한 결과 각각 3,035원, 2,063원, 1,097원, 2,989원과 1,178원으로 전주식 비빔밥의 제조원가가 가장 높았다. 1인분의 량(무게)는 전주식 비빔밥이 402g으로 가장 많았고, 3,035원으로 원가도 가장 비쌌으며, 나머지는 245~281g 범위이었다.

기능성 비빔밥 5종(김치 비빔밥, 나물 비빔밥, 해초·굴 비빔밥, 오곡돌솥 비빔밥, 견과류 영양비빔밥)의 재료 구성과 사용량 및 표준원가 분석은 각각 다음과 같다.

표 2-30. 김치 비빔밥의 표준원가

식재료명	구매단가		100g당 단가	표준원가	
	가격(원)	중 량	가격(원)	1인 분량(g)	가격(원)
배아미	11,500	3kg	383	90	345
볶은 김치	14,700	2kg	735	30	221
쇠고기	2,190	100g	2,190	20	438
콩나물	2,750	4kg	69	15	10
당근	125	100g	125	15	19
달걀노른자	4,200	1650g	255	15	38
시금치	328	100g	328	15	49
날치알	10,280	100g	10,280	10	1,028
김가루	5,200	500g	1,040	2	21
참기름	22,500	1.8L	1,250	4	60
통깨	10,200	500g	2,040	3	51
파	2,950	458g	644	3	19
마늘	952	100g	952	3	29
간장	8,000	900ml	889	2	18
식용유	9,700	3.6L	269	1	3
고운소금	15,800	30kg	53	1	0
후춧가루	4,000	240g	1,667	0.2	3
총 계			**23,169**	**229.2**	**2,352**

표 2-31. 나물 비빔밥의 표준원가

식재료명	구매단가		100g당 단가	표준원가	
	가격(원)	중 량	가격(원)	1인 분량(g)	가격(원)
배아미	11,500	3kg	383	90	345
콩나물	2,750	4kg	69	15	10
얼갈이배추	398	100g	398	15	60
시금치	328	100g	328	15	49
고사리	1,820	100g	1,820	15	273
말린 토란대	1,040	1kg	104	15	16
도라지	8400	1kg	840	15	126
느타리버섯	13,800	2kg	690	15	104
간장	8,000	900ml	889	30	267
파	2,950	458g	644	8	52
마늘	952	100g	952	8	76
참기름	22,500	1.8L	1,250	8	100
통깨	10,200	500g	2,040	7	143
들깨가루	10,300	600g	1,717	3	52
들기름	22,500	1.8L	1,250	1	13
고운소금	15,800	30kg	53	2	1
청주	4,200	700ml	600	2	12
총 계			**14,027**	**264**	**1,699**

*참기름은 한식용 식용유로 대체가 가능함.

표 2-32. 해초·굴 비빔밥의 표준원가

식재료명	구매단가		100g당 단가	표준원가	
	가격(원)	중 량	가격(원)	1인 분량(g)	가격(원)
배아미	34,200	20kg	171	90	154
굴	20,500	2kg	1,025	50	513
미역	4,250	500g	850	15	128
톳	4,250	1kg	425	15	64
다시마	6,900	1kg	690	15	104
칠면채	4,250	1kg	425	15	64
고추장	23,800	14kg	170	20	34
식초	2,980	1.8L	166	10	17
물엿(조청)	22,000	10kg	220	7	15
청주	4,200	700ml	600	7	42
참기름	22,500	1.8L	1,250	3	38
매실청	4,500	1L	450	2	9
마늘	952	100g	952	2	19
통깨	10,200	500g	2,040	1	20
총 계			**9,094**	**252**	**1,221**

*참기름은 한식용 식용유로 대체가 가능함.

표 2-33. 오곡 돌솥비빔밥의 표준원가

식재료명	구매단가		100g당 단가	표준원가	
	가격(원)	중 량	가격(원)	1인 분량(g)	가격(원)
찹쌀	70,000	20kg	350	70	245
팥	10,000	4kg	250	15	38
수수	20,000	2kg	1,000	15	150
차조	23,800	2kg	1,190	10	119
검은콩	49,000	4kg	1,225	10	123
홍두깨	2,190	100g	2,190	30	657
표고버섯	2,190	100g	2,190	25	548
당근	125	100g	125	15	19
콩나물	2,750	4kg	69	15	10
애호박	4,500	1.4kg	32	15	5
도라지	8400	1kg	840	15	126
황포묵	2,180	350g	623	15	93
생달걀노른자	4,200	1650g	255	15	38
상추	10,000	4kg	250	10	25
김가루	5,200	500g	1,040	2	21
참기름	22,500	1.8L	1,250	11	138
마늘	952	100g	952	9	86
파	2,950	458g	644	8	52
간장	8,000	900ml	889	7	62
쌀조청	8,000	2.5kg	320	9	29
배즙	9,600	5kg	192	5	10
청주	4,200	700ml	600	5	30
통깨	10,200	500g	2,040	6	122
잣가루	26,580	310g	8,574	2	171

고운소금	15,800	30kg	53	2	1
식용유	9,700	3.6L	269	1	3
후춧가루	4,000	240g	1,667	0.2	3
조선간장	18,200	13L	140	20	28
달래	1,780	100g	1,780	10	178
고춧가루	47,700	3kg	1,590	1	16
총 계			**32,589**	**373.2**	**3,146**

표 2-34. 견과류 영양비빔밥의 표준원가

식재료명	구매단가		100g당 단가	표준원가	
	가격(원)	중 량	가격(원)	1인 분량(g)	가격(원)
배아미	11,500	3kg	383	90	345
인삼	3,690	100g	3,690	15	554
표고버섯	2,190	100g	2,190	15	329
우엉조림	880	100g	880	15	132
밤	3,990	200g	1,995	30	599
은행	10,670	1kg	1,067	3	32
잣	26,580	310g	8,574	3	257
호두	22,800	1kg	2,280	7	160
대추	1,180	100g	1,180	1	12
조선간장	18,200	13L	140	30	42
부추	9,900	1.4kg	707	10	71
레몬즙	2,300	200ml	1,150	5	58
쌀조청	8,000	2.5kg	320	5	16
마늘	952	100g	952	3	29
고춧가루	47,700	3kg	1,590	3	48
참기름	22,500	1.8L	1,250	2	25
통깨	10,200	500g	2,040	1	20
총 계			**30,388**	**238**	**2,729**

김치 비빔밥, 나물 비빔밥, 해초·굴 비빔밥, 오곡 돌솥비빔밥, 견과류 영양비빔밥에 대해서 100g당 단가, 1인분의 양(g)과 가격을 분석한 결과 1,215원(해초·굴 비빔밥)~2,637원(오곡 돌솥비빔밥) 범위였으며, 오곡 돌솥비빔밥이 373g으로 가장 양이 많았으며, 나머지 4종은 229g~264g 범위로 분석되었다.

4) 비빔밥 주·부재료의 대체 식품표

(1) 곡류 조성비

칼로리 섭취량을 기준으로 다양한 종류의 잡곡을 혼합한 잡곡밥의 조성비율을 다음과 같이 표 2-35에 분석하여 정리하였다.

(2) 곡류 조성비에 따른 영양소표

단백질의 경우 흰 쌀밥만 섭취하면 6g 정도의 단백질을 섭취할 수 있지만, 표 2-36을 보면 잡곡의 종류를 여러 가지 섞을수록 여러 영양소의 함량이 증가하는 것을 볼 수 있다.

기호 또는 필요에 따라 표에 없는 잡곡을 활용할 수 있다. 열량은 오히려 낮아지거나 거의 비슷한 수준이지만, 열량의 조성은 탄수화물에서 오는 열량은 감소하고 잡곡의 단백질과 지질에서 오는 열량이 증가하는 것을 알 수 있다.

표 2-35. 칼로리 섭취량을 기준으로 한 잡곡밥의 조성비율 설계

열 량 (Kcal)	종 류	조성비	비 고
밥 (300)	백미	90	* 식성에 따라 조성비에 변화를 줄 수 있음. * 백미 대신 배아미를 사용할 수 있음.
	백미 : 메밀	80 : 10	
	백미 : 메조 : 적두	70 : 10 : 10	
	백미 : 수수 : 옥수수 : 완두콩	60 : 10 : 10 : 10	
	백미 : 찰현미 : 기장 : 밀쌀 : 서리태	50 : 10 : 10 : 10 : 10	
	백미 : 보리쌀 : 차조 : 흑미 : 녹두	50 : 10 : 10 : 10 : 10	
밥 (200)	백미	60	
	백미 : 보리쌀	50 : 10	
	백미 : 찰현미 : 서리태	40 : 10 : 10	
	백미 : 현미 : 차조 : 녹두	30 : 10 : 10 : 10	

표 2-36. 잡곡의 혼합에 따른 주요 영양소의 변화

곡류비	조성(g)	단백질 (g)	지질 (g)	당질 (g)	비타민 B_1 (mg/일)	칼슘 (mg/일)	철분 (mg/일)	아연 (mg/일)	열량 (Kcal)
백미(90g)	90	5.9	0.4	69.1	0.09	12.6	1.2	1.4	313
백미 : 메밀	80 : 10	6.5	0.6	68.1	0.1	12.9	1.3	1.4	307
백미 : 메밀 : 콩	70 : 10 : 10	9.3	2.3	63.1	0.124	33.9	1.9	1.6	310
백미 : 밀쌀 : 수수 : 녹두	60 : 10 : 10 : 10	8.5	0.9	65.9	0.152	21.1	1.8	1.4	304
백미 : 메밀 : 현미 : 차조 : 콩	50 : 10 : 10 : 10 : 10	9.6	2.8	62.5	0.161	34.3	2.1	1.6	312
백미 : 기장 : 보리 : 옥수수 : 콩	50 : 10 : 10 : 10 : 10	10.1	2.9	61.6	0.178	34.1	2.1	1.5	311

(3) 오색 분류표

비빔밥의 가장 두드러진 특정의 하나인 다양한 색상을 구현할 수 있는 식재료를 전통 오방색인 흰색, 황색, 붉은색, 청색과 검은 색의 개념에 따라 채소류, 육류, 어패류와 기타 재료로 나누어 다음과 같이 분석하여 정리하였다(표 2-37).

따라서 계절과 지역 및 기호에 따라 응용이 가능하므로 현지화 및 세계화에 도움이 될 것으로 예상한다.

표 2-37. 비빔밥 현지화를 위한 전통 오방색 개념의 식재료 분류

색	야채류	육 류	어패류	기 타
백 색	도라지, 무, 죽순, 양배추 양파, 콩나물(줄기), 숙주 배추, 연근, 우엉 감자, 머위, 더덕, 느타리버섯, 송이버섯 팽이버섯, 노각(늙은 오이)	닭고기	가자미, 명태 병어, 조기, 대구 낙지, 도미 오징어	밤, 배, 참깨 동부묵, 계란지단(백)
황 색	당근, 늙은 호박, 단호박 시래기, 고구마줄기 무말랭이, 고비, 토란줄기(건)		황태	호두, 잣 청포묵 계란지단(황)
적 색	붉은 고추, 홍피망, 적상추	쇠고기, 양고기, 돼지고기	고등어, 연어 꽁치, 참치	대추, 홍시 곶감
초록색	쑥갓, 시금치, 비름, 원추리 풋고추, 청피망, 얼갈이배추 취, 무청, 부추, 깻잎, 열무 애호박, 오이, 미나리, 풋마늘 청상추, 달래, 근대, 꽈리고추, 두릅, 부추, 파, 취나물(건)			파래, 가지 은행
흑 색	미역, 톳, 다시마, 김 석이버섯, 표고버섯, 고사리	오골계		검은깨

(4) 비빔밥 재료의 오행 배속표

오행 배속표는 전통의학과 철학에서 음식재료와 색이 인간의 오장육부와 관련하여 어떤 재료가 적합한지를 정리한 개념이다.

표 2-38과 같이 비빔밥의 고명재료들은 오행 배속표 개념을 적용하여 각각의 색상과 식재료가 상당한 고민을 거쳐 정리된 것임을 알 수 있고, 한식이 전통의학은 물론 한국의 철학이 담겨있는 사실을 확인할 수 있는 대목이다.

표 2-38. 오행 배속표에 따른 비빔밥 주요 재료의 특성과 분류

오행 (五行)	오장 (五臟)	오색 (五色)	비빔밥 재료
목(木)	간(肝)	청(靑)	시금치, 미나리, 애호박, 오이, 비름, 원추리, 취나물 부추, 풋고추,
화(火)	심(心)	적(赤)	육회, 고추장, 대추, 홍당무, 홍고추, 홍피망
토(土)	비(鼻)	황(黃)	황포묵, 황란(달걀노른자), 호두, 잣, 배추속잎
금(金)	폐(肺)	백(白)	도라지, 무, 콩나물(줄기), 숙주, 밤, 계란 백지단
수(水)	신(腎)	흑(黑)	고사리, 고비, 다시마, 표고버섯, 석이버섯

(5) 영양소별 대체 식품표

영양소별 대체 식품표(표 2-39)는 주요 비타민과 무기질을 중심으로 각각의 영양소가 결핍되었을 때 나타나는 증상과 이들 성분이 다량 함유되어 있는 식재료를 정리한 것이다. 1.7 6)항에 정리한 영양성분 강화식단에서 보다 자세한 활용 내용을 정리하였다.

표 2-39. 주요 비타민과 무기질의 급원식품 및 결핍증상

영양소		급원식품 및 결핍증
비타민	A	**동물성 급원식품 :** 간, 생선 간유, 전지분유, 계란 등 **베타카로틴 :** 당근, 시금치와 같은 녹황색 채소와 해조류에 많이 함유되어 있음. 결핍 : 야맹증, 안구건조증, 각막연화증, 각화과다증, 상피세포 각질화
	E	밀 씨눈, 밀 씨눈기름, 올리브유, 아마인유, 땅콩기름 등 비타민 E는 쌀이나 밀 등의 곡물배아와 식물유에 많이 함유되어 있음. **결 핍 :** 생식불능, 근위축증(Muscular dystrophy), 신경질환, 빈혈 및 간괴사 등
	B_1	돼지고기를 포함한 육류, 간, 삼치, 넙치, 전곡, 맥주효모, 두류, 감자 등 **결 핍 :** 식욕부진, 체중감소, 무감각(apathy), 근육무력증, 심장비대 각기병
	B_2	육류, 닭고기, 생선 같은 동물성 식품과 유제품이 리보플라빈의 좋은 공급원이며, 두류, 녹색채소, 곡류, 난류도 리보플라빈의 급원으로 이용되고 있음. **결 핍 :** 주로 구강에 나타나는 구각염, 구순염, 설염 등과 코, 입 주위의 안면이나 음낭, 외음부의 지루성피부염, 안구충혈이나 광선공포증, 조로성 백내장, 빈혈 등
	C	신선한 채소와 과일 등(딸기, 오렌지주스, 레몬주스, 고추, 귤, 피망, 키위, 브로콜리, 토마토 등) 산화가 쉽게 되므로 준비. 조리 및 가공법에 의해 쉽게 파괴되므로 단시간에 조리하며, 산도(pH)를 낮게 유지하고, 가급적 금속용기와의 접촉을 피하도록 주의. **결 핍 :** 콜라겐 합성저해, 괴혈병, 잇몸부종이나 출혈, 모세혈관 약화, 만성피로
	엽산	시리얼, 채소류 등(대두, 녹두, 시금치, 쑥갓, 마른 김, 다시마 등 해조류 및 김치, 밥, 달걀, 김, 시금치, 콩나물)도 엽산의 좋은 급원식품임. 결 핍: 거대적아구성 빈혈, 위장장애, 기형아 출산. 엽산은 세포분열이 많이 일어나는 유아기, 성장기, 임신기, 수유기에 필요량이 매우 증가하기 때문에 엽산이 부족하기 쉬움.
무기질	Ca	우유 및 유제품(요구르트나 치즈), 뼈째 먹는 생선, 짙푸른 채소, 해조류, 두류, 곡류 등 **결 핍 :** 골질량 감소, 골다공증(성인), 구루병(어린이), 테타니(tetany), 혈액응고 불량
	Fe	간, 계란노른자, 육류, 가금류, 녹황색 야채류(비타민 C 및 철분의 흡수 상승시킴) **결 핍 :** 저혈색소성 빈혈, 피로, 유아 발육부진, 손·발톱의 평편, 인지능력 손상
	Zn	붉은 살코기, 간, 신장, 전곡류, 콩류, 굴 **결 핍 :** 수포농포성 피부염, 탈모증, 성장지연, 설사, 정신장애, 식욕감퇴, 세포매개 면역능력 감소, 상처회복 지연 등

5) 체중조절 식단

1)항목에서 소개한 10가지 비빔밥의 여러 가지 특징에서 특히 체중조절을 목적으로 비빔밥용 소스와 반찬류의 구성을 조정하여 칼로리 제한 메뉴를 다음과 같이 설계하였다.

(1) 참치구이 채소비빔밥

밥과 소스 및 반찬류를 조절하여 한 끼에 250 kcal 정도의 조정이 가능한 것을 알 수 있다.

구 분	재 료	분량(g)	단백질(g)	지질(g)	당질(g)	열량(kcal)
타입 A	쌀밥(백미 90)	백미(90)	5.9	0.4	69.1	313
타입 B	녹두밥(백미 50, 녹두 10)	백미(60)	5.5	0.3	44.1	207
주재료	참치구이	참치(생)(50)	11.9	0.6	0.1	56
	애호박볶음	애호박(20)	0.7	1.3	0.8	17
	양송이볶음	양송이(15)	0.6	1.0	0.2	11
	홍 피망볶음	홍 피망(15)	0.1	1.0	0.5	11
	당근볶음	당근(15)	0.1	1.0	1.2	14
	계란지단(황・백)	계란(생)(30)	4.0	5.1	1.2	67
소스 A	고추장소스	고추장(20)	1.6	4.0	14.8	106
소스 B	고추장소스	고추장(10)	0.8	2.0	7.4	53
소 계						A : 282 B : 229
국	무채팽이버섯된장국	무채(20), 팽이버섯(10)	1.5	0.3	2.3	17
찬 1	쇠고기등심볶음	쇠고기등심(50)	11.2	8.8	3.1	138
찬 2	도라지초고추장무침	도라지(25)	0.6	2.5	5.3	44
김치	얼갈이배추김치	얼갈이배추김치(40)	0.8	0.2	1.0	7

합 계	타입 A(찬 1)	757
	타입 B(찬 2)	504

- 참치는 소금과 후추로 간하여 굽고, 구운 크기가 2×1×5cm 되게 한다.
- 무채팽이버섯 된장국의 국물은 다시멸치와 디포리, 통후추를 넣고 끓인 물을 사용 한다.
- 소스 A : 고추장 20g, 쌀조청 7g, 매실청 2g, 다진 마늘 2g, 참기름 3g, 통깨 1g, 정종 7g, 정제수10g
- 소스 B : 소스 A의 1/2 사용

(2) 대구구이 나물비빔밥

밥과 소스 및 반찬류를 조정하면 200 kcal 정도의 섭취열량을 조절할 수 있는 식단이다.

구 분	재 료	분량(g)	단백질(g)	지질(g)	당질(g)	열량(Kcal)
타입 A	쌀밥(백미 90)	백미(90)	5.9	0.4	69.1	313
타입 B	밀쌀밥(백미 50, 밀쌀 10)	백미(50) 서리태(10)	6.7	2.0	41.1	212
주재료	대구구이	은대구(50)	6.5	3.4	0.0	65
	도라지볶음	도라지(15)	0.4	1.5	3.2	26
	고사리볶음	고사리(15)	0.8	1.1	1.0	17
	애호박볶음	애호박(20)	0.7	1.3	0.8	17
	쇠고기무탕	쇠고기(20) 무(20)	5.3	0.8	1.3	34
	숙주나물	숙주(15)	0.6	1.6	0.5	17
소스 A	달래간장	달래(10)	2.2	2.8	3.9	47
소스 B	달래간장	달래(7)	1.5	1.9	2.7	33
소 계						A : 223 B : 209

국	무콩나물국	무(15) 콩나물(15)	1.7	0.3	1.0	12
찬 1	오징어 초고추장무침	오징어(50)	10.8	2.9	11.2	116
찬 2	도토리묵무침	도토리묵 (35)	1.0	0.8	5.7	32
김치	갓김치	갓김치(40)	1.6	0.4	2.7	16
합 계		타입 A(찬 1)				680
		타입 B(찬 2)				481

• 도토리묵무침 : 도토리묵과 오이를 적당한 크기로 썰어서 달래간장으로 무친다.

(3) 방어구이 나물 비빔밥

밥과 소스 및 반찬류를 조정하면 270 kcal 정도의 섭취열량을 조절할 수 있는 식단이다.

구 분	재 료	분량(g)	단백질 (g)	지질(g)	당질(g)	열량 (Kcal)
타입 A	쌀밥(백미 90)	백미(90)	5.9	0.4	69.1	313
타입 B	메조밥(백미 50, 메조 10)	백미(50) 메조(10)	4.3	0.6	45.8	212
주재료	방어구이	방어(50)	12.0	2.9	0.1	78
	열무무침	열무(20)	0.8	0.3	2.6	15
	고춧잎나물무침	고추잎(15)	0.9	0.7	1.5	13
	당근볶음	당근(15)	0.1	1.0	1.2	14
	송이버섯볶음	송이버섯 (15)	0.5	0.7	1.2	12
	계란지단 (황·백)	계란(30)	4.0	5.1	1.2	67

소스 A	달래간장	달래(10)	2.2	2.8	3.9	**47**
소스 B	달래간장	달래(7)	1.5	1.9	2.7	**33**
소 계						**A : 246** **B : 232**
국	근대된장국	근대(30)	2.0	0.5	2.0	**19**
찬 1	쇠고기등심볶음	쇠고기등심(70)	15.8	12.4	4.3	**195**
찬 2	메밀묵무침	메밀묵(40)	1.8	0.9	7.6	**42**
김치	얼갈이김치	얼갈이김치 숙성된 것(45)	2.0	1.8	3.7	**34**
합 계		타입 A(찬 1)				**807**
		타입 B(찬 2)				**539**

- 방어를 3조각을 내어서 소금, 흰 후추로 간을 하여 20～30분 재운다음 팬에 굽는다.
- 열무를 데쳐서 냉수에 행군 후 물기를 꼭 짠 후 조선간장 3, 다진 마늘 1, 다진 파 1, 들기름 1, 깨소금 1로 무친다.
- 고춧잎도 열무나물무침과 같은 방법으로 무친다.
- 당근과 송이버섯은 적당한 크기로 채쳐서 소금 간을 하여 콩기름에 볶는다.
- 근대된장국 : 근대 20g, 풋고추 3g, 멸치다시 국물용 5g, 된장 20g, 대파 3g, 마늘 3g
- 쇠고기등심 볶음 : 쇠고기등심 70g, 진간장 5g, 다진 파 1g. 다진 마늘 1g, 정종 1g, 배즙, 후춧가루, 참기름 1.5g, 깨소금 1g, 조청 5g을 넣어 버무린 후 20분 재운 다음 팬에 콩기름을 두르고 굽는다.

(4) 닭 가슴살구이 나물 비빔밥(1)

밥과 소스 및 반찬의 조정으로 약 230 kcal 정도의 열량 조절이 가능한 식단이며, 생선보다 닭고기를 선호하는 경우를 가정하여 설계하였다.

구 분	재 료	분량(g)	단백질 (g)	지질(g)	당질(g)	열량 (kcal)
타입 A	쌀밥(쌀 90)	90	5.9	0.4	69.1	313
타입 B	메밀밥(쌀 45, 메밀 10, 옥수수 5)	60	4.7	0.6	48.2	203
주재료	닭 가슴살구이	40	12.4	1.4	0	66
	미나리나물	15	0.3	1.0	0.6	13
	시래기나물	15	0.9	2.5	1.4	31
	숙주나물	15	0.6	1.6	0.5	17
	톳나물	15	0.4	0.1	2.1	10
	계란지단	30	4.0	4.1	1.1	67
소스	고추장소스	A : 50	1.6	4.0	14.8	A : 106
		B : 35	1.1	2.8	10.4	B : 74
소 계						A : 310 B : 278
국	건새우아욱국	아욱(40)	5.3	0.8	3.1	39
찬 1	병어구이	병어(70)	10.4	7.8	0.1	115
찬 2	녹두묵무침	녹두묵(35)	1.0	0.7	5.3	30
김치	배추김치	45	0.9	0.2	1.2	8
타입 A : 열량 영양소(g) 열량(kcal) 열량 구성비(%)			42.7 170.8 22.4	23.9 215.1 28.2	94.0 376.0 49.3	
합 계		타입 A(찬 1)				785
		타입 B(찬 2)				558

【닭 가슴살구이 나물 비빔밥(1)의 열량계산법】

열량 및 영양성분 계산 시 CAN-pro 3.0을 사용하여 계산하였으며, CAN-pro 3.0에 저장된 조리법 및 개발된 식단의 조리법을 반영하여 계산하였다.

- 닭 가슴살구이 재료 : 닭고기 가슴살, 구운 것 40g
- 미나리나물 : 개발된 식단(전주식 비빔밥)의 조리방법을 사용하여 데친 미나리 15g(양념 - 천일염 0.3g, 참기름 1g)으로 열량을 계산하였다.
- 시래기나물 : 개발된 식단(산채비빔밥)의 조리방법을 사용하여 삶은 시래기 15g(양념 - 조선간장 3g, 다진 파 1g, 다진 마늘 1g, 들기름 2g, 들깨 1g)으로 열량을 계산하였다.
- 숙주나물 : 개발된 식단(전주식 비빔밥)의 콩나물 조리방법과 동일하게 적용하여 삶은 숙주 15g(양념 - 다진 파 1g, 다진 마늘 1g, 천일염 0.3g, 참기름 1g, 통깨 1g)으로 열량을 계산하였다.
- 톳나물 : 톳(생것) 15g(양념 - 고춧가루 0.3g, 고추장 1.2g, 다진 마늘 0.3g, 설탕 0.6g, 식초 1.5g, 다진 파 0.3g)으로 계산하였다.
- 계란지단 : CAN-pro 3.0의 계란말이 조리법으로 계산하였다.
- 고추장소스 : 개발된 식단(전주식 비빔밥)의 조리법을 사용하여 비율대로 계산하여 대입하였다(재료 : 고추장 20g, 쌀조청 7g, 매실청 2g, 다진 파 2g, 참기름 3g, 통깨 1g, 정종 7g, 정제수 10g).
- 병어구이 재료 : 병어 70g, 천일염 2g
- 건새우아욱국 : CAN-pro 3.0을 사용하여 계산하였다.
- 녹두묵무침 : CAN-pro 3.0을 사용하여 계산하였다.
- 배추김치 : CAN-pro 3.0을 사용하여 계산하였다.

【체중조절식의 조리방법】

- 쌀의 경우는 30~40분 정도 불려서 밥을 지으며, 잡곡의 경우 메밀쌀이나 흑미는 하룻밤 불려서 밥을 짓는 것이 좋다.
- 애호박과 당근 등의 나물은 소량의 천일염으로 간을 하여 볶는다.
- 가자미구이 등 생선구이는 천일염으로 간을 하여 굽는다.
- 볶음요리를 위한 기름사용은 소량으로 제한한다.
- 맑은 콩나물 국물은 멸치국물 또는 디포리 국물을 사용한다(끓일 때 통후추를 몇 알 넣어 끓인다).
- 쇠고기양념을 할 때 다진 파, 다진 마늘, 진간장. 후cnt가루, 깨소금을 적당히 사용하되 특히 설탕·참기름은 소량 사용한다.
- 약고추장은 일반 고추장에 비해 칼로리가 높으므로 열량 제한을 위해서 양념고추장을 따로 만들지 않고 일반 고추장으로 사용한다.

【체중조절식 조정방법】

- 600 kcal 식단 : 550 kcal 식단에서 후식의 양만 50kcal를 추가한다.
- 700 kcal 식단 : 550 kcal 식단에서 쌀 → 1교환단위 추가,
  후식 : 50 kcal 추가
  - 주재료 밥 : 백미 70 + 잡곡 20(메밀 15, 흑미) → 300 kcal
  - 후식 : 50 kcal → 100 kcal
- 800 kcal 식단 : 550 kcal 식단에서 쌀 → 1교환단위 추가(100 kcal)
  반찬 : 50 kcal 추가, 후식 : 100 kcal 추가
  - 주재료 밥 : 백미 70 + 잡곡 20(메밀 15, 밀쌀 5) :
    200 kcal → 300 kcal
  - 반찬 : 100 kcal → 150 kcal
  - 후식 : 50 kcal → 150 kcal

- 900 kcal 식단 : 550 kcal 식단에서 쌀 → 1교환단위 추가(100 kcal)
  반찬 → 100 kcal 추가, 후식 → 150 kcal 추가
  - 주재료 밥 : 백미 70 + 잡곡 20(메밀 15, 수수 5) :
    200 kcal → 300 kcal
  - 반찬 : 100 kcal → 200 kcal
  - 후식 : 50 kcal → 200 kcal

(5) 닭 가슴살구이 나물 비빔밥(2)

밥과 소스 및 반찬을 조정하여 약 230 kcal 정도를 조절이 가능한 식단이며, 닭고기를 선호하는 경우에 적용할 수 있다.

구 분	재 료	분량(g)	단백질 (g)	지질(g)	당질(g)	열량 (kcal)
타입 A	쌀밥(백미 90)	90	5.9	0.4	69.1	313
타입 B	옥수수밥(백미 50, 옥수수 10)	60	3.7	0.2	40.7	185
주재료	닭 가슴살구이	닭가슴살 (40)	12.4	1.4	0	66
	애호박볶음	애호박(20)	0.7	1.3	0.8	17
	가지나물무침	가지(20)	0.3	1.1	1.0	14
	톳무침	톳(15)	0.4	0.1	2.1	10
	당근볶음	당근(15)	0.1	1.0	1.2	14
	계란지단(황・백)	계란(생) (30)	4.0	5.1	1.2	67
소스 A	고추장소스	고추장(20)	1.6	4.0	14.8	106
소스 B	고추장소스	고추장(10)	0.8	2.0	7.4	53
소 계						A : 294 B : 241

국	건새우시금치 된장국	시금치(생) (30)	3.9	0.6	3.4	32
찬 1	연어구이	연어(50)	10.2	4.0	0.0	80
찬 2	더덕무침	더덕(25)	1.4	0.7	6.6	37
김치	파김치	쪽파(40)	1.4	0.3	4.1	21
합 계		타입 A(찬 1)				740
		타입 B(찬 2)				516

- 닭 가슴살은 식염과 흰 후추로 간하여 굽거나 채반을 받치고 찐다.
- 가지나물은 세로로 반을 가르고 반달모양으로 썰어서 채반을 받치고 쪄서 전주식 비빔밥의 나물양념으로 무친다.
- 연어를 소금과 후추로 간을 하고, 일정시간 재운 가음에 구워야 고깃살이 잘 부서지지 않는다.

(6) 쇠고기볶음 나물 비빔밥(1)

쇠고기를 선호하는 지역과 기호성에 맞춘 열량조절 식단이며, 약 210 kcal 정도의 조절이 가능하다.

구 분	재 료	분량(g)	단백질 (g)	지질(g)	당질(g)	열량 (kcal)
타입 A	쌀밥(백미 90)	90	5.9	0.4	69.1	313
타입 B	메밀밥(백미 50, 메밀쌀 10)	60	4.5	0.4	45.1	203
주재료	쇠고기등심볶음	쇠고기등심(40)	9.0	7.1	2.5	111
	비름나물	비름(20)	0.9	1.1	1.2	16
	고비나물무침	고비(15)	0.5	0.9	1.0	14
	무 숙채나물	무(15)	0.2	0.9	0.7	11
	당근볶음	당근(15)	0.1	1.0	1.2	14
	계란지단	계란(황・백) (30)	4.0	5.1	1.2	67

소스 A	고추장소스	20	1.6	4.0	14.8	106
소스 B		10	0.8	2.0	7.4	53
소 계						A : 339 B : 286
국	맑은 미역국	건미역 불린 것 (20)	5.0	6.9	1.2	86
찬 1	동태찜	동태(50)	11.7	2.3	3.3	80
찬 2	황포묵무침	황포묵(40)	1.1	0.8	6.0	34
김치	열무김치	열무김치(40)	0.8	0.2	1.3	8
합 계		타입 A(찬 1)				826
		타입 B(찬 2)				617

(7) 쇠고기볶음 나물 비빔밥(2)

쇠고기를 선호하는 지역과 기호성에 맞춘 열량조절 식단이며, 약 260 kcal 정도의 조절이 가능하다.

구 분	재 료	분량(g)	단백질 (g)	지질(g)	당질(g)	열량 (kcal)
타입 A	쌀밥(백미 90)	90	5.9	0.4	69.1	313
타입 B	보리밥(백미 50, 보리 10)	60	4.3	0.3	46.1	208
주재료	쇠고기볶음	쇠고기우둔살 (40)	9.1	3.3	2.4	77
	비름나물	비름(20)	0.9	1.1	1.2	16
	고비나물볶음	고비(15)	0.5	0.9	1.0	14
	숙주나물무침	숙주(15)	0.6	1.6	0.5	17
	당근볶음	당근(15)	0.2	1.0	1.2	14
	계란지단(황 · 백)	계란(황 · 백) (30)	4.0	5.1	1.2	67

소스 A	고추장소스	20	1.6	4.0	14.8	106
소스 B	고추장소스	10	0.8	2.0	7.4	53
소 계						A : 311 B : 258
국	맑은 미역국	건미역불린 것 (건새우)(20)	5.0	6.9	1.2	86
찬 1	북어찜	건북어(25)	20.8	3.4	10.2	156
찬 2	황포묵무침	황포묵(40)	1.1	0.8	6.0	34
김치	열무김치	열무김치(35)	0.8	0.2	1.3	8
합 계		타입 A(찬 1)				874
		타입 B(찬 2)				594

(8) 쇠고기볶음 나물 비빔밥(3)

쇠고기를 선호하는 지역과 기호성에 맞춘 열량조절 식단이며, 약 240 kcal 정도의 조절이 가능하다.

구 분	재 료	분량(g)	단백질 (g)	지질(g)	당질(g)	열량 (kcal)
타입 A	쌀밥(쌀 90)	90	5.9	0.4	69.1	313
타입 B	현미밥(쌀 45, 현미 10, 수수 5)	60	4.2	0.6	46	210
주재료	쇠고기볶음	안심(40)	9.0	4.2	2.4	85
	가지볶음	가지(20)	0.3	1.1	1.0	14
	고구마줄기볶음	고구마 줄기(20)	0.4	1.2	0.5	13
	도라지볶음	도라지(25)	0.6	2.5	5.2	44
	오이볶음	오이(35)	0.5	3.5	1.0	36
	계란지단	30	4.0	5.1	1.2	67

소스	고추장소스	A : 50 (B :35)	1.6	4.0	14.8	A : 106 (B : 74)
소 계						383 (B : 351)
국	단배추된장국	배추(35)	4.5	1.4	2.7	42
찬 1	조기찜	조기(70)	15.7	6.5	4.5	139
찬 2	도토리묵무침	도토리묵 (35)	1.0	0.8	5.7	32
김치	열무김치	35	0.8	0.2	1.3	8
타입 A : 열량 영양소(g) 열량(kcal) 열량 구성비(%)			43.3 173 20.1	30.1 271 31.5	103.7 415 48.3	
합 계		타입 A(찬 1)				886
		타입 B(찬 2)				644

(9) 쇠고기볶음 나물 비빔밥(4)

쇠고기를 선호하는 지역과 기호성에 맞춘 열량조절 식단이며, 약 170 kcal 정도의 조절이 가능하다.

구 분	재 료	분량(g)	단백질(g)	지질(g)	당질(g)	열량(Kcal)
타입 A	쌀밥(백미 90)	백미(90)	5.9	0.4	69.1	313
타입 B	콩밥(백미 50, 서리태 10)	백미(50) 서리태(10)	6.7	2.0	41.0	212
주재료	쇠고기볶음	쇠고기우둔살 (40)	9.1	3.3	2.4	77
	시금치나물	데친 시금치 (20)	0.9	0.9	0.8	13
	표고버섯나물	표고(15)	0.7	1.6	1.3	23

주재료	콩나물	삶은 콩나물(15)	0.8	0.5	0.4	8
	당근볶음	당근(생)(15)	0.2	1.0	1.2	14
	계란지단(황·백)	계란(생)(30)	4.0	5.1	1.2	67
소스 A	고추장소스	고추장(20)	1.6	4.0	14.8	106
소스 B	고추장소스	고추장(10)	0.8	2.0	7.4	53
소 계						A : 308 B : 255
국	미역오이냉국	건미역(0.75) 오이(12.5)	0.4	0.2	1.1	7
찬 1	민어구이	민어(70)	12.6	2.1	0.0	73
찬 2	애호박전	35	2.3	3.8	3.2	55
김치	배추김치	40	0.8	0.2	1.0	7
합 계		타입 A(찬 1)				708
		타입 B(찬 2)				536

(10) 쇠고기볶음 채소 비빔밥(5)

쇠고기를 선호하는 지역과 기호성에 맞춘 열량조절 식단이며, 약 150 kcal 정도의 조절이 가능하다.

구 분	재 료	분량(g)	단백질(g)	지질(g)	당질(g)	열량(Kcal)
타입 A	쌀밥(백미90)	백미(90)	5.9	0.4	69.1	313
타입 B	녹두밥(백미 50, 녹두10)	백미(50) 녹두(10)	5.5	0.3	44.1	207
주재료	쇠고기볶음	쇠고기등심(40)	9.0	7.1	2.5	111
	오이채볶음	오이(15)	0.2	1.5	0.4	15
	홍 피망	홍 피망(15)	0.2	0.0	0.8	4

주재료	우엉채조림	우엉(15)	0.7	1.0	3.3	**24**
	취나물무침	취나물 삶은 것(15)	0.7	0.3	1.1	**9**
	계란지단(황·백)	계란(30)	4.0	5.1	1.2	**67**
소스 A	달래간장	달래(10)	2.2	2.8	3.9	**47**
소스 B	달래간장	달래(7)	1.5	1.9	2.7	**33**
소 계						**A : 277 B : 263**
국	냉이된장국	냉이(20)	0.8	0.8	2.3	**26**
찬 1	갈치구이	갈치(70)	12.6	5.2	0.1	**101**
찬 2	강낭콩조림	강낭콩(20)	2.3	0.2	15.0	**70**
김치	총각김치	총각김치(40)	1.0	0.2	2.2	**12**
합 계		타입 A(찬 1)				**729**
		타입 B(찬 2)				**578**

- 오이채 볶음과 홍 피망 볶음은 소금 간하여 콩기름에 볶아낸다.
- 우엉채 조림은 진간장 2g, 다진 마늘 1, 다진 파 1, 깨소금 1, 참기름 1을 넣고 조린다.
- 삶은 취나물을 물기를 꼭 짠 후에 조선간장 3g, 다진 파 1, 다진 마늘 1, 참기름 1, 깨소금1을 넣고 무친다.
- 냉이된장국 : 냉이 20, 멸치 3, 풋고추 3, 대파 3, 마늘 3, 된장 20
- 갈치는 소금, 흰 후추로 간하여 20~30분 재운 다음 팬에 굽는다.
- 강낭 콩: 물을 부어 익힌 후에 진간장, 조청을 넣고 조린다.

(11) 돼지고기볶음 나물 비빔밥(1)

돼지고기를 선호하는 지역과 기호성에 주목한 열량조절 식단이며, 밥과 소스 및 반찬의 조합으로 약 170 kcal의 조절이 가능하다.

구 분	재 료	분량(g)	단백질(g)	지질(g)	당질(g)	열량(kcal)
타입 A	쌀밥(백미 90)	90	5.9	0.4	69.1	313
타입 B	차수수밥(백미 50, 찰수수 10)	60	4.3	0.4	45.6	209
주재료	돼지고기볶음	돼지고기 안심(40)	7.0	8.3	8.5	152
	미나리나물	15	0.3	1.0	0.6	13
	시래기나물	15	0.9	2.5	1.4	31
	숙주나물	15	0.6	1.6	0.5	17
	톳나물	15	0.4	0.1	2.1	10
	계란지단(황·백)	30	4.0	4.1	1.1	67
소스 A	고추장소스	20	1.6	4.0	14.8	106
소스 B	고추장소스	10	0.8	2.0	7.4	53
소 계						A : 396 B : 343
국	멸치아욱된장국	25	2.5	1.2	4.6	20
찬 1	홍합조림	50	5.5	1.2	4.6	52
찬 2	녹두묵무침	40	1.1	0.8	6.0	34
김치	배추김치	40	0.8	0.2	1.0	7
합 계		타입 A(찬 1)				788
		타입 B(찬 2)				613

- 돼지고기양념 : 진간장, 다진 파, 다진 마늘, 다진 생강(다진 마늘의 1/2), 후추, 깨소금, 참기름, 조청의 적당량으로 양념한다.
- 쌀(30~40분), 찰수수(1시간 정도)불려서 밥을 짓는다.
- 시래기나물은 질긴 부분이 무를 때까지 삶는다. 물에 우려 물기를 짠 후 산채비빔밥의 나물양념을 하여 콩기름(들기름)을 팬에 두르고 살짝 볶아낸다.

(12) 돼지고기볶음 나물 비빔밥(2)

돼지고기를 선호하는 지역과 기호성에 주목한 열량조절 식단이며, 밥과 소스 및 반찬의 조합으로 약 160 kcal의 조절이 가능하다.

구 분	재 료	분량(g)	단백질(g)	지질(g)	당질(g)	열량(kcal)
타입 A	쌀밥(쌀 90)	90	5.9	0.4	69.1	**313**
타입 B	잡곡밥(쌀 45, 수수 10, 차조 10, 팥 10)	75	7.0	0.9	54.8	**260**
주재료	돼지고기볶음	돼지고기 등심(40)	9.8	9.5	8.5	**158**
	비름나물	비름(35)	1.5	1.9	2.0	**28**
	고비나물	고비(35)	1.0	1.0	1.9	**27**
	느타리볶음	느타리(30)	1.1	1.4	2.2	**23**
	당근볶음	당근(15)	0.1	1.0	1.2	**14**
	계란지단	30	4.0	5.1	1.2	**67**
소스	고추장소스	A : 50 (B : 35)	1.6	4.0	14.8	**A : 106 (B : 74)**
소 계						**423 (B : 391)**
국	시금치된장국	시금치(35)	2.4	0.6	4.7	**31**
찬 1	동태찜	동태(70)	16.4	3.3	4.7	**113**
찬 2	메밀묵무침	메밀묵(35)	1.6	0.8	6.7	**37**
김치	총각김치	50	1.2	0.2	2.8	**15**
타입 A : 열량 영양소(g) 열량(kcal) 열량 구성비(%)			45.1 180 20.3	28.4 256 28.8	113.1 452 50.9	
합 계		타입 A(찬 1)				**895**
		타입 B(찬 2)				**734**

체중조절 목적으로 개발한 비빔밥의 메뉴는 각각 생선 3가지, 닭고기 2가지, 쇠고기 5가지와 돼지고기 2가지를 적용한 12가지의 표준 식단이며, 지역과 인종, 종교와 식문화에 따른 응용이 가능하도록 식단설계를 하여 비빔밥의 현지화 및 세계화에 도움이 되도록 설계하였다.

6) 기능성 대체식단

식단설계의 마지막으로 1.7 4)항목에서 정리한 특정 영양성분 강화를 목적으로 적용이 가능한 기능성 영양성분의 강화 식단은 다음과 같이 철분 강화, 칼슘 강화, β-카로틴 강화, 비타민 C 강화 식단의 순서로 정리하였다.

(1) 철분강화 식단

철분강화 식단으로는 생 채소 명란 비빔밥과 게살 비빔밥을 분석하였다. 체중조절 식단과 마찬가지로 밥과 반찬의 종류를 조절하여 열량조절이 가능하도록 조정하였다.

표 2-40. 철분강화용 생 채소 명란 비빔밥의 설계

구 분	음식명	분량(g)	단백질 (g)	지질 (g)	당질 (g)	철분 (mg)	열량 (kcal)
타입 A	팥밥	쌀(90), 팥(10)	8.1	0.5	75	1.7	336
타입 B	잡곡밥	쌀(50), 현미(30) 율무(10)	6.7	2	67	2.3	311
주재료	명란찜	명태알(40)	9	0.6	0.4	0.6	43
	무초절이	무(20) 식초(1)	0.2	0	1.5	0.2	7
	생 채소	양상추(20) 오이(20) 피망(10) 들깻잎(5)	0.6	0	1.4	0.4	8
소스	마요네즈 된 장소스	마요네즈(15) 된장(5)	1	11	5	-	122
소 계						A : 2.9 B : 3.5	A : 516 B : 491

국	조개된장국	호박(50) 바지락(20)	6.1	1	9.8	2.2	75
찬 1	장조림	돼지고기(40) 메추리알(30)	11.5	10	5.4	2.7	155
찬 2	섭산적	쇠고기(40) 두부(30)	14.9	15	10.7	1.3	233
김치	파김치	파김치(60)	2.0	0	6.2	0.5	37
합 계		타입 A(찬 1)				**8.3**	**779**
		타입 B(찬 2)				**7.5**	**839**

■ 게살 비빔밥

체중조절 식단과 마찬가지로 밥과 반찬의 종류를 조정하여 섭취열량의 조절이 가능하도록 설계하였다.

표 2-41. 철분강화용 게살 비빔밥의 설계

구분	음식명	분량(g)	단백질 (g)	지질 (g)	당질 (g)	철분 (mg)	열량 (kcal)
타입 A	쌀밥	쌀(90)	6	0.4	68.1	1.2	300
타입 B	잡곡밥	백미(60), 현미(20) 메밀(5), 차조(5)	6	2	67	2.7	310
주재료	삶은 게살	대게 살(50)	8	0	0	0.3	32
	생 채소	양상추, 오이(20) 피망(10), 들깻잎(5)	0.6	0	1.4	0.4	8
소스	마요네즈 된장소스	마요네즈(15) 된장(5)	1	11	5	0.2	122
소 계						A : 2.1 B : 3.6	A : 462 B : 472
국	감자두부 된장국	감자(50) 두부(40)	8	2	12	3	100

찬 1	풋마늘 초무침	풋마늘(25) 고추장(3.5)	1.25	0.4	5.5	0.4	30
찬 2	가자미 조림	가자미(70) 무(40)	17	3	7	1.4	126
김치	배추김치	배추김치(45)	0.9	0.2	1.1	0.4	10
합 계		타입 A(찬 1)				**5.9**	**602**
		타입 B(찬 2)				**8.4**	**709**

(2) 칼슘강화 식단

칼슘강화 식단은 CAN-pro 3.0을 이용하여 칼슘함량이 높은 음식을 선택하였으며, 섭취율은 100%로 계산하였다. 비타민 C는 칼슘의 흡수를 돕는 것으로 알려져 있으며, 익히면 거의 손실되며 산에 비교적 안정한 비타민 C의 특성을 고려하여 생 채소에 식초를 넣고 무치는 조리법을 선택하였다.

체중조절 식단과 마찬가지로 밥과 반찬의 종류를 조정하여 섭취열량의 조절이 가능하도록 설계하였다.

표 2-42. 칼슘강화용 바지락회 비빔밥의 설계

구 분	음식명	분량 (g)	단백질 (g)	지질 (g)	당질 (g)	칼슘 (mg)	열량 (kcal)
밥	배아미	90	6.3	1.8	67.0	6.3	309
	율무	10	1.5	0.6	6.5	14.7	37
주재료	바지락회	50	5.8	0.4	0.7	42.5	29
	양배추	10	0.1	0.0	0.7	3.8	4
	적 상추	10	0.1	0.0	0.4	5.6	2
	청 상추	10	0.1	0.0	0.4	5.6	2
	오이채	10	0.1	0.1	1.8	26.9	9
	깻잎	5	0.2	0	0.2	9.9	2
소스	초고추장	52	1.6	4.6	13.5	37.7	102
소 계						**153**	**496**

국	건새우 아욱국	70	10.7	1.6	6.2	299	82
찬 1	두부전	70	8.5	9	6.2	133.2	140
찬 2	가오리찜	80	15	2.7	5.2	660.1	105
김치	갓김치	60	2.3	0.5	4.1	70.8	30
합 계		타입 A(찬 1)				**656**	**748**
		타입 B(찬 2)				**1,183**	**713**

■ 굴회 비빔밥

체중조절 식단과 마찬가지로 밥과 반찬의 종류를 조정하여 섭취열량의 조절이 가능하도록 설계하였다.

표 2-43. 칼슘강화용 굴회 비빔밥의 설계

구 분	음식명	분량 (g)	단백질 (g)	지질 (g)	당질 (g)	칼슘 (mg)	열량 (kcal)
밥	배아미	90	6.3	1.8	67.0	6.3	309
	찹쌀	30	2.22	0.12	24.36	1.2	107
	수수,팥,차조	10	4.09	0.75	20.29	15.5	104
	대두	7	2.4	1.1	2.3	10	29
주재료	굴무침	70	9	3	7	75	91
	달래무채무침	35	1	0	4	30	20
소스	초고추장	52	1.6	4.6	13.5	37.7	102
소 계						**175.7**	**762**
국	냉이된장국	70	9	2	7	202	82
찬 1	굴비구이	70	13	8	0	50	124
찬 2	두부양념조림	80	10	8	3	136	124
김치	오이소박이	70	2	1	3	34	29
합 계		타입 A(찬 1)				**462**	**943**
		타입 B(찬 2)				**530**	**943**

(3) 식이섬유 강화 식단

밥의 종류는 단일화하고, 반찬의 종류를 좀 더 다양화하여 기호성을 높였으며, 섭취열량의 조절이 가능하도록 식단설계를 하였다. 무의 잎 부분을 가공한 무청은 식물성 재료 중에서 식이섬유와 칼슘의 함량이 높은 것으로 알려져 있어 선택하였다.

표 2-44. 식이섬유강화용 무청 비빔밥의 설계

구 분	음식명	분량(g)	단백질(g)	지질(g)	당질(g)	식이섬유(g)	열량(kcal)
밥	기장수수밥	백미(70), 기장(10), 수수(10)	6.7	0.8	68.2	1.3	315
주재료	쇠고기볶음	쇠고기우둔살(20)	4.5	1.6	1.2	0.4	38
	무생채	무(30)	0.5	0.3	2.5	0.9	13
	시래기나물	무청시래기(40)	1.3	1.0	2.5	2.9	21
	청 파프리카	청 파프리카(15)	0.2	0.0	0.8	0.3	4
	황 파프리카	황 파프리카(15)	0.1	0.0	0.6	0.4	3
	표고버섯볶음	표고버섯(15)	0.8	1.6	1.3	1.1	23
	애호박나물	애호박(25)	0.9	1.7	1.1	0.9	22
소스	달래간장	36	2	3	4	1	49
소 계						**9.2**	**488**
국	감자호박국	감자(20), 호박(15)	2.3	0.3	3.6	1.0	25
찬 1	버섯전	느타리, 양송이(10) 표고버섯(5)	2.4	3.2	8.4	1.0	69
찬 2	삼색냉채	오이(20), 무(15), 당근(5)	0.5	0.1	3.1	0.8	14
김치	배추김치	배추김치(40)	0.8	0.2	1.0	1.2	7
합 계		찬 1 선택 시				**12.4**	**589**
		찬 2 선택 시				**12.2**	**534**

■ 안동 비빔밥

안동 헛 제사밥으로 알려져 있으며, 전통 비빔밥 중에서 거의 유일하게 들기름을 이용하는 경우이다. 특히 마른 나물을 다량 사용하기 때문에 식이섬유 강화 식단으로 선별하였고, 반찬의 종류를 다양화 하였다.

표 2-45. 식이섬유 강화용 안동 비빔밥의 설계

구분	재 료	분량(g)	단백질 (g)	지질 (g)	당질 (g)	식이섬유 (g)	β-carotene (μg)	열량 (kcal)
밥	쌀밥	90	5.9	0.4	69.1	0.9	0	313
주재료	쇠고기산적	쇠고기우둔(30)	7.2	4.0	6.1	0.4	15.8	89
	동태전	동태포(20)	5.0	4.3	3.9	0.2	1.9	74
	두부전	두부(20)	3.4	4.9	4.4	0.6	1.8	75
	도라지나물	삶은 도라지(15)	0.6	1.6	3.4	0.9	6.4	28
	고사리나물	삶은 고사리(15)	1.2	2.6	0.1	0.7	13.5	31
	콩나물	삶은 콩나물(15)	1.0	1.7	0.9	0.6	7.3	20
	얼갈이배추 무침	삶은 얼갈이(15)	0.5	1.6	0.7	0.4	61.9	17
	시금치나물	삶은 시금치(15)	0.8	1.6	0.9	0.6	445.3	19
	토란대나물	삶은 토란대(15)	1.0	202	1.8	1.2	16.7	32
소스	간장소스	간장(20)	1.8	2.7	2.0	0.2	6.5	40
소 계						**6.7**	**577.1**	**738**
국	나박김치	배추(50), 무(20)	1.9	0.6	4.2	3.0	743.5	27
찬 1	떡산적	쇠고기(15), 떡(15)	5.8	4.1	12.0	1.1	1254.8	108
찬 2	무숙장아찌	무(30), 쇠고기(10)	2.9	2.5	3.8	0.6	13.8	48
찬 3	콩잎찬	콩잎(35)	2.6	2.3	6.5	2.6	13.0	50
김치	배추김치	배추김치(30)	0.6	0.2	0.8	0.9	87.0	5
합 계		찬 1				**11.7**	**2,662.4**	**878**
		찬 2				**11.2**	**1421.4**	**958**
		찬 3				**13.2**	**1,420.6**	**820**

(4) 베타 -카로틴(β-carotene) 강화 식단

β-카로틴은 주로 녹황색 야채와 육류에 다량 함유되어 있는 기능성 성분이므로 기호성을 고려하여 소고기와 돼지고기를 포함한 4종류의 식단을 선택하여 분석하였다.

■ 생 채소 불고기 비빔밥

β-카로틴은 다량 함유하고 있는 생 채소와 쇠고기로 식단설계를 하였다.

표 2-46. 베타-카로틴(β-carotene) 강화용 생 채소 불고기 비빔밥의 설계

구 분	재 료	분량(g)	단백질 (g)	지질 (g)	당질 (g)	β-carotene (μg)	열량 (kcal)
타입 A	쌀밥	90	5.9	0.4	69.1	0	313
타입 B	현미밥	쌀(70) 현미(20)	6.1	0.8	68.7	0	316
주재료	쇠고기볶음	쇠고기안심 (40)	9.1	7.1	2.5	544	111
	생 채소	적 상추(10) 청 상추(10) 적 채소(10) 양배추(10) 오이(10) 깻잎(5)	0.8	0.1	2.5	864	12
소스 A	부추간장	간장(15) 부추(5)	1.9	1.5	4.6	302	37
소스 B	고추장소스	고추장(10)	0.8	2.1	7.4	233	53
소 계						A : 1,710 B : 1,641	A : 473 B : 492
국	쇠고기무국	양지(10) 무(30)	2.7	2.0	1.7	126	35
찬 1	호박전	호박(30)	2.3	3.9	3.2	66	55
찬 2	더덕구이	더덕(25)	1.5	0.9	7.3	104	41

김치	갓김치	갓(30)	1.2	0.3	2.0	703	12
합 계		타입 A(찬 1)				**2,605**	**575**
		타입 B(찬 2)				**2,574**	**580**

▣ 평양 비빔밥

β-카로틴 함량이 월등한 쇠고기와 나물류 및 김가루를 강화한 재료로 식단설계를 하였고, 반찬의 선택 범위를 확대하였다.

표 2-47. 베타-카로틴(β-carotene) 강화용 평양 비빔밥 설계

구 분	재 료	분량(g)	단백질 (g)	지질 (g)	당질 (g)	식이 섬유 (g)	β-carotene (㎍)	열량 (kcal)
밥	쌀밥	쌀(90)	5.9	0.4	69.1	0.9	0.0	313
주재료	쇠고기볶음	쇠고기등심 (30)	7.1	6.8	6.1	0.4	15.8	114
	숙주나물	삶은 숙주 (15)	0.6	1.6	0.4	0.4	11.1	17
	도라지나물	삶은 도라지 (15)	0.6	1.6	3.4	0.9	6.4	28
	고사리나물	삶은 고사리 (15)	1.2	2.6	0.1	0.7	13.5	31
	당근 볶음	당근(15)	0.1	1.0	0.2	0.5	1,131	14
	계란 지단	계란(15)	1.9	2.7	0.2	0.0	2.7	33
	시금치나물	삶은 시금치 (15)	0.8	1.6	0.9	0.6	445.3	19
	김가루	김가루(2)	0.8	0.0	0.8	0.6	480.0	5
소스	고추장소스	고추장(20)	1.6	4.0	14.8	1.1	466.8	106
소 계						**6.1**	**2,573**	**680**

국	맑은장국	쇠고기양지 (50)	11.3	4.6	0.6	0.2	72.0	92
찬 1	도라지 오이생채	도라지(25) 오이(10)	1.0	0.5	8.1	1.8	285.4	38
찬 2	삼색북어 보푸라기	북어(18)	14.4	2.8	4.8	0.6	325.4	105
찬 3	김부각	김(2)	1.6	3.6	9.2	0.8	450.1	75
김치	동치미	동치미(100)	0.7	0.1	2.5	0.8	88.0	11
합 계		찬 1				**8.9**	**3,018**	**821**
		찬 2				**7.7**	**3,058**	**888**
		찬 3				**7.9**	**3,183**	**858**

■ 쇠고기나물 비빔밥

중간 정도의 β-카로틴 함량이 포함되도록 식단설계를 하였고, 밥과 반찬의 조합으로 섭취량을 조절할 수 있다.

표 2-48. 베타-카로틴(β-carotene) 강화용 쇠고기나물 비빔밥의 설계

구 분	재 료	분량(g)	단백질 (g)	지질 (g)	당질 (g)	식이 섬유 (g)	β- carotene (μg)	열량 (kcal)
밥	쌀눈 쌀	90	6.3	1.8	67.0	0.9	0	309
	완두콩	20	1.6	0.12	3.6	1.4	0	22
주재료	쇠고기 표고볶음	쇠고기 등심 (60) 표고(20)	80	14	13.1	2.7	19.2	185
	당근볶음	당근	20	0.3	2.1	1.8	1,596	27
	취나물	참 취	30	0.9	0.4	1.5	781	13
	고구마 줄기볶음	고구마줄기	20	0.4	1.3	0.5	12.5	15
	죽순볶음	죽순	25	1.1	3.2	0.6	20.2	36

소스	고추장 소스	고추장(20)	1.6	4.0	14.8	1.1	466.8	106
소 계						10.5	2,895.7	713
국	조갯살 배춧국	배추(70) 조갯살(30)	100	7.7	1.7	5.9	532	70
찬 1	깻잎찜	깻잎(10) 외	15	1.7	1.4	2.5	1,623	29
찬 2	가지튀김	가지(70) 외	70	3.4	9.4	14.6	26.4	157
김치	배추김치	배추김치 (45)	45	0.9	0.2	1.1	130	10
합 계		찬 1				20	5,181	822
		찬 2				32.1	3,584	950

■ 돼지고기 양배추 비빔밥

β-카로틴을 가장 많이 섭취할 수 있도록 야채밥을 포함하여 고들빼기김치를 식단 설계에 반영하였고, 한 끼 식사로 5,000㎍ 이상을 섭취할 수 있다.

표 2-49. 베타-카로틴(β-carotene) 강화용 돼지고기 양배추 비빔밥의 설계

구 분	음식명	재료 및 분량 (g)	단백질 (g)	지질 (g)	당질 (g)	β-carotene (㎍)	열량 (kcal)
밥	야채밥	백미(80)	5.3	0.3	61.4	0	270
		감자, 콩나물(20) 외	2.5	1.4	4	492.2	39
주재료	돼지고기 볶음	돼지등심(60) 외	14	14	12.7	484	233
	깻잎나물 볶음	들깻잎(20)	1	1.3	1.3	1,957	21
	피망볶음	피망(청, 홍)(20)	0.2	0.05	0.88	271.9	4
소스	고추장 소스	고추장(20)	1.6	4	12.4	31	92
소 계						3,236.1	659

국	미역 오이냉국	오이(50) 미역(3)	1.8	0.7	4.6	407	32
찬 1	마늘쫑무침	마늘쫑(20)	1.1	1.0	5.4	240	35
찬 2	홍합쑥갓전	홍합(40) 쑥갓(10)	6.6	4.5	9.2	276	104
김치	고들빼기 김치	고들빼기김치(30)	1.2	0.8	2.8	1,646	23
합 계		찬 1 선택 시				**5,529.1**	**749**
		찬 2 선택 시				**5,565.1**	**818**

β-carotene 강화식단 쇠고기 나물비빔밥과 돼지고기 양배추비빔밥은 CAN-pro 3.0을 이용하여 구성한 것으로, β-carotene의 함량이 높은 음식을 선택하였다. 당근볶음, 취나물, 고구마줄기볶음은 섭취율을 30%로 계산하였고, 죽순볶음은 50%, 그 외는 모두 100%로 계산하였다. 깻잎나물, 호박볶음, 피망볶음은 섭취율을 30%, 홍합쑥갓전과 고들빼기김치는 섭취율을 50%로 계산하였고, 그 외는 모두 100%로 계산하였다. 배추김치는 전주식 비빔밥의 식단을 이용하여 음식의 양을 정하였고, 고추장은 전주식 비빔밥의 고추장을 이용하였다. β-carotene은 지용성 비타민으로 기름과 함께 조리할 때 흡수율이 높아지므로 주로 볶는 조리법을 선택하였다.

(5) 비타민 C 강화 식단

▣ 닭 가슴살구이 청경채 비빔밥

비타민 C를 다량 함유하고 있는 부추와 피망을 재료로 포함한 식단설계로서 영양소 파괴를 최소하기 위해 생 채소 위주로 조리법을 설계하였다.

표 2-50. 비타민 C 강화용 닭 가슴살구이 청경채 비빔밥의 설계

구 분	음식명	재료 및 분량 (g)	단백질 (g)	지질 (g)	당질 (g)	비타민 C (mg)	열량 (kcal)
밥	감자밥	백미(80)	5.6	1.6	59.5	0	270
		감자(40)	1	0.04	4.6	8.4	23

주재료	닭 가슴살구이	닭고기가슴살(45)	14	1.6	0	0	70.4
	청경채볶음	청경채(35)	0.7	2.1	1.4	17.3	27.7
	양배추겉절이	양배추(25) 오이(10)	0.9	0.8	3.1	9.5	23
	목이버섯볶음	목이버섯(15)	0.5	1.6	1.3	0.3	21.3
	피망채	홍 피망(20)	0.2	0	1	40	5
소스	부추간장	부추(10) 간장(30)	3.7	3	9.1	7.2	80
소 계						**35.5**	**435**
국	바지락냉이토장국	냉이(70) 바지락(20)	7.2	1.2	7.2	53	68.6
찬 1	연근전	연근(50) 계란(10)	2.7	6.2	11.6	28.5	113
찬 2	부추전	부추(40) 오징어(30)	13.7	7.4	18.2	30.9	194
김치	열무김치	열무김치(50)	1.2	0.2	1.8	12.5	13.8
합 계		찬 1 선택 시				**130**	**631**
		찬 2 선택 시				**132**	**712**

비타민 C 강화 식단은 CAN-pro 3.0을 이용하여 구성한 것으로 비타민 C의 함량이 많은 식품위주로 선택하였다. 감자밥을 선택한 이유는 동서양은 물론 나이와 상관없이 선호하는 식재료이고, 생감자는 비타민 C가 100g당 36mg이 들어 있으나 같은 양을 물에 삶았을 경우 26mg, 쪘을 경우 30mg이므로(농진청 기능성 성분표), 비타민 C 강화 식단에 이를 포함하였다. 감자의 필수아미노산 조성은 비교적 우수하지만 메티오닌의 함량이 부족한 편이므로 메티오닌이 풍부한 쌀과 함께 조리하면 영양성분의 보완효과를 높일 수 있다. 감자밥 중 백미 80g의 메티오닌 함량은 약 113mg이고, 감자 40g에는 약 14mg이다.

성질이 찬 청경채는 반대로 따뜻한 성질을 지닌 닭고기 및 기름과 함께 조리하면 성질이 중화된다(야채 동의보감, 신재용, 학원사 2009). 목이버섯은 철, 칼슘의 함량이 많은 편이고, 특히 다른 버섯과 달리 콜로이드 물질이 많아 탄력이 있고, 담백한 맛이 있으며, 닭고기와도 궁합이 잘 맞는 식품이다(식품과 조리원리, 장명숙, 효일, 2007). 목이버섯볶음은 CAN-pro 3.0에 나와 있지 않아 전주식 비빔밥 조리법 중에서 불린 표고버섯 15g(양념: 조선간장 2g, 다진 파 1g, 다진 마늘 1g, 참기름 1g, 통깨 1g)을 참고하여 주재료와 양념의 양을 설정하였고, 피망은 35g을 채 썰어 참치샐러드 비빔밥에 들어가는 파프리카의 조리법대로 곱게 채를 썰어 물에 잠시 담가 놓고 체에 받쳐 물기를 제거하여 준비하였다.

2. 비빔밥의 기능성

우리 고유의 식품인 비빔밥용 재료 및 비빔밥의 기능성 성분에 관한 문헌을 조사하고, 비빔밥 시료의 가바, 오르니틴, 시트룰린 등의 특수 아미노산 분석, 또한 항암활성, 면역활성, 항알레르기 효능 분석을 통해서 비빔밥의 우수성과 기능성을 입증하기 위하여 분석을 실시하였다.

2.1 실험재료 및 방법

1) 사용재료

(1) 비빔밥용 고명재료

당근, 모둠 새싹, 콩나물, 잣소금, 고사리, 다진 마늘, 통깨, 도라지, 황포묵, 애호박, 표고버섯, 파프리카(빨강색 및 노란색), 오이, 느타리버섯, 양상추, 흰자, 노른자, 홍조류, 톳, 날치알, (생)쇠고기, (생)굴, 백포묵, 생밤, 불고기, 호두, 김(조리), 시금치(조리), 미역, 미역줄기, 다시마, 토란줄기(조리), 우엉조림(조리), 시래기(조리) 등을 분석하였다.

(2) 비빔밥용 곡류

현미 배아미, 쌀눈 쌀, 백미, 현미 모둠, 5색 오곡, 콩 없는 혼합곡 등 6종을 분석하였다.

(3) 비빔밥 메뉴 및 기타

전주식 비빔밥, 새싹 비빔밥, 버섯불고기 비빔밥, 산채 비빔밥, 참치샐러드 비빔밥, 해초·굴 비빔밥, 김치 비빔밥, 나물 비빔밥, 오곡돌솥 비빔밥, 견과류 영양 비빔밥과 햄버거를 대조용 시료로 사용하였다.

2) 전처리 및 아미노산 추출

액체질소를 이용하여 분말화한 비빔밥용 재료 및 비빔밥 시료 1g과 물 9ml을 혼합하여 121℃, 15분 동안 감압 열수 추출을 하였다. 열수 추출한 시료를 원심분리(3500 rpm, 10분)하여 상등액과 침전물을 각각 200$\mu\ell$ 또는 200mg을 취하여 아미노산 추출은 Baum 등(1996)이 사용한 아미노산 분석방법을 기본으로 하고, Park과 Oh의 분석방법(2006)을 약간 수정하여 추출하였다.

아미노산 추출은 메탄올 : 클로로포름 : 물(12 : 5 : 3)의 혼합용매를 가하여 시료와 섞어 주었다. 유리아미노산을 포함하는 수용액 층은 원심분리(12,000×g, 15분, 4℃)를 통하여 얻고, 침전물에 클로로포름 : 물(1 : 2) 혼합용매를 가하여 남아 있을지 모르는 아미노산을 2차 추출하였다. 상기 1, 2차 원심분리로부터 얻은 상등액을 합하여 동결건조를 하였다.

3) 아미노산 분석

동결건조 된 시료를 초순수로 용해한 후 0.45-㎛ PVDF 막을 통과시켜 HPLC 분석용 시료로 사용하였다. HPLC(Waters, USA) 분석을 위해 시료는 6-aminoquioly-N-hydroxysuccinimidyl carbonate(AQC)로 유도체화 하였고, 3.9×150mm AccQ · Tag^{TM}(Nova-Pak^{TM} C18, Waters) 칼럼으로 유도체들을 분리하였다. 아미노산의 함량은 표준 아미노산(Waters, USA)의 HPLC 분석결과를 토대로 작성한 표준곡선을 이용하여 계산하였다.

4) 비빔밥용 재료 및 비빔밥 시료중의 트립토판 함량 정량

트립토판 분석은 TLC를 이용하여 정량을 하였다. 표준용액은 1,000ppm 트립토판 표준용액을 제조하여 사용하였으며, 고정상은 Silicagel 60 TLC aluminium plate(20×20cm, Merck), 이동상은 Buthanol : acetic acid : water(4 : 1 : 1) 혼합용매를 전개 용매로 하여 시료를 전개시킨 후 건조하고, 닌하이드린 발색시약으로 분무 도포한 다음 열풍으로 건조하여 나타나는 표준 용액과 전개된 시료의 spot 크기를 비교하여 정량하였다. 시료는 아미노산 분석용 시료를 사용하였다.

5) 시트룰린 함량 측정

고혈압 저널에 따르면 시트룰린은 수박이나 멜론 등에 다량 함유되어 있는 성분으로, 미국 플로리다 주립대학교의 아르투로 피게로아 박사가 수박에 들어있는 아미노산인 L-시트룰린(L-citrulline)이 혈압을 내리게 하는 효과가 있다고 최초로 보고하였다. L-시트룰린은 체내에서 혈압을 낮춰 주는 산화질소를 만드는 데 필요한 아미노산인 L-아르기닌(L-arginine)으로 전환이 되어 혈압을 낮추게 하는 효과가 있다고 알려지면서 최근에 생리활성 성분으로 주목받고 있다. 따라서 비빔밥과 재료에 함유된 특수 아미노산의 분석대상으로 시트룰린을 포함하여 만성적인 성인병의 하나인 고혈압에 대한 비빔밥의 효능을 확인하고자 하였다.

시트룰린의 분석은 시판되고 있는 assay kit(L-citrulline kit K660, Immundiagnostik AG, Bensheim, Germany)를 사용하여 분광비색법으로 분석하였다. 실험은 각 kit의 매뉴얼에 준하여 실험하였고, 시료는 HPLC 분석시료를 사용하였다.

2.2 연구결과

1) 비빔밥용 재료의 아미노산 분석

▣ 당근, 모듬 새싹, 콩나물, 잣소금, 고사리, 다진 마늘, 통깨

표 2-51. 비빔밥용 재료의 아미노산 분석 (mg/100g F.W)

	당근	모듬 새싹	콩나물	잣소금	고사리	다진 마늘	통깨
GABA	**41.93**	**11.64**	**41.32**	**7.81**	**0.00**	**0.00**	**18.69**
Asp	11.94	1.71	1.74	2.05	0.42	1.32	3.74
Glu	68.36	7.49	0.00	116.96	6.45	0.00	47.99
His	0.00	65.58	42.64	0.00	1.07	10.32	0.00
Arg	**30.11**	**35.71**	**63.71**	**64.61**	**2.18**	**351.17**	**70.81**
Ser	5.38	32.66	16.23	6.74	0.00	21.74	15.54
Thr	17.00	38.96	25.53	5.47	2.81	6.97	11.32
Phe	20.96	21.94	51.44	5.88	4.83	33.43	36.34
Tyr	10.03	37.69	13.07	8.04	0.98	26.16	19.69
Gly	9.25	9.74	12.84	7.79	1.19	1.66	14.94
Ala	131.99	9.49	38.85	14.38	1.57	6.06	31.80
Pro	17.18	24.28	19.68	36.68	0.00	5.75	13.35
Val	3.04	4.78	3.61	2.00	1.41	5.26	4.53

Leu	18.41	31.13	28.22	4.44	1.27	4.03	13.01
Ile	10.49	23.79	27.94	6.58	1.34	4.83	20.27
Met	28.49	57.81	50.31	6.40	0.00	6.39	20.66
Trp	5.47	43.25	58.79	6.41	0.00	36.33	30.05
Ornithine	**14.72**	**12.53**	**4.30**	**5.12**	**2.07**	**6.34**	**13.07**

상기 비빔밥용 재료에는 가바, 오르니틴 등 특수 아미노산이 고루 분포되어 있는 것을 확인하였다. GABA의 경우 당근, 콩나물에 많이 함유되어 있었고, 오르니틴의 함량은 당근, 모둠 새싹, 통깨에 다량이 함유되어 있었으며, 비필수 아미노산인 글루탐산, 아르기닌, 세린, 알라닌 등의 아미노산도 비교적 높은 수준으로 함유되어 있었다.

▣ 도라지, 황포묵, 애호박, 표고버섯, 파프리카(빨강, 노랑), 오이

표 2-51. (계속) (mg/100g F.W)

	도라지	황포묵	애호박	표고버섯	파프리카(빨강)	파프리카(노랑)	오이
GABA	**19.56**	**0.00**	**46.15**	**12.07**	**9.54**	**55.38**	**30.43**
Asp	4.17	1.35	15.88	5.98	0.00	15.45	5.97
Glu	27.03	0.00	30.27	64.55	0.00	0.00	9.37
His	0.00	1.03	28.98	36.62	0.00	0.00	12.71
Arg	**512.79**	**2.20**	**35.34**	**96.56**	**76.61**	**17.95**	**41.89**
Ser	4.46	0.00	19.11	50.94	0.00	12.89	8.71
Thr	22.59	1.81	22.80	58.64	43.32	40.07	45.03
Phe	4.71	1.04	30.83	19.89	15.46	22.56	19.09
Tyr	4.29	1.05	48.18	4.37	2.57	10.83	15.89
Gly	6.48	2.75	5.86	27.92	0.00	5.42	19.96
Ala	23.69	2.92	54.90	44.26	33.30	22.38	24.53
Pro	6.64	0.00	14.67	6.57	4.32	23.99	8.10
Val	1.19	2.15	11.04	3.93	2.92	6.55	5.69

Leu	2.85	1.03	20.85	12.99	9.63	11.20	12.15
Ile	3.06	1.26	25.58	23.96	18.53	16.59	19.15
Met	8.84	0.00	39.46	28.17	19.21	35.80	23.16
Trp	1)ND	ND	7.91	7.46	6.90	6.99	5.38
Ornithine	**14.11**	**6.54**	**1.99**	**27.47**	**17.22**	**8.47**	**11.31**

[1)]ND : Not Detected

상기 비빔밥용 재료에는 가바, 오르니틴 등 특수 아미노산이 고루 분포되어 있었다. 가바의 경우 도라지, 애호박, 오이에 많이 함유되어 있었으며, 오르니틴의 경우에는 도라지, 표고버섯, 파프리카, 오이에 많이 함유되어 있었으나 도라지와 황포묵에서는 트립토판이 검출되지 않았다.

▣ 느타리버섯, 양상추, 흰자, 노른자, 홍조류, 톳, 날치알, 쇠고기(생)

표 2-51. (계속) (mg/100g F.W)

	느타리 버섯	양상추	계란		홍조류	톳	날치알	쇠고기 (생)
			흰자	노른자				
GABA	**8.18**	**7.61**	**0.00**	**22.17**	**0.00**	**0.00**	**1.50**	**1.30**
Asp	12.74	7.69	0.00	0.00	0.35	0.31	0.53	0.75
Glu	93.95	38.29	6.45	136.89	5.53	6.72	4.06	9.65
His	40.09	0.00	5.14	42.60	0.00	0.00	0.34	0.66
Arg	**81.42**	**20.42**	**0.00**	**9.12**	**2.85**	**6.13**	**10.75**	**312.05**
Ser	67.88	3.05	0.68	10.94	1.85	0.54	2.80	9.93
Thr	37.02	36.95	0.00	0.00	1.40	0.84	2.48	59.39
Phe	41.52	10.75	0.62	24.56	0.32	0.48	2.39	11.32
Tyr	46.44	5.09	0.35	31.52	0.32	0.55	3.54	9.41
Gly	19.51	7.09	0.09	2.57	0.13	0.27	0.94	4.52
Ala	69.42	25.49	0.59	10.95	3.09	2.51	2.11	37.03
Pro	20.74	7.17	0.20	7.81	0.34	0.00	5.82	2.48

Val	6.36	1.22	0.15	7.05	0.88	0.31	1.33	5.58
Leu	25.33	19.02	0.30	20.92	2.24	0.65	2.21	7.97
Ile	40.35	16.10	0.48	30.60	0.90	0.90	6.52	13.22
Met	58.70	29.16	0.56	31.23	1.51	0.60	4.07	11.32
Trp	40.46	1.76	[1]ND	19.05	[2]NA	NA	NA	NA
Ornithine	**17.49**	**18.65**	**0.76**	**5.50**	**1.83**	**3.12**	**5.37**	**1.68**

[1]ND : Not Detected, [2]NA : Not Analyzed

상기 비빔밥용 재료에는 가바, 오르니틴 등 특수 아미노산이 고루 분포되어 있었다. GABA는 계란 노른자에서 함량이 가장 높았고, 느타리버섯과 양상추의 오르니틴 함량이 높았다. 느타리버섯과 쇠고기(생)에서 비필수 아미노산인 글루탐산, 아르기닌, 세린, 알라닌 등의 아미노산도 비교적 높은 수준으로 함유되어 있었다.

▣ (생)굴, 청포묵, 생밤, 호두, 미역, 미역줄기, 다시마

표 2-51. (계속) (mg/100g F.W)

	굴(생)	청포묵	생밤	호두	미역	미역줄기	다시마
GABA	**2.83**	**0.00**	**15.62**	**55.75**	**0.00**	**0.00**	**0.16**
Asp	0.48	0.28	0.05	1.05	0.35	0.34	0.40
Glu	55.56	612.96	203.32	80.79	2.73	3.27	4.19
His	0.62	0.00	0.15	1.70	0.00	0.00	0.00
Arg	**598.72**	**1.10**	**66.99**	**82.36**	**0.95**	**12.01**	**2.00**
Ser	71.54	1.57	6.23	18.63	1.34	1.82	2.01
Thr	4.42	1.44	15.68	17.83	0.32	0.25	0.66
Phe	3.14	0.27	7.99	19.99	0.23	0.15	0.38
Tyr	4.43	0.39	8.34	22.22	0.42	0.20	0.43
Gly	3.50	27.28	7.70	8.25	0.11	0.49	0.31
Ala	44.82	0.42	17.19	27.79	0.43	1.28	1.65

Pro	28.90	0.00	7.87	19.09	0.05	0.34	2.06
Val	2.44	0.57	1.79	0.94	0.43	0.32	0.11
Leu	2.25	0.37	5.55	18.72	0.36	0.40	0.75
Ile	4.56	0.42	7.72	15.15	0.50	0.35	0.81
Met	3.59	0.00	10.12	27.49	0.00	0.00	1.49
Ornithine	**3.51**	**3.18**	**0.65**	**3.61**	**1.22**	**1.21**	**1.79**

상기 비빔밥용 재료에는 가바, 오르니틴 등 특수 아미노산이 고루 분포되어 있었으며, 비빔밥 재료 중 생밤과 특히 호두에서 가바 함량이 높았으나 청포묵과 미역, 미역줄기에서는 발견되지 않았다. 오르니틴 함량은 대체적으로 비슷하였고, 특히 생굴에서 아르기닌의 함량이 높았으며, 굴을 비롯해 전복 등은 아르기닌의 함량이 높은 강장식품으로 알려져 있다.

▣ 조리된 김, 시금치, 토란줄기, 얼갈이배추, 불고기, 우엉조림

표 2-51. (계속) (mg/100g F.W)

	김 (조리)	시금치 (조리)	토란줄기 (조리)	얼갈이배추 (조리)	불고기	우엉조림
GABA	**20.45**	**5.00**	**12.14**	**50.12**	**12.44**	**1.51**
Asp	1.23	0.19	1.59	0.70	1.25	12.20
Glu	489.48	285.59	130.10	152.05	24.61	170.34
His	2.15	9.65	1.72	8.25	1.37	3.93
Arg	**728.30**	**85.18**	**106.28**	**86.76**	**254.96**	**8.51**
Ser	17.89	3.63	19.33	10.03	18.29	37.80
Thr	13.18	13.18	19.88	18.39	45.24	26.56
Phe	8.59	22.14	30.63	17.80	24.05	57.62
Tyr	6.80	17.80	4.88	2.75	8.52	15.44
Gly	1.54	5.43	9.82	4.11	6.14	14.07
Ala	375.87	14.40	37.40	27.06	37.11	13.99

Pro	11.05	20.48	17.89	40.98	11.31	11.43
Val	1.83	1.35	4.93	3.23	5.37	5.46
Leu	7.83	20.55	24.77	11.88	18.02	36.74
Ile	11.74	30.02	39.96	15.82	27.00	52.64
Met	17.19	33.78	34.53	19.57	21.41	51.40
Ornithine	**8.86**	**5.14**	**3.09**	**2.91**	**3.32**	**14.09**

상기 비빔밥용 재료에는 가바, 오르니틴의 특수 아미노산이 고루 분포되어 있었으며, 조리된 김과 얼가리배추에서 가바의 함량이 높게 나타났고, 우엉조림의 오르니틴 함량이 높은 것을 확인할 수 있었다.

2) 비빔밥용 쌀의 아미노산 분석

■ 현미 배아미, 쌀눈 쌀, 백미, 현미 모듬, 5색 오곡, 콩 없는 혼합곡

표 2-52. 비빔밥용 쌀의 아미노산 분석 (mg/100g F.W)

	현미 배아미	쌀눈 쌀	백미 (일반미)	현미 모듬	5색 오곡	콩 없는 혼합곡
GABA	**22.19**	**16.61**	**6.55**	**15.93**	**18.75**	**24.04**
Asp	0.00	0.00	0.00	0.00	0.00	0.00
Glu	**253.66**	**169.01**	**42.50**	**68.39**	**55.76**	**91.08**
His	0.00	0.00	1.92	7.83	20.98	6.73
Arg	**37.84**	**23.35**	**8.64**	**26.35**	**72.44**	**17.25**
Ser	4.85	2.66	8.65	15.89	16.82	15.17
Thr	7.49	4.24	8.70	5.35	9.89	5.36
Phe	4.53	1.93	1.28	4.12	17.82	4.76
Tyr	5.18	2.69	1.88	4.74	12.24	4.57
Gly	6.41	5.15	7.88	7.26	9.91	6.61

Ala	30.22	22.37	12.05	25.58	14.31	31.07
Pro	20.47	10.82	3.17	7.33	16.11	10.06
Val	1.81	0.91	0.42	1.39	2.14	1.44
Leu	4.52	2.41	1.42	3.30	4.38	4.21
Ile	5.78	3.11	1.98	4.82	6.77	6.78
Met	12.01	7.00	3.93	8.98	11.10	10.42
Citrulline	**0.76**	**0.22**	**0.12**	**1.48**	**0.87**	**ND**
Ornithine	**1.77**	**0.00**	**3.22**	**1.60**	**3.49**	**1.69**

비빔밥용 쌀의 아미노산 분석 결과 일반 백미에 비해 현미, 배아미와 콩 없는 혼합곡의 가바 함량이 일반미의 약 4배 정도로 높았으며, 오르니틴의 함량은 현미 배아미와 콩 없는 혼합곡 모두 비슷하였다. L-시트룰린은 일반 백미에 비해 2배 정도로 높은 값을 갖고 있는 것을 확인하였고, 아르기닌 함량 역시 약 3배 정도 높은 값을 갖고 있어 쌀눈 쌀 및 쌀눈 쌀을 포함하는 비빔밥이 고혈압에 대한 효능이 있을 것으로 평가하였다.

쌀의 성분 함량은 도정 정도에 따라 달라지기 때문에 일정하지 않지만, 일반 영양성분은 100g당 당분 76.2g, 단백질 6.5g, 지방 1.1g, 조섬유 0.2g 등이다. 쌀의 전분은 소화되면 포도당으로 전환되며, 쌀 100g당 348kcal를 발생한다. 쌀의 영양소는 현미가 가장 높고, 배아미와 백미 순으로 영양가가 낮아진다.

한편, 쌀의 만성질환 예방효과로서 고지혈증 예방, 당뇨 예방, 고혈압 예방과 장 손상 방지효과는 현미가 가장 우수하지만 현미는 소화흡수율이 낮고, 색과 맛이 떨어진다. 따라서 쌀의 영양소를 최대한 활용하면서 밥맛과 향을 확보하려면 표 2-52의 분석결과와 같이 쌀눈 쌀과 잡곡을 혼합하여 섭취하는 것이 가장 효과적인 것으로 분석되었다.

3) 비빔밥 및 햄버거의 아미노산 분석

■ 버섯불고기 비빔밥, 전주식 비빔밥, 새싹 비빔밥, 참치샐러드 비빔밥, 산채 비빔밥, 햄버거

표 2-53. 비빔밥 및 햄버거의 아미노산 분석 (mg/100g F.W)

	버섯불고기 비빔밥	전주식 비빔밥	새싹 비빔밥	참치샐러드 비빔밥	산채 비빔밥	햄버거
GABA	**12.19**	**7.56**	**26.42**	**13.01**	**17.69**	**10.55**
Asp	2.31	3.34	2.96	2.78	3.58	4.87
Glu	351.19	346.67	239.18	188.99	391.62	400.90
His	0.00	0.00	20.08	0.00	0.00	0.00
Arg	**101.57**	**111.37**	**30.67**	**20.01**	**73.36**	**80.75**
Ser	23.79	14.46	20.66	11.53	12.61	21.14
Thr	29.52	23.00	23.66	32.63	14.30	23.92
Phe	21.18	16.33	21.14	11.74	12.79	25.83
Tyr	14.41	14.62	10.47	7.99	3.63	15.81
Gly	12.04	9.65	12.50	8.63	8.62	16.50
Ala	37.48	27.72	36.82	18.83	29.66	28.14
Pro	11.92	29.68	21.97	10.91	15.49	13.88
Val	4.24	4.20	4.93	4.54	3.04	4.93
Leu	16.87	12.57	25.53	10.84	13.94	13.73
Ile	22.91	18.92	33.29	18.74	20.39	26.05
Met	27.92	20.27	37.78	16.48	21.43	22.55
Trp	9.78	8.85	11.36	[1]ND	ND	16.97
Ornithine	**23.67**	**10.34**	**3.80**	**4.87**	**13.50**	**6.23**
Citrulline	**0.90**	**0.05**	**0.20**	**0.73**	**0.09**	**ND**

[1]ND : Not Detected

상기 비빔밥에는 필수 아미노산인 이소류신, 류신, 라이신, 메티오닌, 페닐알라닌, 트레오닌, 발린 등이 전반적으로 고루 분포되어 있다. 그 중 가바의 함량은 새싹 비빔밥, 나물 비빔밥, 산채 비빔밥 순으로 함유되어 있었으며, 오르니틴은 버섯불고기 비빔밥, 산채 비빔밥, 전주식 비빔밥 순이었다. 시트룰린은 버섯불고기 비빔밥, 참치 샐러드 비빔밥, 새싹 비빔밥, 산채 비빔밥, 전주식 비빔밥 순이었고, 햄버거에서는 검출되지 않았다. 비필수 아미노산인 글루탐산, 아르기닌, 세린, 알라닌 등의 아미노산도 비교적 높은 수준으로 함유되어 있었다.

4) 기능성 비빔밥의 아미노산 분석

(1) 기능성 비빔밥

시험 조리한 5종의 기능성 비빔밥(해초·굴 비빔밥, 김치 비빔밥, 나물 비빔밥, 오곡돌솥 비빔밥, 견과류 영양비빔밥)을 잘 비벼서 시료를 채취하여 분석하였다.

표 2-54. 기능성 비빔밥 5종의 아미노산 분석 (mg/100g F.W)

	해초굴 비빔밥	김치 비빔밥	나물 비빔밥	오곡돌솥 비빔밥	견과류 영양비빔밥
GABA	**4.57**	**23.31**	**23.27**	**7.96**	**27.97**
Asp	0.65	2.15	1.58	1.13	3.69
Glu	64.28	164.10	125.57	65.80	110.43
His	1.61	4.55	5.01	2.36	2.04
Arg	**327.39**	**45.93**	**95.14**	**132.75**	**38.36**
Ser	45.98	16.08	13.39	13.60	21.03
Thr	8.53	17.99	18.12	24.75	19.44
Phe	13.22	19.60	27.07	22.72	19.58
Tyr	7.00	11.41	11.97	13.51	7.85
Gly	4.65	6.78	9.60	9.86	5.42
Ala	20.61	45.76	30.13	31.55	35.21
Pro	16.23	15.89	16.41	9.86	43.92
Val	3.84	4.72	3.34	12.13	4.00
Leu	7.39	15.68	19.66	16.59	19.73

Ile	14.06	23.12	28.21	23.16	27.84
Met	10.74	27.85	31.77	25.52	30.03
Citrulline	**0.12**	**0.14**	**0.16**	**0.47**	**0.19**
Ornithine	**3.10**	**9.23**	**3.60**	**3.74**	**16.03**

상기 비빔밥에는 필수 아미노산인 이소류신, 류신, 라이신, 메티오닌, 페닐알라닌, 트레오닌, 발린 등이 전반적으로 고루 분포되어 있었다. 가바의 함량은 견과류 영양 비빔밥, 김치 비빔밥, 나물 비빔밥 순이었으며, 오르니틴은 견과류 영양비빔밥, 김치 비빔밥이 높은 함량을 나타냈다. 시트룰린 함량은 오곡돌솥 비빔밥이 가장 높았다.

(2) 기능성 비빔밥용 쌀의 물성분석

아미노산 분석 결과를 통하여 몇 가지 쌀눈 쌀의 기능적 특성은 분석하였으나, 전통적으로 밥이 갖고 있는 색감도 중요한 식미감의 판단 기준이 되고, 특히 잡곡밥에 익숙하지 않은 일반 소비자를 고려하여 생쌀의 색도분석을 실시하였다.

쌀 시료를 각각 100g씩 취하여 직접 및 분쇄한 다음 5g의 시료를 Minolta 색차계(CN-3500 D)으로 측정하였다.

표 2-55. 기능성 비빔밥용 쌀의 물성분석

	Status	L(W)	a(R)	b(Y)
대조구 (20kg 일반미)	낱알	67.82 ±1.3	-0.92 ±0.1	8.75 ±0.6
	분쇄	88.45 ±0.5	-0.56 ±0.0	8.04 ±0.1
대조구 (농가 자경미)	낱알	69.24 ±1.5	-0.75 ±0.2	12.23 ±0.9
	분쇄	89.33 ±0.2	-0.41 ±0.1	9.35 ±0.3
J사	낱알	66.41 ±1.7	-0.42 ±0.1	11.15 ±0.9
	분쇄	86.67 ±0.4	-0.05 ±0.1	10.04 ±0.2
N사	낱알	64.99 ±1.6	1.48 ±0.2	15.43 ±1.1
	분쇄	84.22 ±0.3	0.53 ±0.1	11.83 ±0.2

L(W) : 백색도, a(R) : 적색도, b(Y) : 황색도

생쌀을 분석한 결과 N사의 시료가 백색도가 가장 나쁘며, 상대적으로 붉은 색을 띠고 있는 것으로 분석되었다. 실제로 밥을 지어 색과 관능평가를 실시한 결과에서도 N사의 경우는 색과 맛, 관능평가에서 가장 낮은 점수를 나타내서 아미노산 분석결과와 가격 등을 고려하여 J사의 쌀눈 쌀을 기능성 비빔밥용 쌀로 사용하기로 결정하고, 기능성 비빔밥의 쌀로 사용하였다.

3. 항암활성, 면역활성 및 항알레르기 효능평가

3.1 분석시료

(1) 비빔밥 및 식용유

전주식 비빔밥, 새싹 비빔밥, 버섯불고기 비빔밥, 참치샐러드 비빔밥, 산채 비빔밥, 햄버거를 양성 대조군으로 사용하여 분석하였다. 참기름, 옥수수유, 들기름 : 미강유(3 : 7), 들기름 : 미강유(3 : 7)과 5% 사과농축액 혼합물을 식용유 시료로 사용하여 분석하였다.

(2) 시료의 전처리

비빔밥 및 기타 시료를 액체질소를 이용하여 동결시킨 후 마쇄한 다음 동결 건조하여 분석용 시료분말을 제조하였다.

3.2 연구방법

1) 세포 생존율 측정(MTT Assay)

(1) 비빔밥

계대배양 중인 MOLT-4(human acute lymphoblastic leukemia), THP-1(human acute monocytic leukemia), HL-60(human acute promyelocytic leukemia) 세포를 96 well culture plate에 5×10^4 cells/well이 되도록 세포수를 조정한 다음 1∼100㎍/㎖의 비빔밥 시료를 첨가하여 24시간 동안 37℃의 5% CO_2배양기 내에서 배양하고 Mosmann(1983)에 의한 MTT법으로 측정하였다.

(2) 식용유

계대배양 중인 MOLT-4, THP-1 세포를 96 well culture plate에 5×10^4 cells/well이 되도록 세포수를 조정하여 여러 가지 식용유 원액을 1/50, 1/100, 1/500, 1/1,000

으로 희석하여 처리한 다음 24시간 동안 37℃의 5% CO_2배양기 내에서 배양하고 MTT법으로 측정하였다

2) 비장 및 흉선 림프구의 아집단 측정

실험동물로서 생후 6주령 된 BALB/c 생쥐에 비빔밥 시료(500 mg/kg B)를 3주간 경구 투여하고 경추 탈구시켜 비장 및 흉선을 적출한 후 비장 및 흉선세포 부유액을 조제하고 1×10^6 cells/well에 PE/FITC conjugated-anti B220 및 Thy1 monoclonal antibody와 PE-anti CD 4/FITC-anti CD 8 monoclonal antibody(1 : 30 dilution)로 이중 염색하여 4℃에서 30분 동안 반응시키고 flow cytometer(excitation : 488 nm. emission : 525 nm/FITC, 575 nm/PE)를 이용하여 림프구의 아집단을 Shortman 등(1974)의 방법에 의해 측정하였다.

3) 혈청 림포카인(lymphokine)(IFN-, IL-2, IL-4) 측정

(1) IFN-γ의 측정

IFN-γ의 측정은 sandwich ELISA 방법으로 혈청 내 IFN-γ의 농도를 Enavall 등(1972)의 방법으로 측정하였다. 4 ㎍/㎖ 농도로 0.1M phosphate buffer(pH 9.0)에 희석한 anti-mouse IFN-γ antibody를 96 well microplate에 각 well당 100 ㎕씩 코팅하여 4℃에서 24시간 동안 반응시켜 흡착시켰다. 이어서 PBS로 2회 세척하고, 1% BSA-PBS를 각 well당 150 ㎕씩 가하여 실온에서 1시간 동안 blocking을 하고 PBS로 3회 세척하였다.

1% BSA-PBS로 희석한 혈청 시료액과 표준용액(recombinant mouse IFN-γ)을 각 well당 100 ㎕씩 넣어 실온에서 1시간 동안 반응시킨 후 PBS로 3회 세척하였다. 그 후 2 ㎍/㎖ 농도로 1% BSA-PBS에 희석한 biotinylate conjugated anti-murine IFN-γ antibody를 각 well당 100 ㎕씩 넣어 실온에서 1시간 동안 반응시켰다. PBS로 다시 3회 세척하고 2 ㎍/㎖ 농도로 희석한 streptavidin-alkaline phosphatase를 각 well당 100 ㎕씩 가하고 다시 실온에서 1시간 동안 반응시켰다.

그 후 PBS로 5회 세척하여 p-nitrophenyl phosphate용액을 각 well당 100 ㎕씩 가하고 실온에서 광선을 차단한 조건에서 발색반응을 시켰다. 약 30분 후 50 ㎕의 3N NaOH 용액을 가하여 반응을 정지시키고, 30분 이내에 ELISA reader로 450 nm 파장에서 흡광도를 측정하여 측정값을 비교 분석하였다.

(2) IL-2, IL-4의 측정

IL-4의 측정은 IFN-γ 의 측정방법에 준하여 실시하였다.

4) 전신성 아나필락시스(anaphylaxis)에 미치는 효과

전신성 anaphylaxis 유발실험은 Shin(2001), Kim(2003) 등의 방법에 따라 실험하였다. 실험동물로서 생후 8주령의 ICR 생쥐를 이용하여 비만세포의 탈 과립제로 알려진 compound 48/80(8 mg/kg B.W)을 생쥐(6마리/1군)의 복강 내에 주사(i.p)하였으며, 비빔밥 시료(500 mg/kg B.W)를 compound 48/80 주사 1시간 전에 경구 투여하고 compound 48/80 주사 5∼10분 후에 2차 경구 투여하였다.

치사율 측정은 compound 48/80에 의한 아나필락시 쇼크를 유발시킨 후 1시간 동안 관찰하여 치사율을 계산하였다.

5) DTH(지연형 Ⅳ형 알러지)

SRBC(면양 적혈구, Sheep red blood cells)를 1×10^9 cells/mℓ로 조정한 다음 ICR 생쥐 3마리를 1군으로 하여 Asherson(1968)의 방법에 준하여 실시하였다.

우후족척에 0.04 mℓ/mice로 피하주사(s.c)를 하여 감작시켰으며, 생쥐에 비빔밥 시료(500 mg/kg B.W)를 5일간 경구 투여하고 5일 후 좌우족척 피하에 2×10^8개의 SRBC(0.025mℓ)를 주사하여 알러지 반응을 야기시킨다. 야기 직후(T_0)와 야기 24시간 후(T_{24})에 우후족척을 micrometer(Mitutoyo, Japan)로 족척 두께를 측정하여 비교하였다.

$$\%\ \text{increase} = \frac{T_{24}-T_0}{T_0} \times 100$$

6) 적혈구 응집소 값

SRBC를 1×10^9 cells/mℓ로 조정한 다음 8주령의 ICR 생쥐의 우후족척에 1×10^7 cells를 피하주사(s.c)를 하여 감작시켰으며, 생쥐에 비빔밥 시료(500 mg/kg B.W)를 5일간 경구투여한 후 5일 후 혈액을 채취하여 혈청을 분리하였다.

분리한 혈청을 불활성화(inactivation, 56℃, 30분간)시킨 후 U-shape microtitration plate에 PBS로 2배씩 단계적으로 희석한 혈청 50μℓ을 넣고 0.5% SRBC(1×10^7 cells/ml)를 넣은 다음 37℃ CO 배양기에서 1시간 동안 배양한 다음에 적혈구 n응집소를 측정한다.

3.3 기능성 실험결과

1) 세포 생존율에 미치는 효과(MTT Assay)

(1) 비빔밥(5종) 시료

① THP-1(human acute monocytic leukemia cell : 인간 급성 단구성 백혈병 세포주)

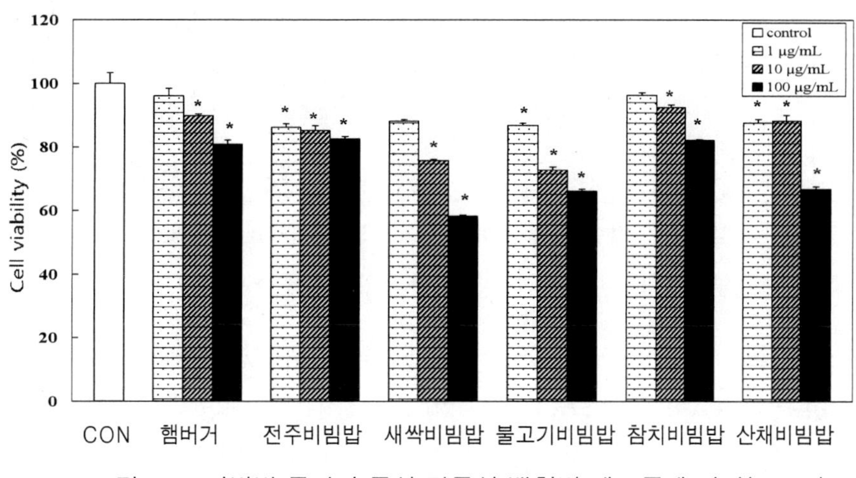

그림 2-1. 비빔밥 투여가 급성 단구성 백혈병 세포주에 미치는 효과

② MOLT-4(human acute lymphoblastic leukemia cell : 인간 급성 림프아구성 백혈병 세포주)

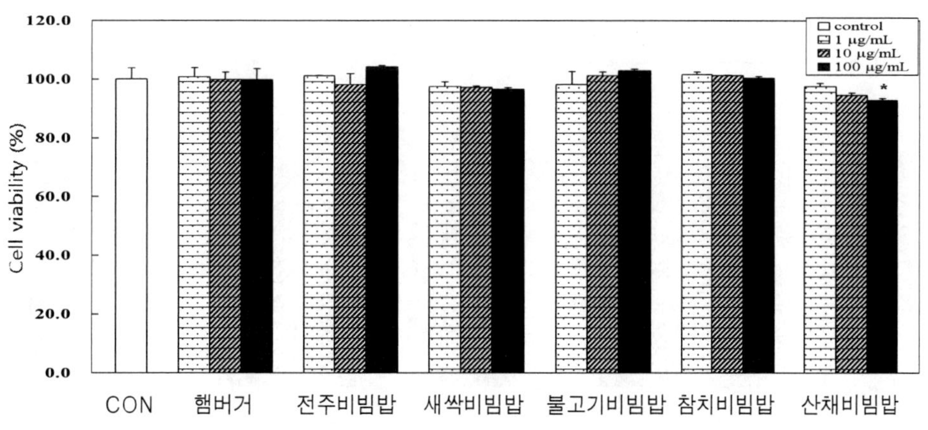

그림 2-2. 비빔밥 투여가 급성 림프성 백혈병 세포주에 미치는 효과

③ HL-60(human acute promyelocytic leukemia : 인간 급성 전골수성 백혈병 세포주)

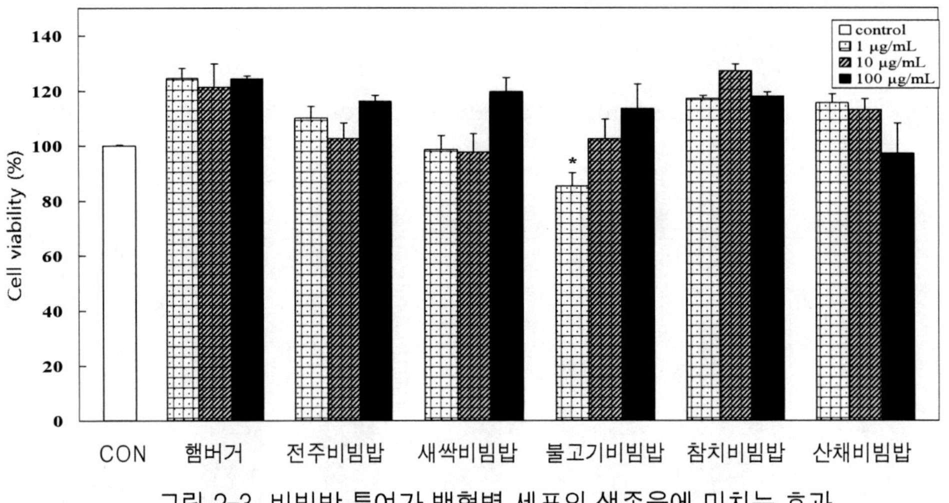

그림 2-3. 비빔밥 투여가 백혈병 세포의 생존율에 미치는 효과

햄버거를 비롯한 5가지 비빔밥 시료를 농도별로 처리해서 백혈병 세포의 세포생존율을 측정한 결과 3가지 세포주(THP-1, MOLT-4, HL60 cell) 중에서 THP-1 세포의 생존율이 억제되었으며, 특히 낮은 농도(1, 10 ㎍/㎖)에서 양성 대조군인 햄버거군에 비해 새싹 비빔밥 및 버섯불고기 비빔밥군에서 세포 생존율이 억제되는 항암활성이 관찰되었다.

(2) 식용유(4종) 시료

① THP-1 세포주

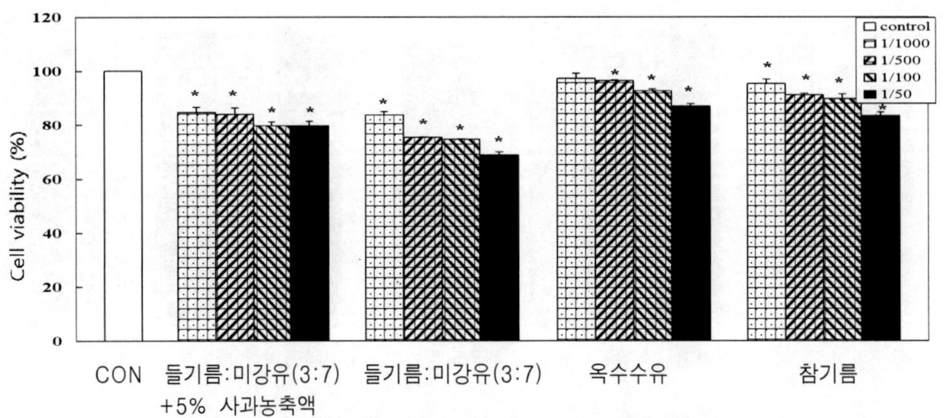

그림 2-4. 식용유 투여가 급성 단구성 백혈병 세포주에 미치는 효과

② MOLT-4 세포주

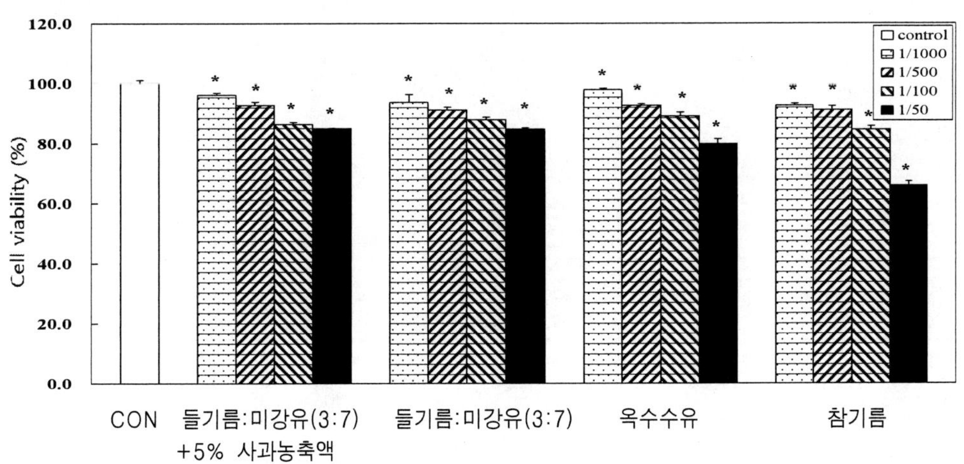

그림 2-5. 식용유 투여가 급성 림프성 백혈병 세포주에 미치는 효과

대조군으로 사용한 옥수수유와 참기름에 비하여 들기름 : 미강유(3 : 7) + 5% 사과 농축액 및 들기름 : 미강유(3 : 7) 처리군에서 특히 THP-1 세포의 생존율이 억제되어 항암활성을 나타내었으나 MOLT-4 세포에서는 대조군과의 차이가 관찰되지 않았다.

2) 비빔밥의 비장과 흉선세포의 면역세포 아집단 측정

中島泉 등(2006)과 Roitt 등(1998)에 의하면 T림프구는 면역계 전반을 통제하는 중심적인 세포집단으로 알려져 있다.

흉선임파구의 분화단계를 구별하는 중요한 marker는 CD 4와 CD 8이며, CD 4^+ CD 8^-T임파구는 T_H임파구에 속하며, 다른 임파구의 활성화를 촉진하는 역할을 담당하고, CD 4^-CD 8^+T임파구는 Tc임파구로서 표적세포를 파괴하는 역할을 하고 있다. B 임파구는 T임파구와 함께 면역반응에서 중요한 역할을 담당하고 있으며, 항체를 생성하여 다양한 면역반응을 나타낸다.

양성 대조군으로 사용한 햄버거군은 2가지 면역세포(B, T세포)가 모두 현저하게 감소하였고(B세포 : 33%↓, T세포 : 25%↓, TH세포 : 10%↓), 비빔밥군 중에서는 특히 산채 비빔밥 투여군이 비장세포의 T세포를 활성화(T세포 : 8%↑, TH세포 : 11%↑, Tc세포 : 12%↑)시켰으며, 흉선세포에서는 산채 비빔밥(TH : 22%↑)과 전주식 비빔밥(TH : 21%↑)에서 증가율이 높게 나타나 면역력을 향상시키는 효과를 확인하였다.

표 2-56. 비빔밥 투여가 비장과 흉선세포의 활성화에 미치는 효과

Cell type / 투여량 (500mg/kg)	Splenocytes(%)			Thymocytes(%)	
	B cell	T cell		TH	TC
		TH	TC		
CONTROL	28.7±3.2	25.5±1.1		10.1±0.2	2.4±0.4
		18.8±1.6	8.2±0.5		
햄버거	19.0±0.4	19.0±0.5		9.1±0.4	2.1±0.2
		14.6±0.3	5.9±0.2		
전주식 비빔밥	27.3±0.7	20.5±0.8		12.1±0.1*	2.6±0.3
		16.5±0.2	7.7±0.4		
새싹 비빔밥	24.0±1.2	19.8±1.0		9.6±0.4	1.7±0.1
		15.9±0.6	7.6±0.5		
버섯불고기 비빔밥	25.0±0.4	24.2±0.5		9.7±0.4	2.0±0.2
		18.0±0.4	8.6±0.2		
참치 비빔밥	24.0±0.8	21.8±0.2		9.6±0.2	2.6±0.2
		16.0±0.2	7.4±0.2		
산채 비빔밥	29.7±1.1	27.6±0.4*		12.2±0.2*	2.4±0.2
		20.8±0.4*	9.2±0.1*		

(1) Splenocytes(비장세포)

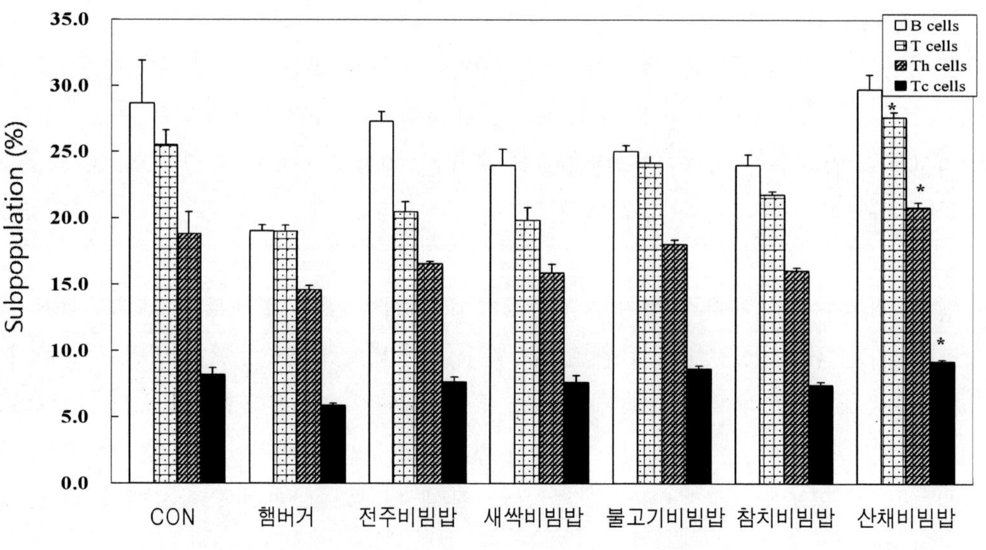

그림 2-6. 비빔밥 투여가 비장세포 활성화에 미치는 효과

(2) Thymocytes(흉선세포)

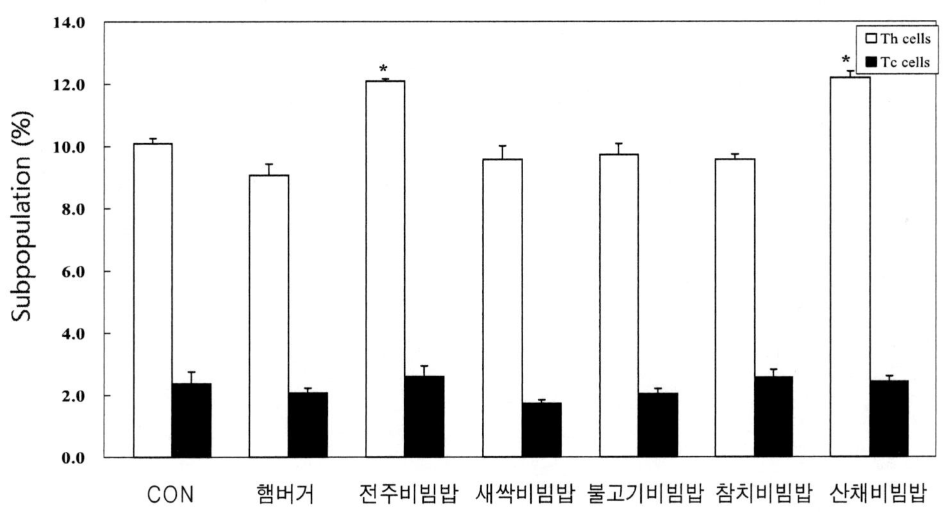

그림 2-7. 비빔밥 투여가 비장 흉선세포의 활성화 효과

3) 혈중 림포카인(lymphokine) 측정

IL-2는 T세포 성장인자로 알려져 있으며, T세포를 증식시키고 B세포를 자극시키는 활성이 있으며, 또한 T세포에 작용하여 γ-인터페론을 분비시키는 작용을 한다. 또한 IL-4는 BSF-1(B cell stimulatory factor-1) 또는 BCGF-1(B cell growth factor-1)으로 불리며, 항원으로 자극한 B임파구에 나타나는 수용체와 결합하여 세포주기를 G0에서 G1상태로 이동시킨다. Interferon(IFN)은 α, β, γ 의 3종류가 있으며, 이 중에서 IFN-γ 는 면역계에서 가장 강하게 작용하는 lymphokine으로 MHC class Ⅱ항원과 면역 globulin Fc 수용체의 발현 유도 및 대식세포의 활성화 등의 역할을 하고 있다.

햄버거를 양성 대조군으로 5종의 비빔밥이 혈중 림포카인 분비에 미치는 효과를 측정한 결과 산채 비빔밥에서 γ-인터페론의 분비가 증가되었으나 그 외의 비빔밥에서는 효과가 없었다. 또한 IL-2와 IL-4활성은 각 비빔밥군과 대조군에 비교하여 차이가 나타나지 않았다.

표 2-57. 비빔밥 투여가 혈중 면역물질 생성에 미치는 효과

Lymphokine (pg/㎖) / 투여군(500㎎/㎖)	IL-2	IL-4	IFN-γ
CONTROL	33.6±6.2	19.1±1.4	58.3±0.3
햄버거	30.8±1.2	16.8±0.7	58.5±3.6
전주식 비빔밥	24.9±1.5	17.7±0.6	57.3±3.2
새싹 비빔밥	28.3±3.1	18.0±0.4	58.8±4.2
버섯불고기 비빔밥	31.3±5.7	17.8±0.3	58.5±1.8
참치 비빔밥	36.7±0.9	17.0±0.4	59.6±4.2
산채 비빔밥	35.0±3.9	18.1±0.2	63.2±2.0*

(1) IL-2

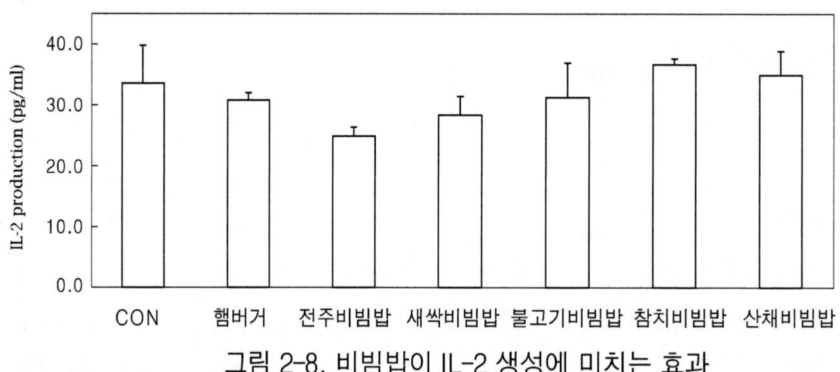

그림 2-8. 비빔밥이 IL-2 생성에 미치는 효과

(2) IL-4

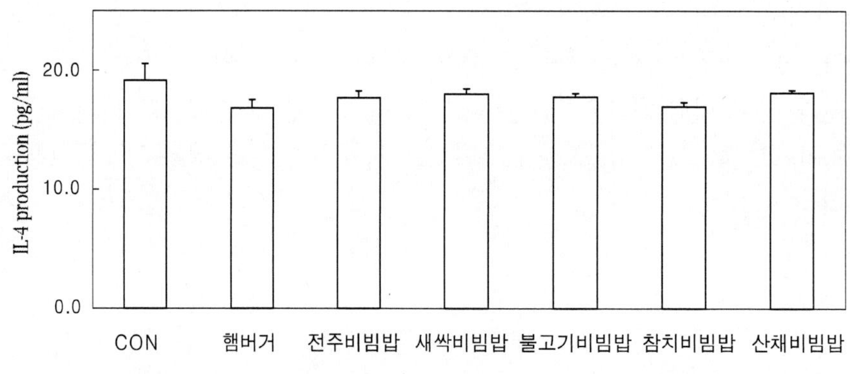

그림 2-9. 비빔밥이 IL-4 생성에 미치는 효과

(3) IFN-γ

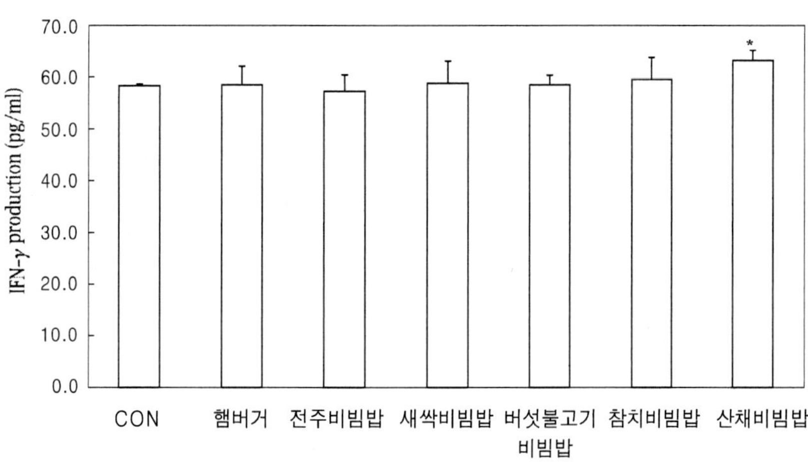

그림 2-10. 비빔밥이 인터페론 생성에 미치는 효과

4) 전신성 아나필락시스에 미치는 효과

최선필(2004), Kim(2003), Song(1997), 김은성(2005) 등에 의하면 아나필락시스(anaphylaxis) 쇼크는 즉시형 알레르기에 해당되며, 특정 항원에 접촉한 뒤 나중에 그 항원과 다시 접촉할 때 일어나는 격렬하고 즉각적인 쇼크 상태를 말한다.

이러한 원인으로 항원이 침입했을 경우 혈관 확장인자인 히스타민이 분비되어 혈관이 확장되면서 혈압이 낮아지고, 일부에서 혈관이 확장되면 나머지 부분은 혈관이 더 수축되면서 신체의 전체 혈압이 유지되지만, 이 반응이 극심해져서 갑자기 혈압이

표 2-58. 비빔밥 시료의 전신성 아나필락시스(anaphylaxis) 치사율에 미치는 효과

시 료	No. of Total	No. of Death	Mortality(%)
CONTROL	6	6	100
햄버거	6	6	100
전주식 비빔밥	6	4	75
새싹 비빔밥	6	6	100
버섯불고기 비빔밥	6	3	50
참치 비빔밥	6	6	100
산채 비빔밥	6	6	100

저하되면 심장에서 충분한 혈액을 공급할 수 없게 되어 혈압이 더 떨어져 심한 쇼크 상태가 지속되면서 신체 여러 기관에 치명적인 손상이 일어난다.

실험적으로 즉시형 전신성 아나필락시스를 유발하는 효과를 측정하기 위하여 비만 세포 탈 과립제인 compound 48/80(8 ㎎/kg)을 생쥐에 주사하여 전신성 아나필락시스를 유발하여 측정한 결과, 비빔밥 시료 중에서 버섯불고기 비빔밥(약 50% 예방)과 전주식 비빔밥(약 25% 예방)을 투여한 군에서 아나필락틱 쇼크(즉시형 알레르기: 제Ⅰ형)를 예방하는 효과를 확인하였다.

표 2-59. 비빔밥 시료의 전신성 아나필락시스(anaphylaxis) 치사 시의 경과시간

(단위 min : sec)

CON (n=6)	햄버거 (n=6)	전주식 비빔밥 (n=6)	새싹비빔밥 (n=6)	버섯불고기 비빔밥 (n=6)	참치비빔밥 (n=6)	산채비빔밥 (n=6)
10:47	13:38	22:50	22:36	25:09	17:40	16:15
14:57	16:02	25:28	23:05	27:25	18:21	19:27
15:06	16:50	30:19	25:08	29:35	19:51	26:45
15:12	18:21	31:23	28:46	31:56	21:26	27:31
16:31	18:34	32:45	30:24	-	22:47	27:45
16:50	25:53	-	31:10	-	25:59	29:15

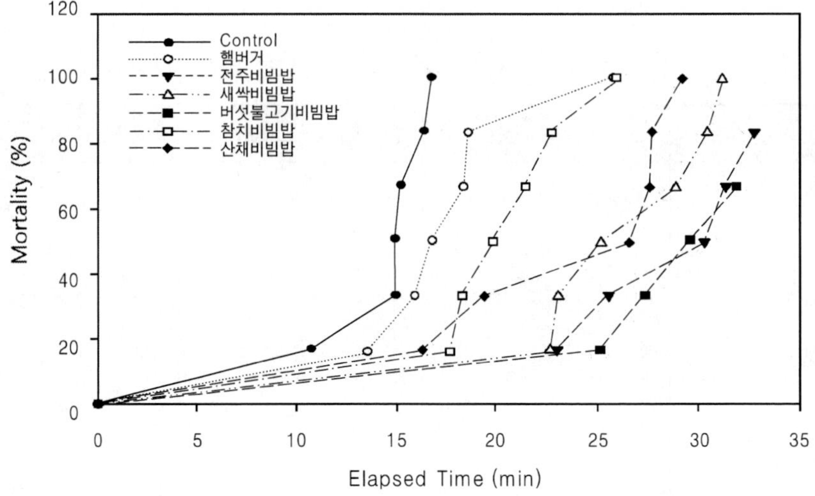

그림 2-11. 아나필락틱 쇼크 유발 치사율에 미치는 비빔밥의 효과

그림 2-11의 결과에서는 더욱 극적인 결과를 확인하였다. 먼저 대조구가 사망에 도달한 15시간대에 비교하여 비빔밥과 제 2의 대조구인 햄버거를 투여한 그룹에서는 모두 25시간 이상 생존하였다. 햄버거와 참치 비빔밥을 투여한 경우는 25시간, 즉 대조구에 비교하여 60% 이상 생존하였다. 산채 비빔밥은 28시간 이상, 새싹 비빔밥은 30시간까지 생존하였다.

가장 놀라운 결과는 전주식 비빔밥과 버섯불고기 비빔밥이다. 이들 두 가지 비빔밥을 투여한 경우는 실험을 완료한 30시간 이상까지 생존하였으며, 전주식 비빔밥의 치사율은 80% 이상이었으며, 버섯불고기 비빔밥은 60%를 약간 상회하였다.

인위적인 치사조건에서 실시한 실험이지만 버섯불고기 비빔밥과 전주식 비빔밥을 투여한 실험군에서는 생존율이 월등하게 향상된다는 것을 확인하였다. 보다 자세한 분석은 시간의 제한으로 확인하지 못하였으나, 같은 동물성 단백질이지만 참치와 같은 어류의 단백질보다 쇠고기를 포함하는 식사의 영양학적 우수성, 또는 버섯과 다량의 나물과 야채를 포함하는 한국적 식사의 우수성과 관련이 있는 것으로 추정한다.

5) DTH(delay-type hypersensitivity, 지연형 : 제IV형 알러지)

제4형 과민반응은 면역세포 중 T세포에 의하며, 면역글로불린이 부족한 사람에게서 나타난다. 이런 과정에서 발생하는 피부 과민증을 유발하는 항원들은 손상되지 않은 피부에 쉽게 침투하며, 특히 가려움증을 유발하면서 피부를 긁는 경향을 보이고 이후에는 T세포에 의해 이종항원으로 인지하여 면역반응이 이어지게 된다.

이러한 제4형 알레르기와 관련된 실험법 중 하나로 면양적혈구(SRBC)를 이용한 지연형 과민반응(족척종창반응)이 있다.

표 2-60. 피부 과민증 유발 항원분석 (단위: mm)

투여군	T_0[1)]	T_{24}[2)]	Increase (%)
CONTROL	1.544	1.814	17.48
햄버거	1.571	1.788	13.81
전주식 비빔밥	1.539	1.791	16.40
새싹 비빔밥	1.555	1.771	13.89
버섯불고기 비빔밥	1.521	1.785	17.36
참치 비빔밥	1.606	1.805	12.41
산채 비빔밥	1.582	1.710	8.11

[1)]T_0 : 야기 직후, [2)]T_{24} : 야기 후 24시간

표 2-60의 결과와 같이 지연형 과민반응(DTH, IV형 알레르기)을 유발하여 부종을 측정(SRBC 주사 24시간 후(T_{24}) 족부부종 측정)한 결과, 주사 직후(T_0)와 비교하여 산채 비빔밥이 족부부종 증가율이 가장 억제(53%↓)되었고, 그 외에 참치 비빔밥(29%↓)과 새싹 비빔밥(20%↓)에서도 효과가 관찰되었다.

$$\% \text{ increase} = \frac{T_{24} - T_0}{T_0} \times 100$$

6) 적혈구 응집소 값(Hemagglutination: HA titer)

적혈구 항체는 대개 IgM 또는 IgG 형태로 구성되어 있으며, 이들은 적혈구 표면에 존재하는 항원들과 결합하면 수많은 적혈구들이 항체에 의해 서로 연결되어 눈으로도 관찰이 가능한 응집반응이 일어난다.

이렇게 눈으로 관찰이 가능한 응집으로 나타나기 때문에 적혈구 항원 및 항체에 대한 검사로서 혈액형검사, 항체선별 및 동정검사 및 교차시험 등 많은 혈액검사들이 이루어지고 있다.

적혈구 응집소 값(항체 값)이 대조군의 경우 $\log_2$ 값이 2.0이고, 다른 비빔밥의 경우는 $\log_2$ 값이 1.0~3.0 범위로 분석되었으나 산채 비빔밥의 경우는 $\log_2$ 값이 6.0으로 대조군보다 3배 증가(항체 값 증가)하는 것을 확인하였다.

표 2-61. 비빔밥 투여가 적혈구 응집에 미치는 효과

희석배수 / 투여군	1 : 1	1 : 2	1 : 4	1 : 8	1 : 16	1 : 32	1 : 64	$\log_2$ 값
CONTROL	O	O	O					2.0
버섯불고기 비빔밥	O	O	O	O				3.0
산채 비빔밥	O	O	O	O	O	O	O	6.0
새싹 비빔밥	O	O						1.0
전주식 비빔밥	O	O						1.0
참치 비빔밥	O	O						1.0
햄버거	O	O	O					2.0

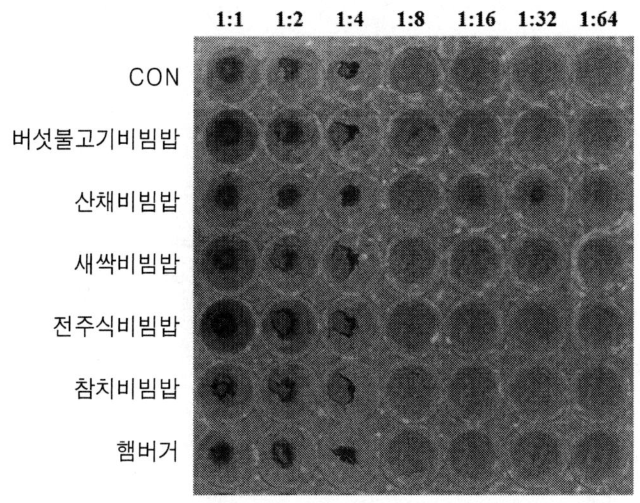

그림 2-12. 비빔밥 투여의 적혈구 응집실험

4. 고 찰

비빔밥은 다양한 재료로 구성된 천연식품이다. 비빔밥용 재료로 사용되는 쌀을 비롯하여 콩나물, 버섯, 참 취, 시금치, 은행, 미나리, 호박, 오이, 밤, 무, 고추장, 고사리, 다시마, 당근, 잣, 묵, 기름 등은 독특한 기능성 성분을 함유하고 있다. 이들이 어우러져 만들어진 비빔밥은 식품의 1차 기능인 영양학적 기능, 2차 기능인 기호적인 기능, 3차 기능인 생리활성 기능을 모두 갖춘 대단히 우수한 식품이라 할 수 있다.

1) 고른 영양소 함유

(1) 풍부한 식이섬유

비빔밥에는 비빔밥용 재료에서 cellulose, hemicellulose, lignin, pectin, gums, mucilages 등의 식물성분과 chitin, chitosan, chondroitin sulfate와 같은 다양한 동물성 식이섬유를 골고루 함유하고 있다.

(2) 다양한 아미노산 및 영양소 함유

비빔밥에는 필수 아미노산인 이소류신, 류신, 라이신, 메티오닌, 페닐알라닌, 트레오닌, 발린 등이 전반적으로 고루 분포되어 있다. 또한 트립토판은 새싹 비빔밥, 버섯불고기 비빔밥, 전주식 비빔밥 등에 다량 함유되어 있는 것으로 조사되었다. 비필수 아미노산인 글루탐산, 아르기닌, 세린, 알라닌 등의 아미노산도 비교적 높은 수준으로 함유되어 있었다. 비타민 A, B, C, E 등 각종 비타민, 이소플라본, 칼슘, 철분, 카르니틴, Ferritin 등의 영양소도 비빔밥용 재료에 함유되어 있는 것으로 분석되었다.

(3) 우수한 지방성분 함유

비빔밥용 재료가 되는 콩나물에는 스테롤 성분인 campesterol, stigmasterol, β-sitosterol이 함유되어 있으며, 들기름에는 60% 이상의 오메가-3 계열의 고도불포화 지방산이 함유되어 있으며, 잣 등 견과류는 레시틴을 다량 함유하고 있다.

2) 우수한 기호적 특성

비빔밥은 천혜의 지리적 조건하에서 생산되는 질 좋은 농산물(밥, 콩나물, 표고버섯, 고사리, 호박, 시금치, 오이, 다시마, 당근, 소고기, 등)과 고추장 및 기름 맛이 잘 어우러져 시각적인 아름다움과 더불어 온갖 재료들이 상호 교차하는 가운데 비빔이란 혼합과정을 통해 전혀 새로운 맛을 거듭 탄생시킨다. 또한 실용성 뿐만 아니라 다양한 색채적 미감을 지니고 있어 심미성도 동시에 지니고 있는 웰빙 음식으로 평가받고 있다.

3) 다양한 생리활성 및 기능성

(1) 생리활성 특수 아미노산 함유

비빔밥용 재료와 비빔밥에는 가바, 오르니틴, 시트룰린 등 특수 아미노산이 고루 분포되어 있었다. 가바의 경우 비빔밥용 재료에는 당근, 콩나물, 도라지, 애호박, 오이, 김, 시래기 등에 다량 함유되어 있었으며, 비빔밥의 경우 견과류 영양 비빔밥, 새싹 비빔밥, 김치 비빔밥, 나물 비빔밥, 산채 비빔밥 순으로 함유되어 있었다. 오르니틴은 당근, 모둠 새싹, 통깨, 도라지, 애호박, 표고버섯, 느타리버섯 등에 많이 함유되어 있었으며, 버섯불고기 비빔밥, 견과류 영양비빔밥, 산채 비빔밥, 전주식 비빔밥 순이었다. 시트룰린은 버섯불고기 비빔밥, 참치샐러드 비빔밥, 새싹 비빔밥, 산채 비빔밥, 전주식 비빔밥 순이었고, 햄버거에서는 검출되지 않았다.

(2) 항산화성 및 아질산염 소거능력

비빔밥 및 그 재료들은 항산화성과 아질산염 소거능력이 있으며, 재료 중에서 참취와 표고버섯의 항산화성과 아질산염 소거능력이 햄버거에 비하여 우수한 것으로 분석되었다.

(3) 항 당뇨 기능성

비빔밥은 가장 일반화된 양식의 대표적인 햄버거에 비하여 성인병 특히 당뇨병 유발인자인 인슐린 분비지수가 낮았고, 이것은 인슐린에 대한 자극감소로 당뇨병 발병 가능성이 감소시킬 수 있는 것으로 평가되었다.

(4) 중성지방 증가 억제

비빔밥의 섭취에서 심장병 유발인자인 중성지방의 증가량이 적었으며, 이는 성인병 발병 가능성이 높은 사람일수록 효과가 크게 나타나는 것으로 평가되었다.

(5) 암세포 증식 억제(항암 활성)

비빔밥 시료(5종)에 대한 인간백혈병 세포주인 THP-1, MOLT-4, HL-60세포의 세포 생존율을 확인한 결과 특히 THP-1세포의 생존율이 억제되었으며, 특히 낮은 농도(1, 10 μg/mℓ)에서 양성 대조군인 햄버거군에 비해 새싹비빔밥 및 버섯불고기 비빔밥에서 세포 생존율이 억제되는 항암활성이 관찰되었다.

또한 식용유(4종)에서는 대조군인 옥수수유와 참기름에 비하여 들기름 : 미강유(3 : 7) + 5% 사과농축액 및 들기름 : 미강유(3 : 7) 처리군에서 특히 THP-1세포의 생존율이 억제되어 항암활성을 나타내었다.

(6) 면역세포 아집단 증가(면역활성)

BALB/c 생쥐에 비빔밥시료를 투여한 후 비장과 흉선세포에서의 면역세포 아집단을 확인한 결과, 특히 산채 비빔밥에서 비장세포 중 T세포를 활성화(T세포 : 8%↑, T_H세포 : 11%↑, Tc세포 : 12%↑)시켰으며, 흉선세포에서는 산채 비빔밥(T_H : 22%↑)과 전주식 비빔밥(T_H : 21%↑)에서 증가하여 면역력을 향상시키는 효과가 분석되었다.

(7) lymphokine 생성 촉진

BALB/c 생쥐에 비빔밥 시료를 투여한 후 혈청에 포함된 lymphokine(IL-2, IL-4, IFN-γ)을 측정한 결과, 특히 산채 비빔밥 투여군에서 γ-인터페론을 증가시키는 효과가 분석되었다.

(8) 아나필락시스 쇼크 억제(항알레르기 활성)

Compound 48/80로 유발한 전신성 아나필락시스 쇼크에 미치는 효과를 분석한 결과 버섯불고기 비빔밥 투여군은 치사율이 50%로 감소하였고, 전주식 비빔밥은 약 25%가 감소하였다. 치사시간을 확인하였을 때 대조군이 가장 먼저 치사율이 100%에

도달하였고, 비빔밥을 투여한 생쥐는 치사시간이 지연되는 것을 확인하였다.

(9) 적혈구 응집소 값(항체 값) 촉진

SRBC에 의한 적혈구 응집소 값은 $\log_2$ 값이 대조군에서는 2.0, 버섯불고기 비빔밥이 3.0, 산채 비빔밥이 6.0으로, 특히 산채 비빔밥이 항체 값을 증가시키는 효과를 확인하였다.

(10) 지연형 과민반응 억제

비빔밥의 지연형 과민반응을 확인한 결과, SRBC를 주사한 24시간 후(T_{24}) 족척부종을 측정하였을 때, 특히 산채 비빔밥이 대조군에 비해 50% 이상 부종 증가율이 억제되었고, 참치 비빔밥(29%↓)과 새싹 비빔밥(20%↓)에서도 족척부종 증가를 억제하는 효과가 확인되었다.

이상 5종의 비빔밥에 대한 기능성으로서 항암활성, 면역활성 및 항 알레르기 효능을 검증한 결과 전반적으로 산채 비빔밥에서 효과가 있었으며, 그 외 버섯불고기 비빔밥, 전주식 비빔밥, 새싹 비빔밥에서도 기능성을 일부 상승시키는 효과가 확인되었다.

이상의 분석결과에서 비빔밥은 여러 종류의 독특한 재료들이 모여 만들어지며 색, 맛, 영양, 기능성, 기호성과 편의성을 모두 갖춘 하나의 완벽한 웰빙 식품이라 할 수 있고, 화합의 정신, 상생과 조화의 정신, 소통의 정신이 담겨 있어 글로벌 시대에 세계인에게 다가갈 수 있는 가장 대표적이며 경쟁력을 갖춘 한식의 한 가지임이 분명하다.

제 3 장

비빔밥 및 한식용 소스개발

소스는 서양요리에서 맛과 색상을 부여하여 식욕을 증진시키고, 재료의 첨가로 영양가를 높이며, 음식이 요리되는 동안 재료들이 서로 결합되게 하는 역할을 한다. 따라서 소스는 주 요리와 조화가 중요하고, 흰색이면 흰색소스, 갈색이면 갈색소스를 제공하는 것이 기본이다. 요리의 맛과 형태, 그리고 수분의 함유 정도를 결정하기 때문에 서양요리에서 대단히 중요한 의미를 갖고 있다.

현재에도 요리의 풍미를 더해 주고 소화작용을 도와주는 윤활유 역할을 하며, 요리의 맛과 외형, 그리고 수분을 돋우기 위해 소스의 중요성이 더욱 강조되고 있다. 그러나 사용 시 주의할 점은 소스가 요리의 맛을 압도할 정도로 향신료 냄새가 강하게 나면 안 되고, 또한 농도가 너무 묽으면 원래 요리의 맛을 오히려 떨어뜨릴 수도 있다. 소스 농도의 기본은 크림농도 정도가 적합하고, 색은 윤기가 나야 하며, 덩어리지는 것 없이 주르르 흐르는 정도가 이상적이다.

일반적으로 단순한 요리에는 영양이 풍부한 소스를 곁들이고, 영양이 풍부한 요리에는 단순한 소스 사용이 원칙이다. 색이 안 좋은 요리에는 화려한 소스, 싱거운 요리에는 강한 소스, 퍽퍽한 요리에는 수분이 많고 부드러운 소스를 사용하여 전체적으로 소스와 요리의 조화를 중요시해야 한다.

소스는 육수와 농축재(liaison)로 구성되어 있으며, 다른 재료의 첨가에 따라 변형된 소스가 만들어진다. 좋은 소스를 만드는 것은 하나의 기술이며, 경험과 이론을 바탕으로 집중해야 한다.

1. 한식의 특징

한국은 사계절의 변화가 뚜렷하고, 지역적인 기후 차이로 각 지방마다 다양한 특산물이 생산되며, 지리적으로 삼면이 바다로 둘러싸여 해산물이 풍부하여 이를 이용한 다양한 조리법이 개발되었다. 또한 장류, 젓갈류, 김치류와 주류 등의 발효식품과 장아찌, 자반, 부각 등의 건조식품 같은 저장식품이 골고루 발달하였다.

한식은 주로 곡물음식으로 주식과 부식의 구분이 확실하며, 외형적인 면보다 맛을 위주로 하기 때문에 조미료로서 갖은 양념을 사용하고, 잘게 썰어서 조리하는 음식이 많아 소화가 잘 되고 먹기 편하지만, 상대적으로 조리과정에 많은 시간과 노력이 필요하다. 또한 일상적인 음식에 한약재(꿀, 대추, 밤, 잣, 인삼, 생강, 계피, 오미자, 구기자, 당귀 등)를 많이 사용하여 음식이 보약이라는 약식동원(藥食同源)의 기본정신이 깃들어 있다.

그러나 이러한 한식의 가장 큰 문제점은 주로 가정요리 형태로 발전해 왔기 때문에 음식에 많은 정성이 들어가지만, 상대적으로 많은 시간과 노력을 필요로 하므로 대중화를 위한 상업요리 측면에서 비효율적인 부분이 많다는 점이다. 따라서 비슷한 조미료 사용과 조리법으로 특징이 없는 전통음식을 계승하는 단순함에서 벗어나 한식의 본질을 정확하게 인식하고, 현대적인 기호에 적합한 과학적이고 체계적인 조리방법을 개발하고, 한국적인 음식에 적합한 소스 개발을 통해 조리시간의 단축과 표준화를 통해 한식의 세계화를 위해 노력해야 한다.

한식의 주식은 주로 쌀로 지은 흰밥이며, 대부분의 영양소는 탄수화물이다. 밥을 조리할 때는 쌀의 종류 · 분량 · 건조정도와 밥솥 및 가열원에 따라서 밥 짓는 시간과 물의 분량이 달라진다. 밥의 종류는 별식으로 지을 때에 채소류 · 어패류 · 육류 등을 넣은 보리밥 · 콩밥 · 팥밥 · 밤밥 · 오곡밥 · 찰밥 · 차조밥 · 잡곡밥 · 콩나물밥 · 무밥 · 채소밥 등이 있으며, 밥 위에 나물과 고기 등을 넣어 비빔장과 함께 비벼서 먹는 비빔밥(골동반, 骨董飯) 등이 있다.

표 3-1. 한식의 종류

종 류	내 용
주 식	밥, 죽, 국수, 만두국, 떡국
부 식	국(탕), 찌개(조치), 전골과 볶음, 찜과 선, 조림(초), 구이와 적, 전과 지짐, 회와 숙회, 편육, 족편과 묵, 나물, 장아찌, 튀각, 부각과 포, 젓갈과 식혜, 김치
떡 및 한과	떡, 한과
음청류	식혜, 오미자화채, 배숙과 수정과, 수단과 원소병, 미수, 과일화채, 제호탕

양념은 음식의 맛과 향을 돋우거나 불쾌한 냄새를 제거하기 위하여 사용되며, 조미료와 향신료가 있다. 한자로는 약념(藥念)으로 쓰고, 먹어서 몸에 약처럼 이롭기를 바라는 뜻이 담겨 있다. 양념은 짠맛·단맛·신맛·매운맛·쓴맛의 다섯 가지를 기본으로 음식의 맛을 더욱 좋게 하므로 적합한 양념을 선택하여 알맞은 분량을 순서에 따라 넣는 것이 중요하다.

한식에 사용되는 대표적인 양념의 종류는 소금·간장·된장·고추장·식초·설탕·생강·겨자·후추·고추·참기름·들기름·깨소금·파·마늘·천초 등이 있다.

① 짠맛(鹽) : 소금, 간장, 된장, 고추장
② 단맛(甘) : 설탕, 꿀, 조청, 엿, 물엿
③ 신맛(酸) : 식초
④ 매운맛(辛) : 고추, 겨자, 천초, 후추, 생강
⑤ 쓴맛(苦) : 생강

고명은 음식의 모양과 빛깔을 보기 좋게 하여 식욕을 돋우기 위해 음식 위에 뿌리거나 얹어 내는 재료를 말한다. 웃기 또는 꾸미기라고 하며, 전통사상의 오방색(붉은색, 녹색, 노란색, 흰색, 검정색)이 기본이 된다.

① 붉은색(적) : 홍고추, 실고추, 대추, 당근
② 녹색(녹) : 미나리, 호박, 오이, 실파
③ 노란색(황) : 달걀노른자
④ 흰색(백) : 달걀흰자
⑤ 검정색(흑) : 석이버섯, 목이버섯, 표고버섯

2. 소스의 분류

사회적 조건이나 지리적 조건에 따라 여러 가지 다른 재료를 이용하여 다양한 요리를 만들고, 요리의 가치와 질은 소스에 의해서 결정되며, 요리는 일반적으로 5미(味), 5색(色), 5법(法)에 의해서 이루어진다.

소스는 냉장기술이 없어 음식이 약간 변질되었을 때의 맛을 감추기 위해서 만들었다는 설과 품질 나쁜 고기 맛을 돋우기 위하여 만들어 낸 것이라고 한다. 그러나 고기의 질이 향상된 현재에도 요리의 맛과 외형, 그리고 요리에 적합한 질감을 돋우는 목적으로 소스를 사용한다. 세상에 존재하는 수없이 많은 요리와 함께 소스의 숫자도 수없이 많기 때문에 일반적으로 소스는 다음과 같은 방식으로 분류한다.

① 색에 의한 분류
② 용도에 따른 분류
③ 기초소스에 의한 분류
④ 맛과 색에 의한 분류
⑤ 主재료에 따른 분류

색에 의한 분류는 흰색, 블론드색, 갈색, 적색, 노란색의 5가지 기본색으로 구분하며, 최근의 서양요리에서는 흰색과 블론드색을 같이 보는 경향도 있다. 용도에 따른 분류는 육류용, 어류용, 샐러드용, 후식용 등으로 나누는 방식이다. 기초 소스에 따른 분류는 기초 소스, 기초 소스를 가공한 소스, 기초 소스와 아주 다른 소스, 앞의 세 가지에 해당되지 않는 소스로 나누는 방식이다. 맛과 색에 따른 분류는 흰색 소스, 갈색 소스, 신맛 소스와 단맛 소스로 나누는 방식이다. 마지막으로 주재료에 따른 분류는 육수 소스군, 특별 소스군, 유지 소스군과 후식 소스군 네 군으로 나누고 세분하는 방식이다.

소스의 분류는 엄격하게 말하면 재료 한 가지가 달라져도 소스는 재분류되어야 한다. 또한 소스의 분류는 어떤 원칙이나 철학이 있을 수 없다. 따라서 소스의 개념을 정확하게 이해하고, 기본 소스에 어떤 재료의 변화나 첨가를 통해서 독창적인 요리가 탄생하는 것이다. 소스는 이름, 용도, 성분이 다양하지만 차가운 소스, 더운 소스, 후식용 소스의 범주를 벗어날 수가 없다. 경험과 상식에 의해서 분류되고, 요리하는 사람의 취향에 따라 창조된다.

한국에 관심을 갖고 있는 외국인들은 한국 특유의 요리를 원하고 있으며, 이들에게 우리 식품의 맛의 뿌리를 찾고 한국식품의 상품적 이미지를 세계시장에 부각시켜 외국인에게 적합한 한식을 제공해야 한다. 요리에 곁들여지는 소스 역시 그 나라와 지역 특성에 맞는 식재료를 이용하여 개발하는 것이 고객의 요구에 부응하면서, 나아가 우리의 것을 세계인에게 자랑스럽게 소개하면서 산업화에 성공할 수 있다.

한국의 지역적 특성은 삼면이 바다인 관계로 해산물이 풍부하며, 내륙으로 갈수록 산지가 많아 산림에서 얻어지는 식재료가 풍부하다는 것이다. 특히 온대성 사계절이 뚜렷하여 상대적으로 좁은 국토면적에 비하여 계절에 따라서 다양한 식재료가 이용되고 있다는 특징이 있다. 선진국에서 요리가 발달하고 요리사들이 대접받는 이유는 주변에서 생산되는 식자재를 충분히 활용하여 상품화하고, 상품화된 요리를 통해서 생산농민들의 소득이 증가되면서 이들의 지위도 격상되기 때문이다.

우리도 한국에서 재배되는 식재료를 이용하여 가장 한국적인 음식의 특징과 우수성 및 기능성을 나타낼 수 있는 소스를 개발한다면 한식의 산업화를 통해 생산농민의 소득증가와 한식의 세계화를 위해 노력해야 한다.

3. 비빔밥용 소스

한식을 조리하는 데 사용하는 대표적인 양념은 파, 마늘, 간장, 소금, 고추장, 고춧가루, 된장 등 7 가지이다. 비빔밥용 고추장 소스와 한식용 소스의 주요 재료 역시 7가지 양념을 기본으로 구성하였다.

여기에 언급하는 비빔밥용 소스들은 모두 10가지 비빔밥 메뉴를 개발하는 과정에서 수집한 문헌자료와 우석대학교 연구진이 수행한 선행 연구 자료를 토대로 1차 선별한 다음, 시험 조리와 관능평가를 거쳐 선발한 것을 별도로 정리한 것이다. 특히 현대인들의 건강지향성과 한국의 특산물을 고려하여 설탕, 물엿, 조미료 등의 사용을 배제하고, 단맛은 조청으로, 간장은 조선간장으로, 소금은 천일염으로, 정종은 막걸리로 사용하였다. 또한 식용유와 참기름, 들기름으로 표시한 것은 한식용 기름으로 대체할 수 있음을 밝힌다.

본 과제 수행에서 개발한 비빔밥용 소스 6종은 다음과 같다.

(1) 전주식 비빔밥용 고추장 소스

고추장 20g, 쌀조청 7g, 매실청 2g, 다진 마 2g, 참기름 3g, 통깨 1g, 막걸리 7g, 정제수 10g

(2) 산채 비빔밥 및 오곡돌솥 비빔밥용 달래간장 소스

조선간장 20g, 달래 10g, 쌀조청 2g, 참기름 2g, 고춧가루 1g, 통깨 1g, 정제수 5g

(3) 새싹야채 및 견과류 영양 비빔밥용 부추간장 소스

다진 부추 10g, 조선간장 30g, 레몬즙 5g, 다진 마늘 3g, 조청 5g, 고춧가루 3g, 참기름 2g, 통깨 1g

(4) 버섯불고기 비빔밥용 고추장 소스

고추장 20g, 쌀조청 5g, 매실청 3g, 다진 마늘 2g, 참기름 2g, 통깨 1g, 막걸리 3g, 배즙 5g

(5) 나물 비빔밥용 간장 소스

조선간장 20g, 다진 파 1g, 다진 마 1g, 참기름 2g, 통깨 1g, 막걸리 2g, 정제수 5g

(6) 해초・굴 비빔밥용 초고추장 소스

고추장 20g, 쌀조청 7g, 매실청 2g, 다진 마늘 2g, 참기름 3g, 통깨 1g, 정종 7g, 정제수 10g, 식초10g

참치샐러드 비빔밥용 샐러드 소스는 비빔밥용 소스가 아니고 밥 위에 올리는 샐러드용 소스를 말한다. 주요 재료는 오이피클, 마요네즈, 된장, 조청, 천일염, 양파이고, 재료를 곱게 다져 천일염과 감식초에 잠시 절인 후 물기를 꼭 짜서 준비한다.

김치 비빔밥은 김치의 양념이 강하므로 따로 비빔장은 제공하지 않고, 개인의 취향에 따라 생김치에 적당량의 기름을 넣어 밥을 비벼 먹거나, 김치가 약간 신 상태라면 기름에 볶은 것을 밥과 비벼 먹어도 좋다.

4. 한식용 소스

한식용 소스의 개발과정에서도 한국의 대표적인 양념재료인 파, 마늘, 간장, 소금, 고추장, 고춧가루, 된장 등 7가지 주요 재료를 사용하여 개발하였고, 여기에 소개한 한식용 소스들은 모두 10가지 비빔밥 메뉴를 개발하는 과정에서 비빔밥용 소스를 만들기 위하여 수집한 문헌자료와 우석대학교 연구진이 수행한 선행 연구결과를 토대로 1차 선별한 다음, 시험 조리와 관능평가를 거쳐 선발한 것을 따로 정리한 것이다.

특히, 현대인들의 건강지향성과 한국의 특산물을 고려하여 설탕, 물엿, 조미료 등의 사용을 배제하고, 단맛은 조청으로, 간장은 조선간장으로, 소금은 전남 신안산 천일염으로, 청주는 막걸리로 사용하였다. 또한 식용유와 참기름, 들기름으로 표시한 것은 한식용 기름으로 대체할 수 있다.

본 과제 수행에서 개발한 한식용 소스 11종은 다음과 같다.

(1) 약고추장 : 비빔, 쌈용 소스

마늘, 양파, 토마토, 새우와 버섯 분말은 전자레인지 강한 조건에서 2분 처리하여 섞거나, 전체를 섞어 전자레인지 강한 조건에서 3분 처리하며 저온 숙성하여 사용한다(표 3-2).

(2) 비빔용 양념간장(mL) : 비빔, 무침, 볶음, 조림, 찌개 및 국용 소스

양파, 파, 마늘, 후춧가루, 새우, 버섯, 고춧가루, 다시마 분말은 간장과 함께 5분간 끓인 것을 여과하여 다른 재료를 넣고 사용하거나, 모든 재료를 넣고 한번 끓인 것을 사용한다(표 3-3).

표 3-2. 약고추장 소스의 조성과 백분율표

재 료 명	분량(g)	백분율(%)
쇠고기(간 것)	300	28.7
고추장	200	19.1
갈은 양파	200	19.1
토마토(퓨레)	200	19.1
조선간장	45	4.3
들기름	15	1.4
다진 마늘	15	1.4
맛술	15	1.4
버섯(분말)	15	1.4
새우(분말)	15	1.4
참기름	15	1.4
꿀	10	1
계	**1,045**	**100**

(3) 닭갈비 양념(mL)

모든 재료를 혼합하고 전자레인지 강한 조건에서 3분 처리하여 냉장조건에서 숙성한 것을 사용한다(표 3-4).

(4) 양념 초고추장(mL) 무침, 비빔, 야채무침용 소스

고추장 15, 고춧가루 10, 조선간장 10, 막걸리 15, 감식초 30, 조청 15, 참기름 들기름 각각 5, 다진 마늘 5를 전자레인지 강한 조건에서 1분 처리한 것을 저온에서 숙성하여 사용하며, 바로 사용할 것은 전자레인지를 사용하지 않고 혼합하여 바로 사용한다(표 3-5).

표 3-3. 양념간장 소스의 조성과 백분율표

재 료 명	분량(g)	백분율(%)
갈은 양파	100	32.3
조선간장	75	24.2
고춧가루	15	4.8
다시마(분말)	15	4.8
다진 마늘	15	4.8
막걸리	15	4.8
버섯(분말)	15	4.8
새우(분말)	15	4.8
청양고추가루	15	4.8
다진 파	15	4.8
들기름	5	1.6
참기름	5	1.6
후춧가루	5	1.6
계	**310**	**100**

표 3-4. 닭갈비 양념 소스의 조성과 백분율표

재 료 명	분량(g)	백분율(%)
사과	100	25.3
고춧가루	45	11.4
막걸리	45	11.4
조선간장	45	11.4
고추장	30	7.6
양파(갈은 것)	30	7.6

(계속)

재 료 명	분량(g)	백분율(%)
굴소스	15	3.8
들기름	15	3.8
다진 마늘	15	3.8
참기름	15	3.8
다진 파	15	3.8
카레가루	10	2.5
후춧가루	10	2.5
생강	5	1.3
계	**395**	**100**

표 3-5. 양념 초고추장 소스의 조성

재 료 명	분량(g)	백분율(%)
감식초	30	27.3
고추장	15	13.6
막걸리	15	13.6
조청	15	13.6
고춧가루	10	9.1
조선간장	10	9.1
들기름	5	4.5
다진 마늘	5	4.5
참기름	5	4.5
계	**110**	**100**

(5) 갈비(LA 양념) 소스

양파 1개, 마늘 5쪽, 사과 1개, 조선간장 100, 막걸리 200, 물 50, 조청 60, 후춧가루 5, 참기름 들기름 각각 30을 저온에서 숙성하여 사용한다(표 3-6).

(6) 야채무침 양념 소스

액젓 20, 고춧가루 20, 마늘 다진 것 10, 막걸리 15, 조청 10, 감식초 5를 저온에서 1시간 숙성하여 사용한다(표 3-7).

(7) 양념 쌈장 소스

된장 40, 고추장 20, 다진 마늘 15, 막걸리 30, 파 잘게 썬 것 30, 풋고추 잘게 썬 것 2개, 참기름 들기름 각각 15, 버섯가루 10, 새우가루 10, 견과류(호두 잣 땅콩 등) 부순 것 15.

위의 재료를 모두 섞고, 전자레인지 강한 조건에서 3분 가열하여 1시간 저온에서 숙성하여 사용한다(표 3-8).

표 3-6. 갈비양념 소스의 조성과 백분율표

재 료 명	분량(g)	백분율(%)
막걸리	200	22.5
사과	200	22.5
양파(갈은 것)	200	22.5
조선간장	100	11.2
조청	60	6.7
물	50	5.6
들기름	30	3.4
참기름	30	3.4
다진 마늘	15	1.7
후춧가루	5	0.6
계	**890**	**100**

표 3-7. 야채무침 양념장 소스의 조성과 백분율표

재 료 명	분량(g)	백분율(%)
고춧가루	20	25
액젓	20	25
막걸리	15	18.8
다진 마늘	10	12.5
조청	10	12.5
감식초	5	6.3
계	80	100

표 3-8. 양념 쌈장 소스의 조성과 백분율표

재 료 명	분량(g)	백분율(%)
된장	40	18.2
막걸리	30	13.6
다진 파	30	13.6
고추장	20	9.1
풋고추	20	9.1
견과류	15	6.8
들기름	15	6.8
다진 마늘	15	6.8
참기름	15	6.8
버섯(분말)	10	4.5
새우(분말)	10	4.
계	220	100

(8) 비빔 소스(mL) : 비빔면, 야채무침용 소스

내열 유리용기에 식초, 구기자, 막걸리와 조청을 넣고 전자레인지 강한 조건에서 1분 30초 가열하여 온기가 남아 있을 때 나머지 재료를 모두 넣고 혼합하여 냉장고에서 1시간 숙성하여 사과 갈은 것을 넣어 사용한다(표 3-9).

(9) 떡볶이용 고추장 소스 : 2~3인분, 볶음고추장-기름장

떡볶이 떡 300g을 미리 가열하여 달군 팬에 기름을 두르고, 미리 데쳐서 물기를 뺀 떡을 넣어 노릇하게 굽듯이 지지다가, 미리 만들어 놓은 양념장을 넣어 바닥에 눌어붙지 않게 섞으면서 볶는다. 떡 대신에 국수, 수제비, 만두, 스파게티를 사용해도 좋다.

표 3-9. 비빔 소스의 조성과 백분율표

재 료 명	분량(g)	백분율(%)
사과	100	22.0
감식초	75	16.5
조청	75	16.5
고추장	60	13
고춧가루	45	9.9
매실즙	30	6.6
조선간장	30	6.6
막걸리	15	3.3
다진 마늘	10	2.2
다진 파	5	1.1
들기름	3	0.7
참기름	3	0.7
천일염	3	0.7
후춧가루	1	0.2
계	**454**	**100**

고추장에 익숙하지 않은 어린이와 노약자 및 외국인을 위하여 자극성이 강한 고추장과 고춧가루의 양을 최소화하는 개념으로 설계한 것이며, 기호에 따라 고추장과 고춧가루의 양을 더할 수 있다. 다진 마늘의 경우도 자극성이 문제가 되는 경우는 마늘 분말을 사용해도 무관하다(표 3-10).

표 3-10. 볶음 고추장 소스의 조성과 백분율표

재 료 명	분량(g)	백분율(%)
조청	20	25
고춧가루	10	12.5
고추장	10	12.5
들기름	10	12.5
다진 마늘	10	12.5
조선간장	10	12.5
참기름	10	12.5
계	**80**	**100**

표 3-11. 볶음용 간장소스의 조성과 백분율표

재 료 명	분량(g)	백분율(%)
조선간장	20	22.2
조청	20	22.2
고춧가루	10	11.1
고추장	10	11.1
들기름	10	11.1
막걸리	10	11.1
참기름	10	11.1
계	**90**	**100**

(10) 떡볶이용 간장 소스 : 2~3인분, 볶음간장 -기름장

떡볶이 떡 300g을 달군 팬에 기름을 두르고, 미리 데쳐서 물기를 뺀 떡을 넣어 노릇하게 굽듯이 지지다가, 미리 만들어 놓은 양념장을 넣어 바닥에 눌어붙지 않게 섞으면서 볶는다. 떡 대신에 국수나 스파게티, 만두를 사용해도 좋다(표 3-11).

(11) 찜용 소스

매운 고춧가루 30, 조선간장 50, 막걸리 20, 매실 농축액 20, 다진 마늘, 기름, 천일염(표 3-12).

표 3-12. 찜용 소스의 조성과 백분율표

재 료 명	분량(g)	백분율(%)
조선간장	50	35.7
고춧가루	30	21.4
막걸리	20	14.3
매실액	20	14.3
한식용 식용유	10	7.1
다진 마늘	10	7.1
계	**140**	**100**

5. 세계화를 위한 기능성 고추장 소스 시제품 제조

비빔밥용으로 개발한 고추장 소스에 염분과 매운 맛을 조절하고, 색도변화와 당도의 증가 없이 추가적인 기능성을 부여하기 위해 다진 마늘대신에 건조 마늘분말과 토마토 농축물(퓨레)를 만들어 고추장 소스에 반영하여 지역과 재료의 특성을 반영한 기능성 고추장 소스 시제품을 만들어 관능평가와 시험조리를 거쳐 병조림의 형태로 시제품을 제조하였다.

토마토 퓨레는 완전히 익은 완숙 토마토를 끓는 물에서 1분간 데쳐 껍질을 벗기고, 꼭지부분을 제거한 다음, 4-6등분하여, 씨앗과 씨낭을 제거하여 마쇄한다. 마쇄한 토마토를 녹즙기에 통과시켜 섬유질을 제거하고, 진공농축기에서 2배 농축하여 만들어 사용하였고, 남은 것은 밀봉 포장하여 냉장 보관하였다.

표 3-13. 비빔밥용 기능성 고추장 소스 시제품의 조성

<table>
<tr><th></th><th>타입 A</th><th>타입 B</th><th>타입 C</th></tr>
<tr><td>고추장</td><td>500</td><td>750</td><td>750</td></tr>
<tr><td>토마토 퓨레</td><td>500</td><td>250</td><td>250</td></tr>
<tr><td>조청</td><td colspan="3">250</td></tr>
<tr><td>매실청</td><td colspan="3">150</td></tr>
<tr><td>다진 마늘</td><td colspan="2">100</td><td>0</td></tr>
<tr><td>마늘 분말</td><td colspan="2">0</td><td>50</td></tr>
<tr><td>참기름</td><td>100</td><td>0</td><td>0</td></tr>
<tr><td>한식용 식용유</td><td>100</td><td>200</td><td>200</td></tr>
<tr><td>통깨</td><td colspan="3">50</td></tr>
<tr><td>막걸리</td><td colspan="3">100</td></tr>
<tr><td>배즙</td><td colspan="3">250</td></tr>
</table>

타입 A는 한국인 및 마늘을 싫어하지 않으며, 참기름을 좋아하는 지역을 대상으로, 타입 B는 타입 A와 같지만 참기름을 제외하고 한식용 식용유를 적용한 것이고, 타입 C는 마늘을 싫어하는 지역을 대상으로 다진 마늘과 참기름 대신에 마늘 건조분말과 한식용 식용유를 적용한 경우이다.

병조림은 일정한 크기의 병조림 용기에 소스를 넣고 탈기한 다음 105℃에서 30분간 열처리한 것을 밀봉 냉각하여 처리하였다. 병조림 형태로 제조한 시제품은 당도, 색도, 위생미생물 분석을 하였다.

5.1 분석방법

(1) 당 도

당도는 굴절 당도계(N1, Atago)를 사용하여 실온(25℃)에서 Brix 값으로 측정하였다.

(2) 색 도

색도는 색차계(CN-3500 D, Minolta)를 사용하여 L(명도), a(적색도), b(황색도)

값으로 측정하였다. 표준판의 색도는 L=1.02, a=-0.01, b=+0.03이었다.

(3) 미생물 검사

평판배양법으로 시료를 멸균한 생리식염수에 1,000배까지 단계적으로 희석한 다음 식품미생물 분석방법에 따라 중층법으로 30℃에서 배양하여 분석하였다.

(4) 관능평가

10명의 고정 패널을 대상으로 1차 관능평가를 실시하였고, 30명의 유학생을 대상으로 2차 관능평가를 거쳐 우석대학교 인근의 비빔밥을 판매하는 분식집과 중국음식점을 포함한 일반식당의 주방 인력을 대상으로 최종 관능평가를 실시하였다.

5.2 연구결과

지역과 마늘에 대한 기호도 및 한국의 대표적인 식용유인 참기름에 대한 반응을 고려하여 만든 기능성 고추장 소스 3가지의 분석을 수행하였다.

(1) 당도 및 색도

3가지 기능성 고추장소스 시제품을 분석한 결과 당도는 평균적으로 대조구와 비교하여 평균 20~30% 정도 낮게 나타났다. 백색도와 적색도 및 황색도가 3가지 모두에서 대조구보다 높게 나타나 보다 상대적으로 선명하고, 붉은색을 나타내어 상품성 측면에서도 우수한 것을 확인하였다.

표 3-14의 결과는 기능성 고추장 소스의 고추장 베이스에 토마토 퓨레를 혼합한 것에서 나타난 결과로 해석되었다. 즉, 전체 소스의 조성 비율에서 고추장 투입량의 25~50%에 해당되는 양의 토마토 퓨레에 의해서 당도가 낮아지고, 상대적으로 고추

표 3-14. 기능성 고추장 소스의 분석

		대조구 (비빔밥 소스)	타입 A	타입 B	타입 C
당도(10X)		6.2	4.2	4.9	5.2
색도	L(W)	17.30	27.53	27.57	24.46
	a(R)	25.39	30.61	30.97	30.74
	b(Y)	26.98	42.19	44.17	39.94

장의 검붉은 색이 토마토의 밝은 색으로 인하여 조정된 것으로 평가된다. 백색도를 나타내는 L값은 58∼41% 증가되었고, 적색도(a)는 20%, 황색도(b)는 70∼50%가 개선되는 것을 확인하였다.

(2) 미생물 검사

대조군으로 사용한 비빔밥용 고추장 소스에서는 1,100 CFU 이상이 나타났으나, 시제품 3종에서는 모두 10 CFU 이하가 검출되어 식품기준에 적합한 것으로 판정하였고, 육안과 현미경으로 검사한 결과 검출된 미생물은 재료로 사용한 막걸리 효모균과 동일한 것으로 확인되었다.

(3) 관능평가

1차 및 2차, 최종 관능평가에서 선발된 타입 A, B, C 세 가지 기능성 고추장 소스를 선발하였다. 선발된 세 가지 기능성 고추장 소스를 적용한 편의형(take-out) 비빔밥(주먹밥 형태 및 미니 주먹밥 형태)을 시험 조리하여 한국인 대학생 및 외국인 유학생을 대상으로 관능평가를 실시한 결과 세 가지 모두에 대하여 95%가 맛에 대하여 만족하였고, 참기름을 적용한 경우보다 한식용 식용유를 적용한 경우가 맛과 향 측면에서 모두 우수한 것으로 평가되었다.

12월 20일 서울 양재동 aT센타에서 실시한 종합 발표회에서 시식·전시를 실시한 결과, 무작위로 참여한 총 37명의 평가자에서 보통이 3명, 좋음 17명, 아주 좋음 15명이었고, 나쁘다거나 아주 나쁘다는 답변은 전혀 나타나지 않았다. 특히 장류의 치명적인 약점의 하나로 지적되는 냄새의 원인인 장류 냄새에 대해서는 모든 시험군에서 전혀 나타나지 않았다. 이것은 토마토 퓨레의 첨가로 인해 장류의 냄새가 중화되기 때문으로 평가하였다.

토마토 퓨레는 가공과정에서 껍질과 거친 섬유질은 제거하지만, 대부분이 식이섬유로 이루어진 과육부분의 수분만 제거한 상태이므로 외국인은 물론 한국인에게도 거부감을 일으키는 냄새를 흡수하여 감소시키기 때문으로 평가하였다. 따라서 향후 장류를 기본으로 한 소스개발 과정에 보다 적극적인 활용이 예상된다.

제 4 장

한식용 식용유 개발

1. 한식용 식용유

1.1 연구 배경

한국에서 비빔밥에 사용하는 식용유는 거의 대부분 참기름이 이용된다. 참기름은 일반적으로 참깨를 볶아서 압착방법으로 얻는데, 이때 볶은 참깨의 고소한 맛이 참기름에 전이되어 향이 매우 좋은 조미용 식용유를 제조할 수 있다. 또한 참기름은 산화안정성이 매우 높아서 저장 중에 산패취 등의 불쾌한 냄새의 생성이 없이 장기간 신선한 상태로 보관하면서 섭취할 수 있는 장점을 가지고 있다. 그러나 참기름은 현대인들이 과량으로 섭취하는 오메가-6 지방산 함량이 매우 높고, 상대적으로 현대인들의 식단에 절대적으로 부족한 오메가-3 지방산 함량은 거의 없어 현대인의 식생활에 영양학적 불균형을 초래한다는 것이 가장 큰 단점이다.

현재 오메가-3 지방산과 오메가-6 지방산의 권장 섭취비율은 국가마다 약간씩은 다르지만, 일반적으로 1 : 4～10 정도이다. 생선을 주식으로 하는 일본을 제외하면 거의 모든 국가의 식단에서 오메가-3 지방산의 섭취량이 부족한 실정이다. 오메가-3 지방의 주요 생리활성 기능으로는 항염증반응, 항암기능, 항 혈전기능, 고혈압 예방기능 및 어두움에 대한 적응능력 향상 등이 알려져 있다.

들기름은 들깨를 볶은 후 압착 추출하여 얻는 식용유로서, 고유의 고소한 향이 진하고, 필수지방산인 리놀렌산의 함량이 약 60% 정도로 매우 높게 함유되어 있다. 리놀렌산은 오메가-3 지방산의 일종으로 여타 식물성 식용유에서는 거의 존재하지 않거나 소량만 존재하기 때문에 일반적인 식용유를 섭취하는 현대인들은 그 섭취량이 매우 부족한 편이다. 한국의 들기름 생산량은 전 세계 들기름 생산량의 약 80%에 이를 정도로 가장 한국적인 식용유이다. 따라서 들기름을 한식 조리용 식용유로 개발한

다면 한식이 세계인의 건강 지향적 요리로 인식할 수 있도록 하는 데 중요한 역할을 할 것이다.

그러나 들기름을 한식용 식용유로 산업화하기 위해서는 큰 장해요인이 있다. 들기름은 일반 식용유와 달리 불포화도가 매우 높아 저장 안정성이 매우 낮다. 상온에서 불과 1~3개월 이내에 산패가 진행되어 특유의 산패취를 발생하게 되며, 산패가 진행된 들기름을 요리에 사용하면 불쾌한 냄새를 나타내면서 오히려 요리의 품질을 크게 떨어뜨리게 된다. 따라서 들기름을 수출할 경우 외국 현지에 물품 도착 시에 이미 산패가 상당히 진행된 상태가 되어 이러한 들기름을 현지에서 요리재료로 사용하는 것은 적합하지 않다. 뿐만 아니라 한국의 경우와 달리 외국 현지에서는 들기름을 착유하는 시설이 보편화되어 있지 않아서 들깨를 현지에서 착유하여 신선한 들기름을 얻기도 매우 어려운 실정이다. 또한 들기름은 참기름과 달리 특유의 독특한 향을 가지고 있는데, 이러한 향을 경험하지 않았던 외국인들에게는 또 다른 거부감으로도 작용할 수 있다.

1.2 연구 목적

이 연구는 들기름을 기초로 하여 기타 식용유 및 부재료를 적절히 배합하여 들기름의 특이한 향과 맛을 유지하면서 특별한 거부감이 적고, 고소한 맛과 산화 안정성이 확보되며, 오메가-3 지방산 함량이 높은 건강에 유익한 한식용 식용유를 개발하는 목적으로 수행하였다.

2. 재료 및 방법

2.1 실험재료 및 전처리

들기름을 착유하기 위하여 국산 들깨를 시중에서 구입하여 실험재료로 이용하였다. 미강유(C사, SD사, S사 미강유 3종), 콩기름, 포도씨유, 참기름, 카놀라유는 모두 일반 대형 마트에서 구입하여 사용하였다. 여러 혼합유에 첨가된 레몬, 매실, 사과 농축액은 (주)진향에 의뢰하여 구입하였다. 식용유의 분석에 사용된 cholestrol, α, γ, δ-tocopherol, α, δ-tocotrienol, sodium sulfate, tri-methylchlorosilan -e(TMCS), *N,O* -bis-(trimethylsily l) trifluroacetamide(BSTFA) 등의 표준품 및 시약은 Aldrich Chemical(St. Louis, MO, USA)를 통하여 구입하였으며, hexan 및 chlorform 등의 용매는 Fisher사의 HPLC grade를 구입하여 사용하였다.

2.2 착 유

들깨의 착유는 우석대학교 인근 삼례시장의 기름집에서 압착 착유기를 이용하여 의뢰하여 착유하였다. 착유과정을 설명하면 다음과 같다. 우선, 들깨 5kg씩을 물로 3 차례 수세한 후 뜰채로 걸러서 물기를 빼고 들깨를 자동 볶음장치를 사용하여 240℃에서 14분 동안 볶는다. 볶은 들깨는 가스제거기를 사용하여 가스를 제거한 후 압착식 식물성 기름 착유기(풍진 유압기계)에 넣어 600 kgf/cm^{2}까지 압력을 가하여 기름을 짜내었다.

압착식 식물성 기름 착유기에서 착유된 기름은 진공장치가 연결되어 있는 여과장치를 통해 여과하였다. 이렇게 얻은 들깨기름을 실험실 냉장고에서 1일간 정체한 후 다시 커피필터로 여과하여 맑은 들기름을 얻었다.

2.3 식용유 유화공정

식용유 300g을 500mL 비커에 옮겨 담아 65℃의 항온수조에서 10분간 가온하고, 유화제(모노-글리세리드) 0.6g을 500mL 비커에 옮겨 담아 가열판 위에서 녹였다. 이때 미리 식초 1g와 사과농축액 15g은 잘 섞는다. 유화제가 담김 비커에 가온한 기름과 식초와 사과농축액 혼합액을 넣는다. 호모믹서(Jeil scientific IND. CO. LTD)를 이용하여 8,000 rpm에서 5분간 유화시켰다. 호모믹서는 과열을 방지하기 위해 2~3분 유화 후 약 3분간 방냉한 후 추가로 1회 더 호모믹서로 8,000 rpm에서 5분간 유화시켰다.

2.4 식용유의 지방산 조성분석

식용유의 지방산 조성을 분석하기 위하여 식용유를 screw-cap이 달린 test tube에 0.01g을 벽면에 묻지 않도록 조심스럽게 칭량하고, 이곳에 0.25N $NaOCH_3$를 1mL 가하였다. 그리고 이 test tube에 담긴 시료를 Heating block에서 70℃에서 20분 동안 에스테르화 반응시켜 지방산 에스테르를 생성시켰다. 이 반응이 끝난 시료에 포화 NaCl용액 1mL과 hexane 1mL을 넣어 혼합하고 30분간 정체한 후 hexane 상등액층을 뽑아 10$\mu\ell$를 GC에 주입하여 지방산 조성을 분석하였다.

분석용 칼럼은 capillary column SP-2380(100m×0.25mm I.D, film thickness 0.25 μm, SUPELCO Inc, Bellefonte, PA. USA)이었고, 검출기는 FID, Carrier gas는 헬륨을 사용하였다. Injection temp.와 Detector temp.는 각각 250℃ 및 260℃이었다.

2.5 식용유의 토코페롤 및 토코트리에놀 조성 및 함량 분석

식용유의 토코페롤 및 토코트리에놀의 조성 및 함량을 분석하기 위하여 식용유를 screw-cap이 달린 test tube에 0.25g을 칭량하여 이곳에 hexane 5ml을 가하였다. 그리고 시료를 0.45 μm Syringe Filter(Millipore coperation, USA)를 사용하여 여과하였다. 시료는 다시 0.45 μm Syringe Filter(Millipore coperation, USA)로 희석한 hexane을 이용하여 1/2로 희석한 후 10μℓ를 HPLC(Agilent, USA)에 주입하여 토코페롤 및 토코트리에놀을 분석하였다.

분석용 칼럼은 μPolasil column(3.9×300mm, Waters corp., Milford, MA)이었고, 검출은 fluorescence detector(Agilent, USA)를 이용하여 excitation 294nm emmision 330nm에서 행하였다. 이동상으로는 Hexane : 2-propanol(99.85 : 0.15, v/v)을 사용하였으며, flow rate는 2 mL/min이었다.

2.6 식용유의 피토스테롤 조성 및 함량

(1) 비누화 반응(Saponification)

식용유의 식물성 스테롤의 조성 및 함량을 분석하기 위하여 콜레스테롤(내부 표준물질)이 첨가된 1g의 식용유에 12% ethanolic KOH(w/v) 용액을 20mL 넣는다. 이 시료는 60℃의 항온수조에서 1시간 30분 동안 가온하여 비누화 반응을 하였으며, 반응이 끝난 시료는 냉수에 담가 반응을 중지시킨 후 삼차 증류수 20mL를 가하였다. 이곳에 hexane 10mL를 넣어 잘 흔들어 혼합한 후 30분간 정치하였다. 정치가 끝난 후 식물성 스테롤이 함유된 hexane층을 회수하였다. 이 헥산 추출과정은 추가로 2회를 실시하여 반복적으로 행하였다.

(2) 유도체화 반응(Trimethylsilylation)

식용유의 식물성 스테롤의 조성 및 함량을 분석하기 위하여 비누화 반응을 통해 얻은 불검화물 식물성 스테롤)이 함유된 헥산 추출물은 질소가스를 사용하여 용매를 증발 농축시켰다. 여기에 다시 sodium sulfate로 탈수한 chloroform 200μℓ를 가한 후 유도체화 시약인 1% tri-methylchlorosilane(TMCS)을 포함한 *N,O*-bis-(trimethylsilyl) trifluroacetamide(BSTFA)를 400μℓ 첨가하고 80℃의 항온수조에서 30분간 식물성 스테롤의 TMS 유도체화 반응을 시켰다. 유도체화 반응이 끝난 시료는 질소가스를 사용하여 증발 건조시켰다. 이곳에 hexane 5mL를 가하여 재 용해시킨 후 10μℓ를 뽑아 GC에 주입하여 식물성 스테롤 분석을 실시하였다. 분석용 컬럼은

capillary column Rtx®-1(30m×0.25mm I.D., film thickness 0.25㎛, RESTEK International, Belleford, PA, USA)이었고, 검출기는 FID, Carrier gas로는 헬륨을 사용하였다. Injection temp.와 Detector temp.는 각각 315℃ 및 315℃이었다.

2.7 식용유의 산화 안정성 분석

(1) 자동산화 안정성 분석(Auto-oxidative stability)

식용유의 자동산화 안전성을 분석하기 위해 샘플 20g을 정확히 칭량하여 삼각플라스크에 옮겨 담은 후 건조오븐에서 60℃의 가열조건에서 보관하였다. 이 시료는 일정한 시간마다 시료 2g을 채취하여 식용유의 산화지표를 측정하면서 자동산화 안전성을 평가하였다. 식용유의 산화 정도는 AOCS법을 이용하여 과산화 물가와 conjugated dine 함량을 측정하여 확인하였다.

(2) 광산화 안정성 분석(Photo-oxidative stability)

식용유의 광산화 안정성을 분석하기 위해 샘플 20g을 정확히 칭량하여 삼각플라스크에 옮겨 담은 후 5000 Lux의 형광등이 설치된 light box에 보관하였다. 이 시료는 일정한 시간마다 시료 2g을 채취하여 식용유의 광산화 안정성을 측정하였다. 식용유의 산화 정도는 AOCS법을 이용하여 과산화 물가와 conjugated diene 함량을 측정하여 확인하였다.

(3) 과산화 물가(Peroxide value, POV) 측정

시료 1g을 플라스크에 정확히 칭량하고 acetic acid : iso-octane 혼합용매(3 : 7, v/v) 20mL를 넣고 시료가 잘 녹아나오도록 흔들어 주었다. 포화 KI용액 0.5mL를 넣고 정확히 1분간 흔들어 반응시킨다. 반응이 끝난 시료는 삼차증류수 30mL를 첨가하여 반응을 중지시키고 전분 지시약 0.5mL를 넣어 혼합한다. 0.01N Sodium thiosulfate 용액을 사용하여 전분의 색이 없어질 때까지 적정한 적정값을 이용하여 과산화 물가를 측정한다.

(4) Cojugated diene 함량 측정

시료 0.01g을 screw cap 시험관에 정확히 칭량한 후 hexane으로 시료를 희석하여 233nm에서 흡광도 값이 0～1 사이가 되도록 적정수준으로 희석한다. 헥산에 희석한 샘플은 UV-Spectrophotometer를 사용하여 233nm에서 흡광도를 측정하여 산화지표를 측정한다.

2.8 관능평가(들기름과 혼합에 적합한 식용유 평가)

들기름을 베이스로 하여 각종 식용유들과의 혼합비율을 1 : 1로 하여 각종 혼합유들의 선호도를 평가를 실시하였다.

(1) 배합비율에 따른 관능평가

1차 선호도 평가에서 높은 점수를 얻은 들기름과 미강유 혼합유를 사용하여 들기름과 미강유의 배합비율을 달리 하여 2차 선호도 조사를 위한 관능평가를 실시하였다.

(2) 한식용 식용유 제조를 위한 관능평가

2차 선호도 조사를 위한 관능평가를 완료한 후 들기름과 미강유 혼합유의 느끼한 맛을 제거하기 위하여 여러 종류의 과실 향과 농축액을 첨가하여 자체 평가를 통해 선발된 사과농축액 5% 함유 들기름과 미강유의 혼합유의 선호도 조사를 위한 관능평가를 실시하였다.

(3) 비빔밥 시식을 통한 혼합유의 내부 관능평가

3회의 걸친 선호도 조사를 통해 얻은 자료를 바탕으로 비빔밥에서 여러 종류의 기름 및 혼합유의 선호도를 평가하기 위해 자체적인 내부 관능평가를 실시하였다. 비빔밥의 고명은 (주)전주비빔밥의 시중 판매용 제품을 사용하였다.

(4) 제조된 한식용 식용유의 관능평가

외국인(중국인 학생) 26명, 내국인(한국인 학생) 15명을 대상으로 새로 개발한 한식용 식용유의 관능평가를 실시하였다.

3. 연구 결과 및 평가

3.1 들기름과 혼합에 적합한 식용유 선발

들기름과 어울리는 식용유를 선발하기 위하여 우선 들기름과 각종 식용유를 1 : 1로 혼합한 후 내부 평가요원들이 1차 서술식 주관적 관능평가를 실시하였다(표 4-1).

주관적 관능평가 결과 들기름과 올리브유를 혼합하거나 들기름과 참기름 및 들기름과 포도씨유를 첨가한 혼합유들은 들기름의 맛과 향 보다는 혼합하는 식용유의 맛과 향이 혼합유 전체의 맛을 좌우하는 것으로 판단되었다. 그리고 들기름에 콩기름,

표 4-1. 들기름과 각종 식용유 1 : 1 혼합유의 주관적 관능적 특성

평가 대상 (혼합비율 1 : 1)	관능 특성
들기름 및 카놀라유 혼합유	카놀라유에 의해 들기름의 강한 맛과 향이 부드럽게 느껴짐. 들기름의 독특한 맛과 향이 적어 싱거운 느낌.
들기름 및 대두유 혼합유	들기름 및 카놀라유 혼합유와 비슷하게 부드럽게 느껴짐. 들기름 및 카놀라유 혼합유 보다 느끼하다는 의견.
들기름 및 참기름 혼합유	참기름 고유의 맛과 향이 강하여 들기름 특유의 맛과 향을 거의 느낄 수 없음.
들기름 및 올리브유 혼합유	들기름과 섞어도 사라지지 않는 강한 올리브유의 향을 가짐.
들기름 및 포도씨유 혼합유	들기름의 향의 약하며, 익숙하지 않은 포도씨유의 향이 느껴짐.
들기름 및 미강유 혼합유	들기름 특유의 향과 맛이 완화되면서 부드러운 맛과 적당한 향이 있음.

카놀라유 및 미강유를 첨가할 경우 이들 기름은 들기름의 독특한 향을 부드럽게 해주는 효과를 나타내었다. 그러나 콩기름의 경우는 들기름과 혼합하였을 경우 약간의 콩기름의 특유한 느끼한 향을 감지할 수 있었다. 들기름과 카놀라유, 들기름과 미강유는 들기름의 독특한 향을 부드럽게 해주며, 특이한 이취 및 이미를 생성시키지는 않았다.

표 4-2는 내부 평가인원 14인을 대상으로 실시한 관능평가 결과로서 주관적 평가와 유사한 결과를 얻었다. 올리브유 및 포도씨유는 들기름과 혼합하면 현저히 관능값이 떨어졌으며 대두유, 카놀라유, 미강유 및 참기름과 혼합한 혼합유에서는 거의 동일한 관능 값이 나왔다. 참기름은 들기름의 향이 완전히 배제된다는 기술적 평가결과에 따라 추후 혼합유 제조용 실험대상에서 제외하였다.

추후 상업적으로 판매가 가능한 한식용 식용유를 개발하기 위해서는 충분한 산화 안정성이 확보되어야 한다. 들기름과 혼합하였을 때 비교적 좋은 평가를 나타내는 3종의 식용유인 대두유, 미강유, 카놀라유 중에 대두유 및 카놀라유는 산화 안정성이 비교적 낮아서 한식용 식용유 개발에 충분한 산화 안정성을 확보하기 어렵다. 따라서 들기름과 혼합하여 충분히 산화 안정성을 확보하기 위해서는 산화 안정성이 높은 미강유가 적당할 것으로 판단되었다.

표 4-2. 평가 패널을 대상으로 실시한 선호도 평가

패 널	들기름 + 대두유	들기름 + 미강유	들기름 + 올리브유	들기름 + 참기름	들기름 + 카놀라유	들기름 + 포도씨유
1	5	5	1	3	4	3
2	4	4	2	4	4	2
3	2	2	2	5	5	3
4	4	3	1	2	3	1
5	2	4	1	3	3	3
6	4	4	2	4	2	3
7	4	3	1	5	4	3
8	3	3	1	4	2	1
9	3	3	1	1	2	1
10	3	2	1	3	3	1
11	3	3	1	1	4	3
12	4	3	1	2	3	1
13	2	3	1	3	4	2
14	4	2	2	4	3	1
합계	**47**	**44**	**18**	**44**	**46**	**28**

*1 = 매우 나쁘다, 2 = 나쁘다, 3 = 보통이다, 4 = 좋다, 5 = 매우 좋다

이들 혼합유에 들기름과 미강유의 혼합비율을 2 : 8 및 3 : 7로 구성한 혼합유와 비교하여 얻은 관능평가 결과는 표 4-3에 정리한 것과 같았다. 관능평가 결과, 들기름과 미강유(3 : 7)의 혼합유가 적당한 고소한 향을 함유하고 있어서 가장 좋은 평가(평균 3.7점)를 얻었다. 그 다음이 들기름과 대두유(1 : 1) 혼합유, 들기름과 카놀라유(1 : 1) 혼합유, 들기름과 미강유(2 : 8) 혼합유의 순서로 관능 값이 점차 감소하였다.

이 결과에서도 들기름과 미강유의 혼합유에서 미강유의 혼합비율이 중요한 관능적 차이를 보이는 것을 알 수 있었다. 즉, 들기름과 미강유와의 혼합 비율에서도 3 : 7의 경우가 2 : 8보다는 선호적이라는 것을 알 수 있다. 이는 평가자들이 기술한 내용에 의하면, 들기름과 미강유와의 혼합비율 2 : 8에서는 들기름의 고소한 향은 너무 약하고 미강유의 고유한 느끼한 맛이 감지되고 있다고 기술하고 있다. 그리고 들기름과

표 4-3. 평가 패널을 대상으로 실시한 들기름 혼합유 선호도 평가*

패 널	들기름 + 대두유 (1 : 1)	들기름 + 미강유 (2 : 8)	들기름 + 미강유 (3 : 7)	들기름 + 카놀라유 (1 : 1)
1	4	3	4	3
2	3	4	4	3
3	3	2	4	3
4	4	3	4	3
5	2	3	2	3
6	4	2	3	3
7	3	2	4	4
8	2	2	4	2
9	3	4	4	2
합 계	**28**	**25**	**33**	**26**
Mean	**3.1**	**2.8**	**3.7**	**2.9**

* 1 = 매우 나쁘다, 2 = 나쁘다, 3 = 보통이다, 4 = 좋다, 5 = 매우 좋다

미강유 혼합유 3 : 7의 경우에는 다른 혼합유들 중에 향과 맛이 가장 뛰어나며, 고소한 맛이 있으며, 느끼한 맛이 덜 하다고 기술하고 있다.

이상의 관능결과를 종합해 보면, 들기름과 미강유 혼합유의 경우 3 : 7에서 5 : 5 사이가 적당한 것으로 판단된다. 그러나 들기름과 미강유 3 : 7 혼합유에서도 미강유로부터 유래하는 약간 식용유의 독특한 느끼한 맛이 감지되어 이들 맛을 제거하는 것이 필요하다.

3.2 혼합유의 유화공정

식용유의 느끼한 맛을 제거하기 위하여 식초 및 기타 부재료로 사과농축액, 레몬농축액, 매실농축액 등을 선발하여 유화제와 함께 혼합 식용유에 유화시켜 유화 안정성 및 관능적 결과에 미치는 종합적 실험을 실시하였다.

유화제는 레시틴, 모노글리세리드, Tween 20, Tween 60, Tween 80 등의 여러 종류가 있으나 이번 연구에서 추구하고자 하는 식용유 배합비율이 식초 등의 극성용매의 함량이 매우 적어 모노글리세리드를 선택하였다. 모노글리세리드 첨가량은 첨가농

도별 실험을 통하여 0.02%가 적합한 것으로 판단되었다.

식초를 첨가량별로 실험한 경우에는 식초 첨가량이 1% 이상을 초과하면 식초향이 너무 강하게 느껴지며, 0.3% 정도의 첨가량이 가장 적합한 것으로 나타났다. 사과농축액, 레몬농축액, 매실농축액을 각각 첨가하여 제조한 혼합유 유화액을 제조하였다.

3.3 여러 혼합유를 첨가한 비빔밥의 관능평가

들기름과 미강유(3 : 7)에 식초 및 과일 농축액을 첨가하여 고속(8,000 rpm)으로 유화시킨 혼합 식용유 유화액(3종)과 일반 들기름 및 들기름 + 미강유(3 : 7) 혼합유를 비빔밥에 첨가하여 식용하면서 이들 식용유들이 비빔밥의 맛과 향에 어떠한 영향을 미치는지를 조사하였다(표 4-4).

레몬 농축액은 상큼한 맛을 제공하기는 하지만 고소한 맛이 약하며, 사과 농축액의 첨가가 약간의 감미와 고소한 맛을 증가시키는 효과가 있었고, 미강유의 느끼한 맛도 감소시켜 제거하는 효과가 있었다. 이 연구결과 들기름의 강한 향을 순화시키고, 미강유에서 유래하는 약한 느끼한 식용유 맛을 제거하기 위하여 첨가되는 과일 농축액으로는 사과 농축액이 가장 적당한 것으로 판단되었다(표 4-4 참조). 사과 농축액의 첨가농도를 변화시키면서 한식용 식용유를 제조하여 연구자들이 자체적으로 맛과 향을 비교하여 본 결과 첨가농도 5% 정도가 적당하였다.

표 4-4. 여러 혼합유가 비빔밥의 맛과 향에 미치는 영향*

평가 대상	평가 의견
들기름	들기름의 향이 너무 강하여, 비빔밥에 섞은 후에도 향이 강하게 남아 느끼하게 느껴짐.
들기름 : 미강유 혼합유 (3 : 7)	비빔밥에 넣을 때에는 들기름의 맛과 향은 적당히 나서 좋지만, 미강유의 느끼한 맛이 조금 있음.
들기름 : 미강유 & 5% 사과 농축액 혼합유(3 : 7)	적당한 정도의 들기름 향이 있으며, 미강유의 느끼한 맛이 없고 약간의 감미와 고소한 맛이 있음.
들기름 : 미강유 & 5% 레몬 농축액 혼합유(3 : 7)	레몬의 상큼한맛이 있으나 고소한 맛은 나지 않으며, 들기름의 향은 약간 있음.
들기름 : 미강유 & 5% 매실 농축액 혼합유(3 : 7)	매실의 향이 나긴하지만 비빔밥에서 독특한 맛이 나서 거부감이 있음.

*내부 개발자들에 의한 자체적 평가

3.4 한식용 식용유(들기름 : 미강유, 3 : 7), 들기름, 미강유의 지방산 조성

그림 4-1은 들기름, 미강유 및 한식용 식용유(들기름 + 미강유, 3 : 7)의 지방산 에스터의 가스크로마토그램을 나타낸 것이다. 이 그래프를 보면 미강유에는 오메가-3 지방산인 리놀레산이 거의 존재하지 않고 있음을 확인할 수 있다. 반면에 들기름의 경우에는 오메가-3 지방산인 리놀렌산을 나타내는 피크가 매우 높은 것을 알 수 있다. 들기름과 미강유(3 : 7)혼합유에도 역시 리놀렌산 피크가 상당히 커서 오메가-3 지방산이 풍부하다는 것을 알 수 있었다.

시중에는 3종의 대표적인 미강유(C사, SD사, S사)가 유통되고 있다. 이들 각각의 미강유 3종, 들기름과 이들 3종의 미강유 혼합 한식용 식용유의 지방산 조성을 가스크로마토그래피로 분석하여 결과를 표 4-5에 정리하였다. 들기름은 불포화도가 92.38%로 포화지방산 함량이 매우 낮으며, 리놀레산은 61.2%로 나타났다. 반면에 C사, SD사, S사에서 구입한 미강유는 서로 지방산 조성이 매우 유사하였으나, SD사 미강유의 불포화도가 78.8%로 가장 낮았으며, C사 미강유의 불포화도가 81.5%로 두 번째이며, S사 미강유는 82.5%로 가장 높게 나타났다. 미강유들은 모두 올레산 및 리놀레산이 주 지방산으로 구성되어 있었고, 리놀레산은 약 1.5% 내외로 그 함량이 매우 적었다.

표 4-5. 식용유 배합비율에 따른 한식용 식용유의 지방산 조성

	Composition of fatty acid				
	Palmitic acid	Stearic acid	Oleic acid	Linoleic acid	Linolenic acid
들기름	5.70	1.93	17.24	13.94	61.20
들기름 + C사 미강유(3 : 7)	13.63	1.63	33.12	31.59	20.03
들기름 + SD사 미강유(3: 7)	15.05	2.16	33.86	29.40	19.54
들기름 + S사 미강유(3 : 7)	12.88	1.65	35.01	30.55	19.91
들기름 + C사 미강유(4 : 6)	12.49	1.66	30.86	28.99	26.00
미강유(C사)	17.11	1.44	40.15	39.45	1.86
미강유(SD사)	19.08	2.15	41.13	36.22	1.41
미강유(S사)	16.10	1.44	43.06	38.09	1.32

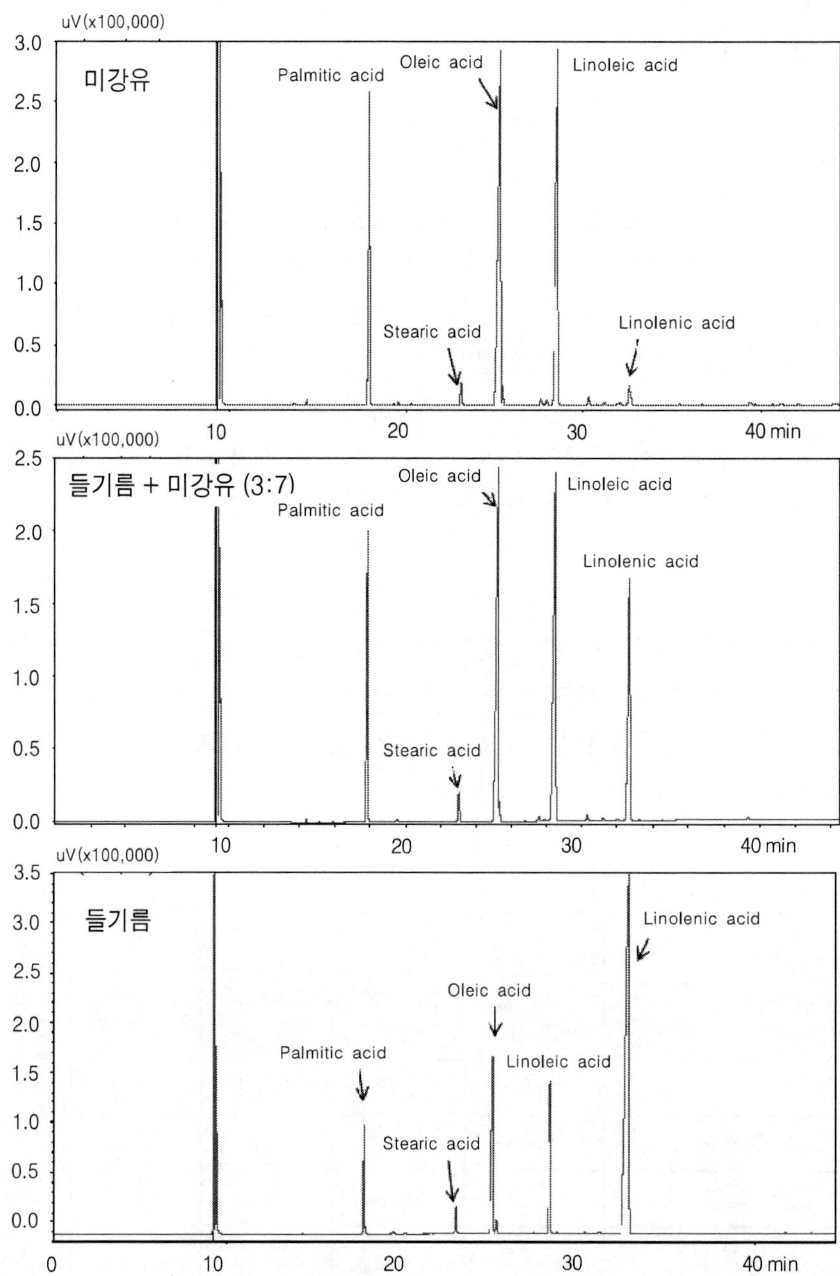

그림 4-1. 들기름, 미강유 및 한식용 식용유(들기름 + 미강유, 3 : 7)의 지방산 에스터의 가스크로마토그램

이들 식용유로 제조한 한식용 식용유의 경우 불포화도가 약 85%정도로 높은 편이었다. 그리고 오메가-3 지방산인 리놀렌산은 약 20% 내외로 매우 높은 상태이었다. 따라서 한식용 식용유의 섭취로 인하여 오메가-3 지방산의 보충을 기대할 수 있다고 판단되었다.

3.5 한식용 식용유(들기름 : 미강유, 3 : 7), 들기름, 미강유의 토코페롤 및 토코트리에놀 조성 및 함량

그림 4-2는 한식용 식용유, 들기름, 미강유의 토코페롤 및 토코트리에놀의 HPLC 크로마토그램을 나타낸 것이다. 그림에서 보는 바와 같이 들기름은 감마-토코페롤이 주성분이었으며, 토코트리에놀은 전혀 검출되지 않았다. 반면에 미강유에서는 알파-토코페롤이 주성분이며, 알파-토코트리에놀도 함유되어 있었다. 한식용 식용유는 알파-토코페롤과 알파-토코트리에놀 및 감마-토코페롤이 함유되어 있음을 확인할 수 있었다.

표 4-6. 한식용 식용유, 들기름, 미강유의 토코페롤(tocopherol) 조성 및 함량

	토코페롤(㎍ / g oil)				
	α- 토코페롤	β- 토코페롤	γ- 토코페롤	δ- 토코페롤	합계
들기름	37.16±0.82	-	451.88±7.92	14.93±1.22	501.64±8.99
들기름 + C사 미강유(3 : 7)	317.13±2.85	-	137.54±1.52	10.63±0.39	466.33±4.67
들기름 + SD사 미강유(3 : 7)	146.28±0.35	-	258.77±11.01	57.97±1.57	416.62±10.89
들기름 + S사 미강유(3 : 7)	700.54±2.73	-	126.84±2.60	-	848.307±5.46
들기름 + C사 미강유(4 : 6)	281.13±3.22	-	187.87±1.85	11.12±1.49	480.99±5.23
C사 미강유	424.57±9.53	-	31.68±0.01	-	467.66±9.78
SD사 미강유	228.83±1.22	-	194.55±0.87	85.11±2.79	436.09±0.28
S사 미강유	928.26±67.33	-	20.79±2.68	-	972.77±71.76

표 4-6과 4-7은 각각 한식용 식용유, 들기름, 미강유의 토코페롤 및 토코트리에놀 함량분석 결과를 나타낸 것이다. 각각의 시료에서 토코페롤과 토코트리에놀의 함량 및 조성의 차이를 보였다. 들기름은 501.64 ㎍/kg의 총 토코페롤 함량을 나타내었으며, 이 중 감마-토코페롤이 451.88 ㎍/kg 함유되어 있고, 약간 양의 알파- 및 델타-토코페롤이 존재하고 있으나, 베타-토코페롤은 발견되지 않았다(표 4-6).

미강유의 경우에는 3종류 모두 토코페롤 함량에 많은 차이를 나타내었다. S사와 C사의 미강유들은 알파-토코페롤이 주성분을 이루고 있었으나, SD사 미강유에서는 감마- 및 델타 토코페롤 함량이 다른 미강유들에 비하여 매우 높은 편이었다. 총 토코페롤 함량은 S사 미강유가 월등히 높았으며, C사 미강유와 SD사 미강유는 토코페롤의 조성은 매우 달랐으나 그 총 함량은 유사하였다. 한식용 식용유인 들기름과 미강유 혼합유의 경우에는 약 416에서 848 ㎍/kg으로 미강유의 종류에 따라 매우 다르게 나타났다.

표 4-7. 한식용 식용유, 들기름, 미강유의 토코트리에놀(tocotrienol) 조성 및 함량

	토코페롤(㎍ / g oil)				
	α- 토코페롤	β- 토코페롤	γ- 토코페롤	δ- 토코페롤	합계
들기름	-	-	-	-	-
들기름 + C사 미강유(3 : 7)	30.30±0.28	-	-	-	30.30±0.28
들기름 + SD사 미강유(3 : 7)	-	-	-	-	-
들기름 + S사 미강유(3 : 7)	31.96±0.24	-	-	-	31.96±0.24
들기름 + C사 미강유(4 : 6)	28.46±0.03	-	-	-	28.46±0.03
C사 미강유	46.42±1.11	-	-	-	46.42±1.11
SD사 미강유	-	-	-	-	-
S사 미강유	53.59±2.39	-	-	-	53.59±2.39

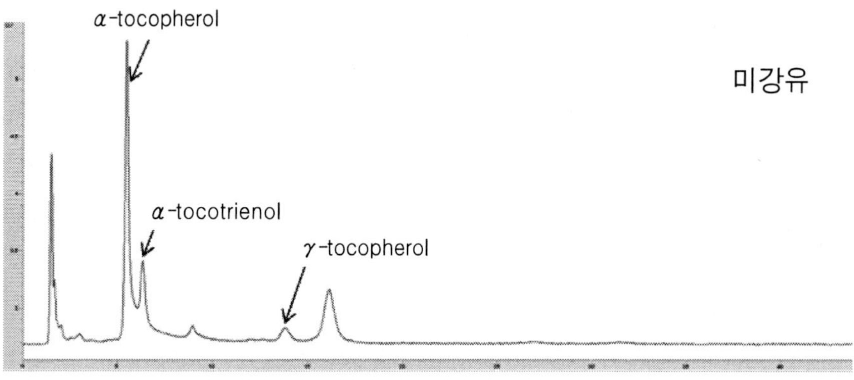

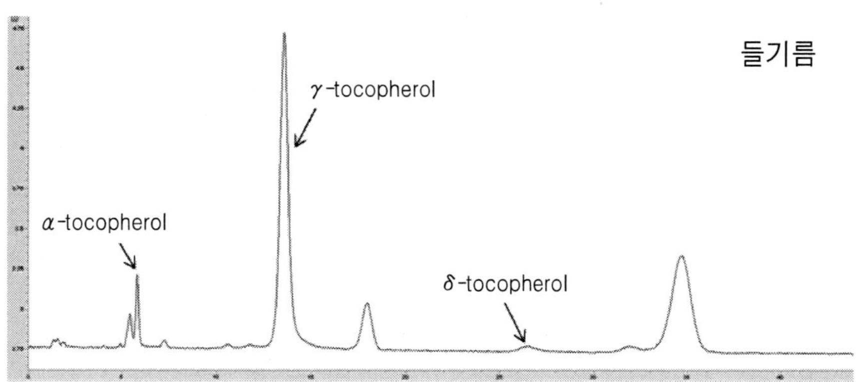

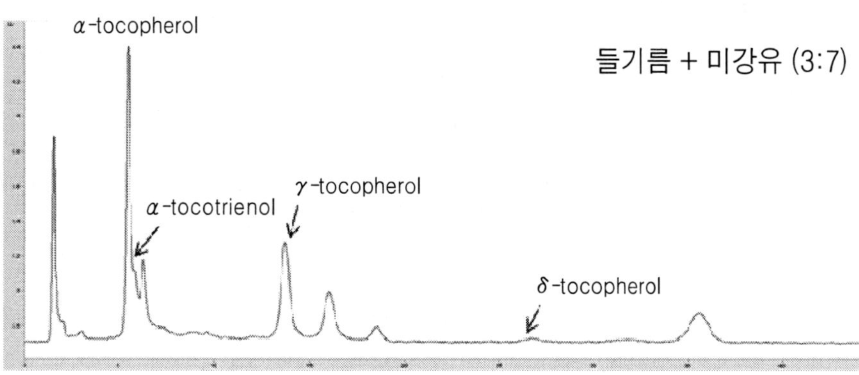

그림 4-2. 들기름, 미강유, 및 한식용 식용유의 토코페롤 및 토코트리에놀 HPLC chromatogram

3.6 한식용 식용유(들기름 : 미강유, 3 : 7), 들기름, 미강유의 파이토스테롤(Phytosterol) 조성 및 함량

그림 4-3은 들기름 및 한식용 식용유의 파이토스테롤 HPLC chromatogram을 나타낸 것이다. 그림에서 보는 바와 같이 들기름 및 한식용 식용유에 함유된 파이토스테롤은 거의 비슷하게 모두 캠페스테롤(Campesterol), 스티그마스테롤(Stigmasterol), 베타-시토스테롤(β-Sitosterol)로 구성되어 있었다. 그러나 그 함량에서는 큰 차이를 나타내었다.

표 4-8은 들기름 및 한식용 식용유의 파이토스테롤(phytosterol) 조성 및 함량을 나타낸 것이다. 들기름에 함유된 파이토스테롤의 주성분은 베타-시토스테롤이었으며, 총 함량은 2.65 mg/g oil로서 일반적인 식용유들과 거의 비슷한 함량을 나타내었다. 그러나 들기름과 미강유 혼합유인 한식용 식용유는 6.0～12.3 mg/g oil 정도로 파이토스테롤이 함유되어 있어서 들기름에 비하여 적게는 약 2배에서 많게는 4.5배 정도로 함량이 많은 것이 특징이다.

S사 미강유로 제조한 한식용 식용유의 경우에 가장 많은 파이토스테롤 함량을 나타내었다. 한식용 식용유의 제조에 사용되는 미강유의 제조사에 따라 한식용 식용유의 파이토스테롤 함량에 큰 차이를 나타난다는 것을 의미한다. 한식용 식용유는 베타-시토스테롤 함량이 가장 많았고, 스티그마스테롤, 캠페스테롤의 순서로 그 함량이 적어졌다.

표 4-8. 들기름 및 한식용 식용유의 파이토스테롤(phytosterol) 조성 및 함량

	Sterol content(mg / g oil)			
	캠페스테롤 (Campesterol)	스티그마스테롤 (Stigmasterol)	β-시토스테롤 (β-Sitosterol)	합계
들기름	0.237±0.009	0.139±0.007	2.276±0.082	2.651±0.098
들기름 + C사 미강유 (3 : 7)	1.300±0.007	0.860±0.004	4.967±0.044	7.128±0.055
들기름 + SD사 미강유 (3: 7)	1.289±0.003	0.738±0.001	4.013±0.023	6.039±0.027
들기름 + S사 미강유 (3 : 7)	2.536±0.015	1.814±0.028	7.942±0.071	12.292±0.113

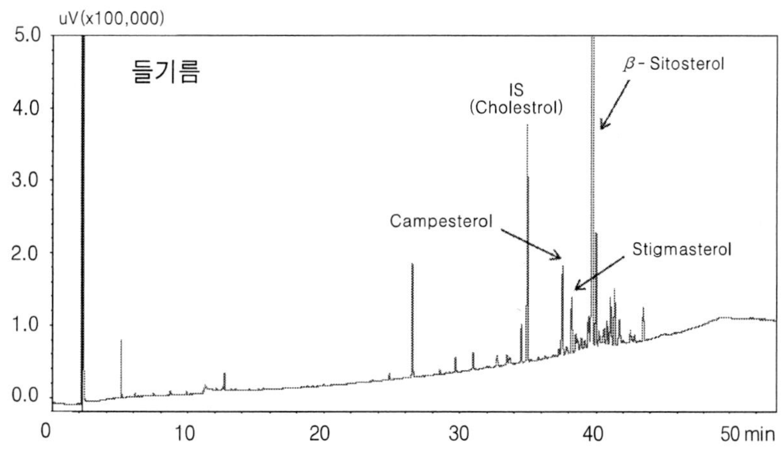

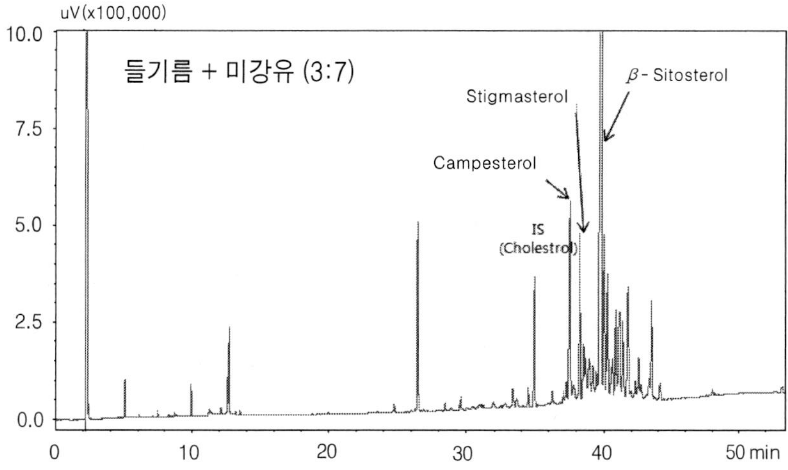

그림 4-3. 들기름 및 한식용 식용유의 파이토스테롤 HPLC chromatogram

3.7 한식용 식용유의 산화 안정성 분석

그림 4-4는 들기름, 대두유 및 한식용 식용유(3종)를 각각 20g씩 삼각플라스크에 옮겨 넣은 후 60℃ 오븐에서 가속산화 조건에서 저장하면서 이들 식용유의 과산화물가(peroxide value)의 변화를 측정하여 자동산화 안정성을 분석한 결과이다.

그림 4-4에서 보는 바와 같이 들기름은 2일간 저장한 이후부터 급격히 과산화물가가 증가하는 경향을 보였다. 들기름의 과산화물가 상승속도는 일반적인 식용유인 콩기름에 비하여 약 2.5배 정도 빠르게 상승하는 것으로 나타났다. 이는 들기름의 산화 안정성이 지극히 낮은 것임을 나타내는 것이었다. 이 정도의 산화 안정성으로는 들기름을 상업적으로 유통시키는 것은 거의 불가능하다고 판단되었다.

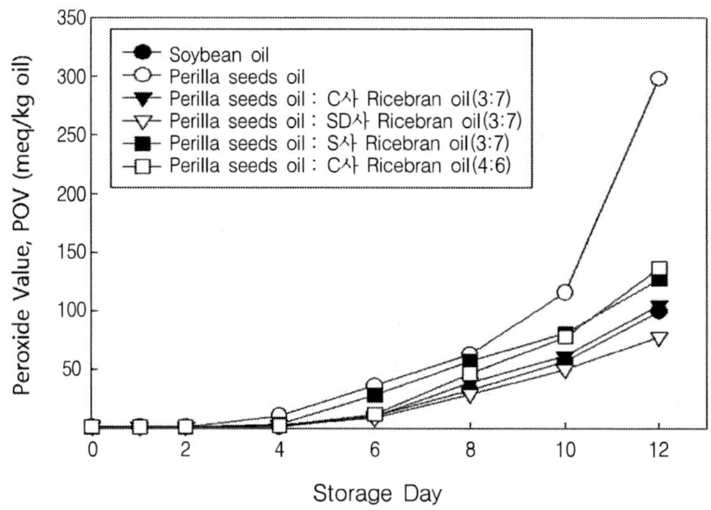

그림 4-4. 들기름, 대두유 및 한식용 식용유(3종)의 60℃ 오븐에서 가속산화 저장 중 과산화물가 변화

반면, 미강유를 들기름에 혼합하여 조제한 한식용 식용유의 경우 첨가하는 미강유의 종류에 따라 산화 안정성이 매우 다르게 나타났다. S사 미강유를 사용한 한식용 식용유의 경우에는 다른 제조사 미강유를 사용한 경우와 비교하여 산화 안정성이 가장 낮았으며, SD사 혹은 C사 미강유를 사용하여 제조한 한식용 식용유들은 콩기름과 거의 대등한 산화 안정성을 갖는 것으로 나타났다.

그림 4-5는 이들 식용유들의 12일 저장 후에 생성되어진 conjugated diene(CD) 함량을 막대그래프로 나타낸 것이다. 이 결과에서도 과산화물 측정 결과와 동일하게 들기름의 CD함량의 증가가 가장 현격했으며, 한식용 식용유의 경우에도 제조사별 미강유에 따라 산화 안정성의 차이를 보였다. CD함량을 연구한 결과에서도 과산화물 결과와 동일한 경향을 보였다. 즉, C사 및 SD사 미강유를 이용하여 들기름과 미강유 혼합유(3 : 7)에서 콩기름과 동등한 정도의 산화 안정성을 갖는 것으로 나타났다.

한식용 식용유의 제조 및 유통에서 가장 중요한 인자 중의 하나가 산화 안정성 확보인데, 이들을 상업화하기 위해서는 최소한 콩기름의 산화 안정성과 대등한 정도를 확보하여야 한다고 판단된다. 다행히 C사 및 SD사 미강유를 이용하여 들기름과 미강유 혼합유(3 : 7)에서 콩기름과 동등한 산화 안정성을 확보할 수 있었다. 이는 이들 한식용 식용유를 상업적으로 유통시킬 때, 이들 식용유의 유통기간 내에 필요로 하는 산화 안정성을 충분히 확보할 수 있는 것으로 판단된다.

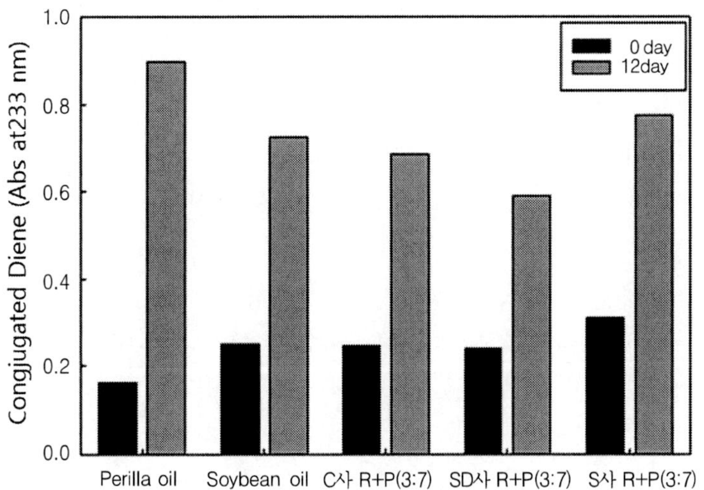

그림 4-5. 들기름, 대두유 및 한식용 식용유(3종)의 60℃ 오븐에서 가속산화 저장 중 conjugated diene 함량 변화

3.8 한식용 식용유의 한국인 선호도 조사

우석대학교에 재학하는 한국인 학생 15명을 대상으로, 이번 과제에서 개발한 한식용 식용유의 관능평가를 실시하였다(그림 4-6). 이번 평가에서 한국인들은 일반적으로 좋아한다고 응답하였다. 15명의 응답자 중에 2명은 “매우 좋다”, 7명이 “좋다”, 5명이 “보통”이라고 응답하였다. “싫다”라고 응답한 사람은 1인에 불과했으며, “매우 싫다”는 한 명도 없었다.

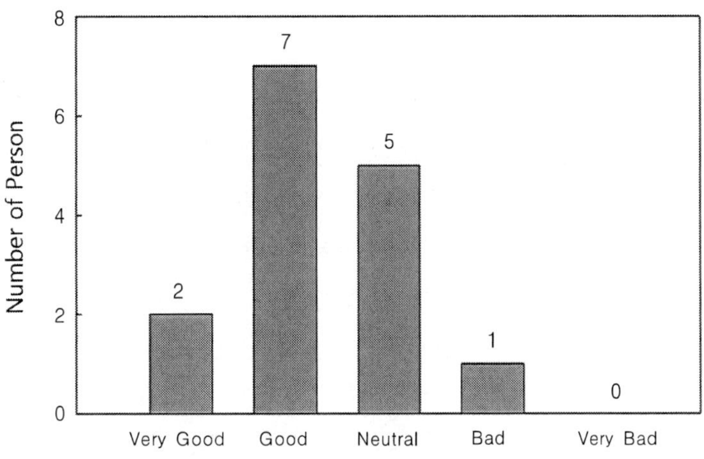

그림 4-6. 한식용 식용유의 내국인(한국인 학생) 선호도 조사

3.9 한식용 식용유의 외국인 선호도 조사

우석대학교에 재학하는 중국인 26명을 대상으로 이번 과제에서 개발한 한식용 식용유의 관능평가를 실시하였다(그림 4-7). 이번 평가에서 외국인들은 일반적으로 좋아한다고 응답하였다. 26명의 응답자 중에 2명은 "매우 좋다", 16명이 "좋다", 7명이 "보통"이라고 응답하였다. "싫다"라고 응답한 사람은 1인에 불과했으며, "매우 싫다"는 한 명도 없었다.

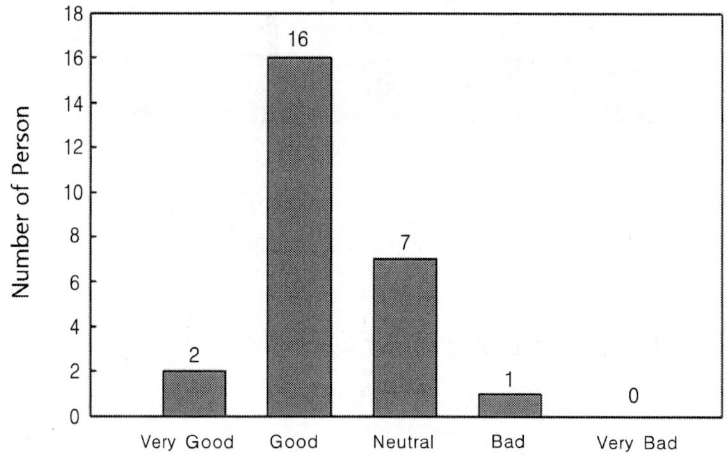

그림 4-7. 한식용 식용유의 외국인(중국인 유학생) 선호도 조사

3.10 한식용 식용유의 배합비율 및 원료 단가

위의 연구결과를 종합해 보면, 산화 안정성 및 기능성 물질의 함유량 등을 종합적으로 고려할 때 한식용 식용유 제조에 사용되는 식용유로는 C사 미강유가 적합한 것으로 판단되었다.

들기름은 국산 들깨를 볶은 후 착유하여 얻은 것을 사용하여야 산화가 적고, 풍미가 좋은 한식용 식용유를 제조할 수 있다. 사과농축액 첨가량은 5%, 식초 첨가량은 0.3%, 유화제로 모노-글리세리드 0.02%로 확정하였다. 각 재료별 배합비율 및 재료단가는 표 4-9에 정리하였다.

한식용 식용유를 산업화하기 위한 기초 자료로서 현재 시중에서 일반적으로 사용하고 있는 식용유 4종을 대상으로 물성자료를 비교 분석하였다. 표 4-10에서 한식용 식용유는 들기름과 미강유가 주성분이지만, 대두유를 제외한 비교군과 비교하여 백색도가 월등한 것으로 나타났다.

표 4-9. 한식용 식용유 제조를 위한 재료 배합비율(백분율) 및 단가

재 료	배합비율(g/100g)	시장가격
들기름	28.4	532.5
미강유(C사)	66.28	574.6
모노-글리세리드	0.02	0.2
식 초	0.3	0.47
사과 농축액	5	15
합 계	**100**	**1,122.77**

표 4-10. 한식용 식용유 및 일반 식용유의 물성분석

	한식용 식용유	대두유 (H사)	압착올리브유 (D사)	즉석 들기름 (H사)	진한 참기름 (C사)
L(W)	91.54	99.68	86.77	87.76	63.69
a(R)	-4.15	-1.17	0.69	5.18	25.35
b(Y)	61.54	5.09	114.31	101.37	95.52
비 중	0.91	0.91	0.90	0.91	0.89

특히 적색도가 낮으며, 비중은 큰 차이가 없는 것을 알 수 있다. 황색도는 대두유에 비교하면 높은 값이지만 올리브유, 들기름 및 참기름에 비교하면 낮은 값을 갖고 있다.

4. 결 론

들기름 및 미강유를 베이스로 개발한 한식용 식용유는 오메가-3 지방산인 리놀렌산 함량이 약 20% 정도로 매우 높다. 이는 기존에 오메가-3 지방함량이 비교적 높은 콩기름의 6% 및 카놀라유 10% 내외인 점을 감안하면 이들 식용유에 비하여 새로 개발한 한식용 식용유는 2-3배가량 높은 비율로 오메가-3 지방산을 제공할 수 있어서, 오메가-3 지방산 섭취가 부족한 현대인의 식단에서 오메가-3 지방산을 제공하는 역할을 할 수 있을 것이다.

또한 토코페롤 함량도 약 466 mg/kg oil 정도인데, 가장 주목할 것은 토코페롤 종류 중 비타민 E의 활성이 가장 강한 알파-토코페롤(317 mg/kg oil)이 가장 많이 존재, 총 토코페롤의 64%를 차지하고 있어서 비타민 E로서의 기능이 높다. 혈중 콜레스테롤 함량을 낮추는 기능성이 알려진 파이토스테롤 함량이 한식용 식용유에 약 7,200 ppm 함유되어 있어, 일반적인 식용유의 3,000 ppm과 비교하여 약 2.3배에 달한다.

한식용 식용유는 콩기름과 거의 유사한 산화 안정성을 갖는 것으로 확인되어 산화 안정성 확보라는 측면에서 볼 때 상업적으로 유통이 가능한 상태이다. 이러한 한식용 식용유의 내국인 및 외국인의 선호도 조사결과를 보면 내외국인을 막론하고 선호도가 매우 높은 것으로 나타났다.

이러한 종합적 분석을 통해서, 이번 연구에서는 들기름 특유의 고소한 맛을 살리면서 거부감이 적고, 약간의 감미와 향긋한 향을 갖는 산화 안정성이 높고, 기호도가 좋은 건강에 유익한 한식에 잘 어울리는 한식용 식용유의 개발에 성공하였다.

제 5 장

비빔밥 세계화의 조건

10가지 메뉴개발과 소스개발 항목(제2장)에서 언급한 것과 마찬가지로 다른 지역의 음식과 한식의 가장 큰 차이점은 재료와 양념에서 기인하며, 대단히 복잡한 조리과정을 거치기 때문에 일반적인 상업요리로서는 상당히 비효율적인 측면이 존재한다. 특히 본격적인 요리에 앞서 재료의 다듬기와 전처리 과정에 해당되는 양념과정은 전통적으로 손맛에 좌우되어 온 항목이기 때문에 요리과학적 측면에서 접근하는 서양과 외국의 경우에 비교하여 숙련된 요리사의 양성이 어려운 점에서도 불리한 조건에 있다. 즉, 같은 재료로 같은 방식의 요리과정을 거친 음식이라도 요리사의 숙련 정도에 따라서 전혀 다른 느낌과 맛을 나타낼 정도로 한식 자체의 표준화가 결여되어 있기 때문이다.

본 연구과제에서는 이러한 한식의 문제점을 극복하고, 대규모 상업요리로서 성공가능성을 높이기 위해서 조리요소의 표준화를 달성하고, 이를 바탕으로 산업화를 유도하며, 세계화를 달성하기 위하여 다음과 같은 과업을 수행하였다. 산업화는 표준화가 전제되어야 가능하다는 전제에서 본 과제에서 검토한 모든 비빔밥 메뉴와 반찬류에 대해서 백분율표로 환산하여 제시하였다. 한식 세계화를 위해 가장 시급한 요소는 한식용 소스의 산업화가 수반되어야 한다는 전제에서 대표적인 한식요리인 무침, 볶음, 조림, 찜 등에 필요한 핵심적인 표준 소스를 개발하여 백분율표로 환산하여 제시하였다.

과업의 핵심주제인 비빔밥의 세계화를 위해서는 기본 소스인 고추장 소스를 한국인에 적합한 특성, 한국인과 유사한 외국인에 적합한 특성과 한국인과 전혀 다른 특성의 외국인용으로 세 가지 형태의 비빔밥용 고추장 표준소스를 개발하여 백분율표로 환산하여 제시하였다.

이상의 과정으로 개발한 메뉴와 소스류는 전북지역의 대학생, 유학생 및 일반 관광객을 대상으로 관능평가를 실시하여 개발한 메뉴와 반찬 및 소스류의 세계화 타당성을 검토하였다. 또한 일본 나고야와 오사카지역 및 홍콩지역을 직접 방문 조사하여 현지의 비빔밥 시장과 현황 및 현지인들의 비빔밥에 대한 인지도 등을 조사 분석하였다.

1. 설문조사

(1) 설문조사 문항 작성

한국인과 외국인을 대상으로 선호도와 기호도를 분석하여 본 사업에서 개발하고자 하는 메뉴선발 및 관능평가를 위하여 설문 조사용 문항을 작성하였다. 설문조사의 문항은 비빔밥 및 한식관련 선행 연구자들의 논문과 자료를 토대로 사업의 목적에 맞추어 조합하였다.

선호도와 기호도, 관능평가를 위하여 50명 이상의 재한 또는 방문 외국인을 대상으로 실시하였고, 거점국가로서 홍콩과 일본 나고야와 오사카, 중국 상해 인근의 쑤저우에 소재한 S전자 근로자를 상대로 실시하였다. 한국을 방문한 외국인을 대상으로 실시한 조사는 전주 한옥마을과 수도권의 외국어학당을 방문하여 2회 이상 실시하려고 했으나, 전주 한옥마을과 전주 인근의 축제행사장을 방문한 외국인과 전주지역에 체류 중인 외국인 유학생을 대상으로 수행하였다. 성분분석 및 관능검사의 결과를 반영하여 시제품 제조에 반영하였다.

(2) 설문조사 언어

한국인과 외국인을 대상으로 선호도와 기호도를 분석하기 위하여 한국어로 작성한 설문지를 영어, 일어, 중국어로 번역하여 설문조사를 실시하였다.

2. 설문조사 및 관능평가

(1) 주요 21개 국가 대학생 초청연수

- 기 간: 2010년 7월 13~23(인원: 60명)
- 장 소: 우석대학교, 전주 일원

(2) 우석대학교 및 전북지역 거점국가 출신 유학생

- 기 간: 2010년 9월(인원: 120명 + 300명)

- 장 소: 우석대학교 기숙사, 전북대학교 기숙사, 원광대학교 기숙사

(3) 전북지역 주요 관광지

- 기 간: 2010년 9월(인원: 90명 + 300명)
- 장 소: 새만금 홍보전시관, 전주 한옥마을 한방문화센타

(4) 전주 소리축제

- 기 간: 2010년 10월 1~5일(인원: 20명 + 100명)
- 장 소: 한국 소리문화의 전당, 전주 한옥마을 한방문화센타

(5) 홍콩지역 현장조사

- 기 간: 2010년 10월 29일~31일(인원: 65명)
- 장 소: 홍콩 일원

(6) 일본 나고야 및 오사카지역 현장조사

- 기 간: 2010년 11월 5~8일(인원: 29명)
- 장 소: 나고야 및 오사카 비빔밥 업소

(7) 중국 쑤저우(상해 인근) 삼성전자 근로자 설문조사

- 2010년 11월 22일~27일 37명

(8) 중국 유학생 기능성 비빔밥 시식 후 관능평가 및 설문조사

- 1차: 12월 1일 10명
- 2차: 12월 2일 7명
- 3차: 12월 4일 18명, 총 35명
- 메뉴: 불고기 비빔밥(쌀눈쌀 + 황기 추출물)

(9) 편의형(Take out) 주먹밥 형태 비빔밥의 1단계 관능평가

외국인 유학생을 대상으로 실시한 비빔밥 2종인 김치 비빔밥과 버섯불고기 비빔밥을 주먹밥의 형태로 만들어 내부 인원을 대상으로 2회에 걸쳐 50명을 대상으로 관능평가를 실시하였다. 1차 평가는 한식용 식용유를 배제하고 실시하였고, 2차 평가는 한식용 식용유를 첨가하여 평가한 결과 한식용 식용유를 첨가한 시험군 모두에서 맛과 향이 좋다는 평가를 얻었다.

1차 평가에서는 17명이 고소한 맛이 느껴지지 않는다고 대답하였으나, 2차 평가에서는 모든 시험군에서 맛과 향이 좋다는 평가를 얻었다. 4명은 주먹밥의 표면에 묻힌 김의 크기가 다소 커서 외국인이 먹기에는 불편할 것을 지적하여, 12월 20일 최종 보고회에서 실시한 관능평가에는 김을 가루로 만들어 묻히기로 결정하였다. 주먹 비빔밥의 크기는 평균 230g이었고, 중형 종이컵에 담아 시식 희망자를 대상으로 현장에서 무작위로 추출하여 평가를 실시하였다.

- 1차 : 12월 15일 20명(우석대학교 식품생명공학과 회의실)
- 2차 : 12월 17일 30명, 총 50명(우석대학교 외국인 유학생교회)

(10) 편의형 및 기능성 비빔밥의 2단계 관능평가

1단계 관능평가의 결과를 반영한 편의형 비빔밥 2종(김치 및 버섯 불고기 비빔밥) 40인분을 시험 조리하여 최종 발표장에서 희망자를 대상으로 시식 및 2단계 관능평가를 실시하였다. 1단계 관능평가의 결과를 반영하여 야채와 고명을 잘게 다져 밥과 함께 비벼서 주먹 비빔밥을 만들었고, 1인분의 양을 반으로 나누어 시식 및 관능 평가용으로 중형 플라스틱 용기에 담아 실시하였다. 총 37명이 평가에 참여하였고, 비빔밥만으로 평가한 것을 감안하면 4명이 다소 싱겁다는 답을 하였고, 맛과 향, 모양에서 보통 이상이라는 답을 얻었다.

3. 산업화 및 세계화를 위한 설문조사 결과

1) 홍콩 현지조사

동서양의 경계이며, 가장 세계화에 근접한 아시아 국가로서 홍콩에 대한 비빔밥 관련 산업과 인지도 등을 조사하기 위하여 현지조사를 실시하였다.

조사대상의 성별은 남성 55%와 여성 45%였으며, 연령은 20대 이하가 5%, 20대가 16%, 30대는 32%였고, 40대는 32% 및 50대 이상은 15%였다. 응답자의 학력은 49%가 대졸이었으며, 28%가 고졸이었고, 중졸 이하와 대학원 이상은 각각 6%와 17%였다. 63%가 기혼이었으며, 홍콩인이 37%, 17%가 일본이고, 12%가 중국인이었다. 베트남과 미국은 각각 1%, 유럽과 한국은 각각 2%였다.

비빔밥은 선호도 5%로 5위였으나 김치, 갈비, 김치찌개와 불고기가 부식이며, 밥을 별도로 먹는 점을 고려한다면 비빔밥의 선호도가 2위 내지는 동률 3위로 높아질 수 있음을 예상할 수 있다. 비빔밥을 좋아 하는 이유는 맛, 영양가와 간편함 때문이고 각각 45%, 17%와 14%였다.

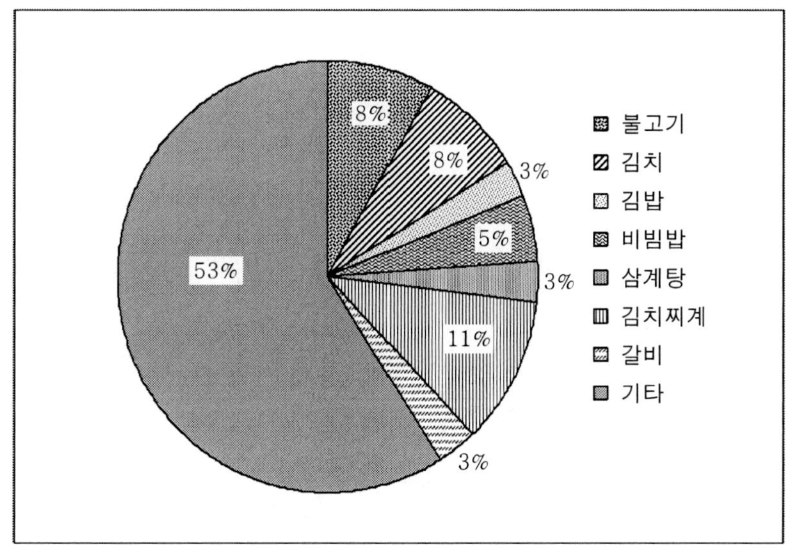

그림 5-1. 홍콩에서 조사한 가장 맛있는 한식

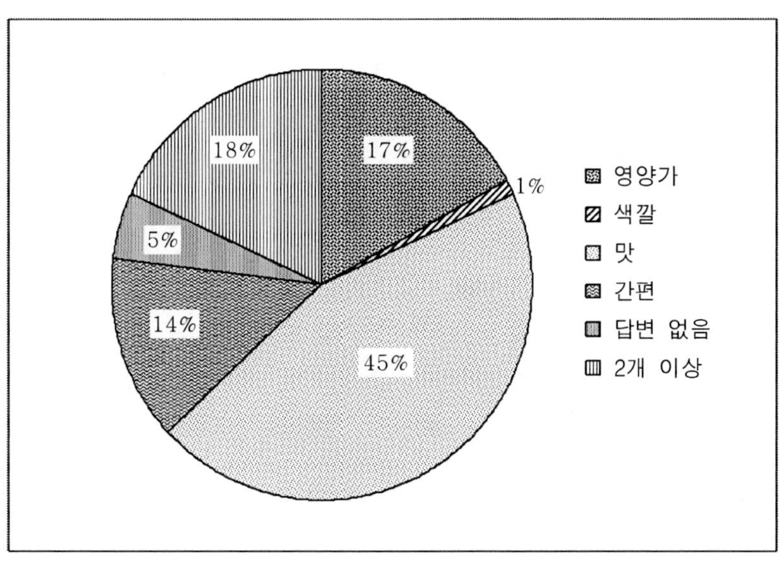

그림 5-2. 홍콩에서 조사한 비빔밥을 좋아하는 이유

그러나 비빔밥을 싫어하는 이유 중에서 77%가 무응답으로 나와 조사의 신뢰도에 일관성이 낮은 것으로 판단하였다. 한편 매워서라는 경우는 9%이고, 영양가가 없어서는 8%로 각각 조사되었다. 비빔밥의 밥으로 어떤 것을 선호하는 가를 조사한 결과는 백미밥이 65%로 압도적으로 높고, 잡곡밥과 흑미밥의 순서로 나타났다.

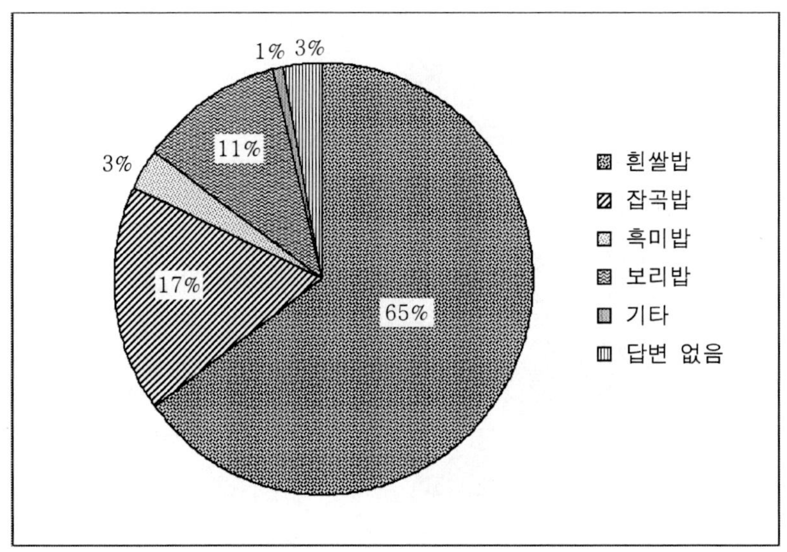

그림 5-3. 홍콩에서 조사한 비빔밥의 밥 종류 선호도

비빔밥의 소스로는 고추장이 66%로서 압도적으로 높게 나타났으며, 간장이 23%로 조사되었다.

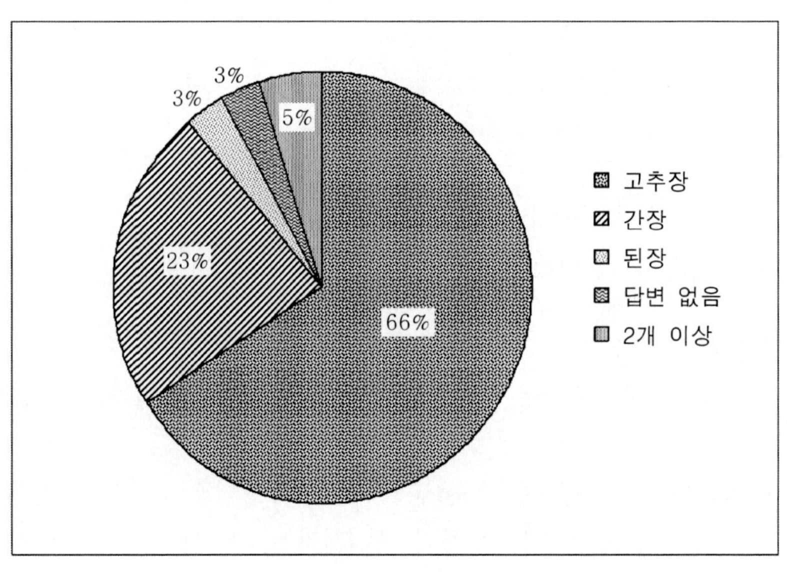

그림 5-4. 홍콩에서 조사한 비빔밥용 소스의 선호도

비빔밥에 적합한 국물은 토장국, 사골국과 맑은 국의 순서는 각각 38%, 26% 및 20%였다. 주로 먹는 장소는 식당과 분식점이 각각 54%와 23%였고, 호텔을 이용하는 경우도 5%로 조사되었다. 비빔밥의 용기는 돌솥과 도자기가 58%와 17%였고, 놋그릇을 선호하는 경우도 4%로 나타났다. 비빔밥의 고명으로는 김가루가 35%이고, 통깨 11%와 잣 5%의 순서이었다. 홍콩인들이 선호하는 비빔밥용 기름과 한식에 대한 조사도 실시하였다. 식용유에 대한 선호도는 참기름, 들기름과 올리브유의 순서였으며 각각 66%, 12%와 9%였다.

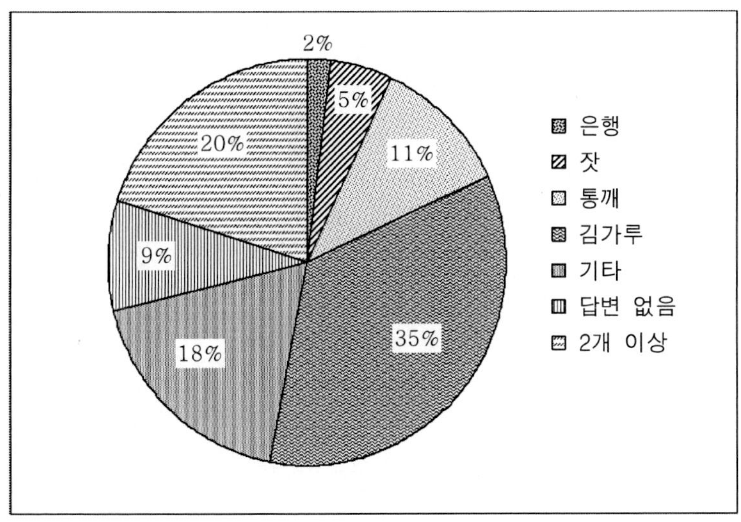

그림 5-5. 홍콩에서 조사한 비빔밥용 고명의 선호도

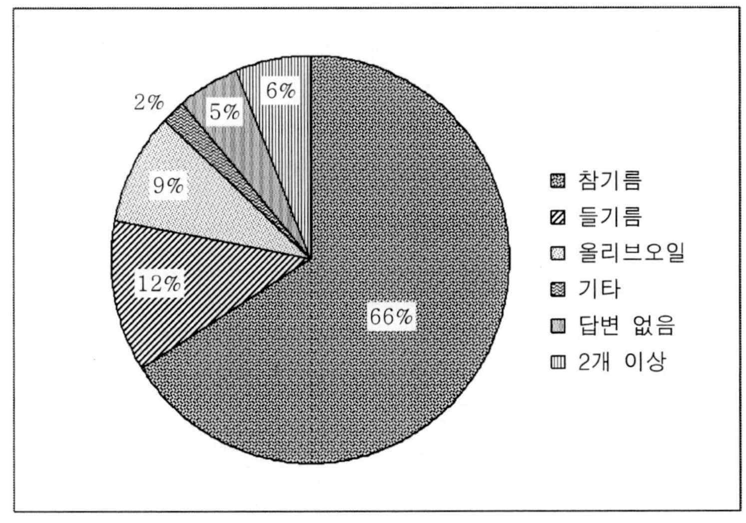

그림 5-6. 홍콩에서 조사한 비빔밥용 기름의 선호도

한식 전반에 관한 조사결과는 아직 홍콩에서 한식의 인지도는 논란의 중심에 있음을 알 수 있었다. 조사결과 좋다는 대답은 32%였으나 답변 없음이 60%였고, 싫다는 대답도 8%로 나타났다. 이것은 비빔밥을 싫어하는 이유와 마찬가지로 설문조사의 신뢰도에 의문을 제기하거나, 인지도에 문제가 있음을 의미하는 것으로 평가하였다.

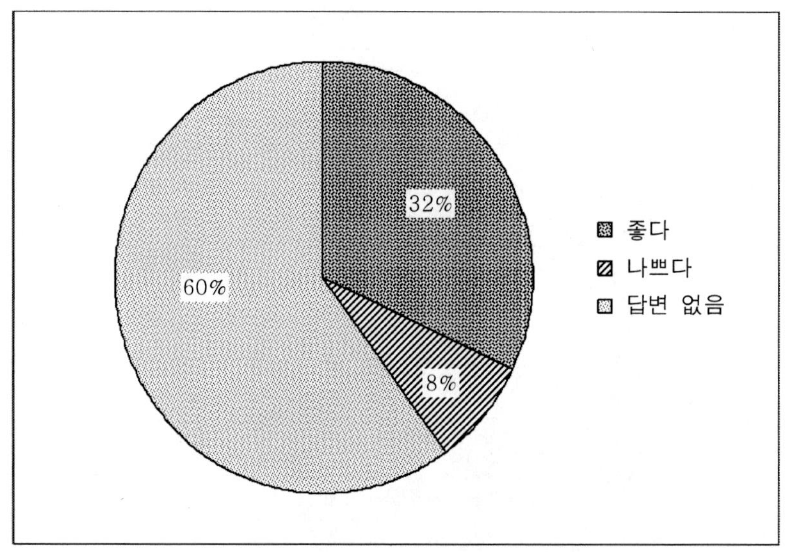

그림 5-7. 홍콩에서 조사한 한식에 대한 선호도

2) 일본 나고야 · 오사카 현지조사

수도인 동경과 함께 가장 큰 도시이고, 한국 교민이 많이 거주하여 일본판 한류의 본거지라고 할 수 있는 나고야 · 오사카 지역에서 비빔밥 관련 산업과 인지도 등을 조사하기 위하여 현지조사를 실시하였다.

조사대상의 성별은 남성 34%와 여성 66%였으며, 연령은 20대가 31%, 30대는 17%였고, 40대는 21% 및 50대 이상은 31%였다. 응답자의 학력은 45%가 대졸이었으며, 35%가 고졸, 중졸 이하와 대학원 이상은 각각 10%였다. 69%가 기혼이었으며, 일본인이 69%, 28%가 한국인이고, 3%가 중국인이었다.

4회 이상 한국을 방문한 경우가 31%이고, 2회와 3회는 각각 2%와 4%이였으며, 1회 방문한 경우는 17%이지만, 한 번도 방문하지 않은 경우는 41%였다. 그러나 모든 조사 응답자가 한국음식을 먹어 본 경험이 있는 것으로 조사되었다. 비빔밥은 선호도 26%로 2위였고, 비빔밥을 좋아하는 이유는 맛, 영양가 때문이라는 응답이 각각 79%와 21%였다.

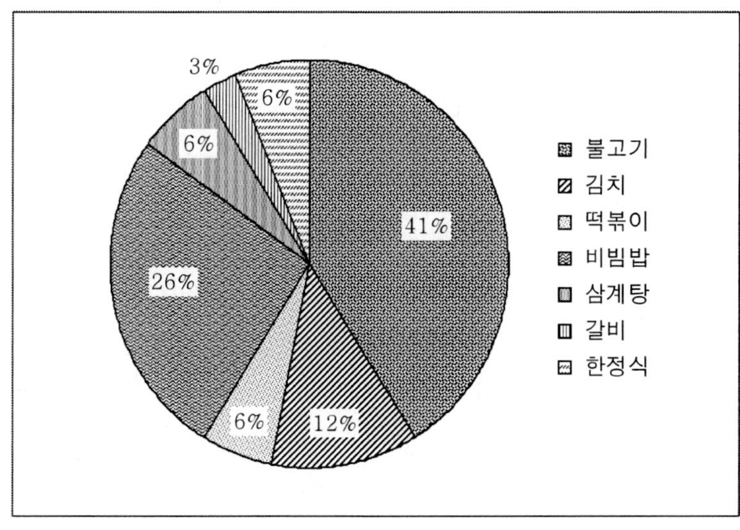

그림 5-8. 나고야 · 오사카지역 일본인이 좋아하는 한식

비빔밥의 나물형태는 86%가 숙채를 선호하였으며, 밥은 72%가 백미 밥을 선호하였으나, 잡곡밥을 선호하는 경우도 14%에 달하였다. 비빔밥용 소스는 고추장이 83%로 압도적으로 높게 나타났으나, 간장과 된장도 각각 3%와 7%로 조사되었다. 어울리는 국의 형태는 맑은 국이 35%, 토장국 17%와 사골국 34%로 고른 분포를 나타내었으나, 비빔밥의 그릇으로는 돌솥이 66%이고, 도자기와 놋그릇이 각각 17%로 나타났다. 가장 특이한 조사결과는 비빔밥에 어울리는 기름으로 100%가 참기름을 선호한다는 점이다. 고명은 김가루 45%를 비롯하여 다양한 분포를 나타내었다.

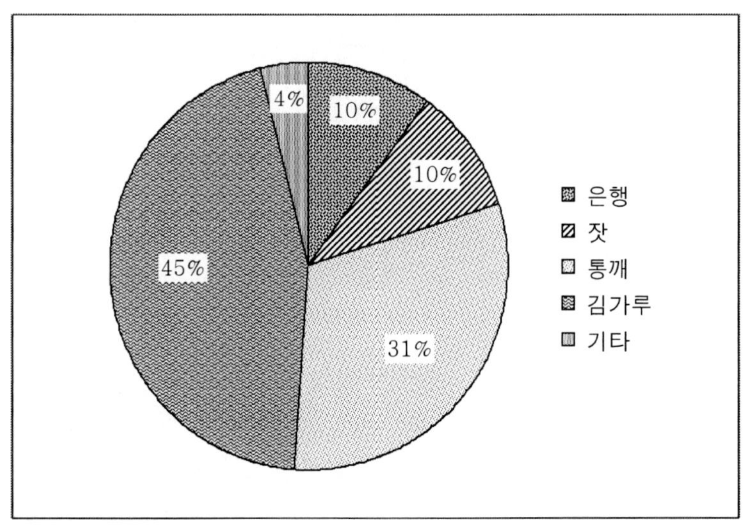

그림 5-9. 나고야 · 오사카지역 일본인이 좋아하는 비빔밥의 고명

3) 중국 쑤저우 S전자 임직원

홍콩과 일본 나고야・오사카 현지 조사에 이어서 중국 상해 인근에 소재한 쑤저우에서 운영 중인 국내 S전자 중국법인 사업장에 근무하고 있는 임직원을 대상으로 비빔밥과 한국음식에 대한 설문조사 및 인지도를 조사하였다. 이 조사는 S전자 중국법인 사업장이 비교적 최근에 설립되었고, 중국 동부 연안지역에 비하여 외국여행 및 외국인과의 교류가 적은 지역적 특성을 고려하여 조사를 실시하였다.

조사대상의 성별은 남성 54%와 여성 46%였으며, 연령은 20대가 81%, 30대는 16%였고, 50대는 3%였다. 응답자의 학력은 86%가 대졸이었으며, 14%가 고졸이었고, 59%가 기혼이었으며, 84%가 순수한 중국인이고, 13%가 조선족이고, 3%가 한국인이었다. 응답자의 92%가 한식을 먹어 본 경험이 있으며, 가장 맛있는 한식은 그림 5-10과 같고, 삼계탕, 불고기, 잡채, 김치찌개에 이어 비빔밥은 김치, 김밥, 떡볶이와 함께 4위로 조사되었다.

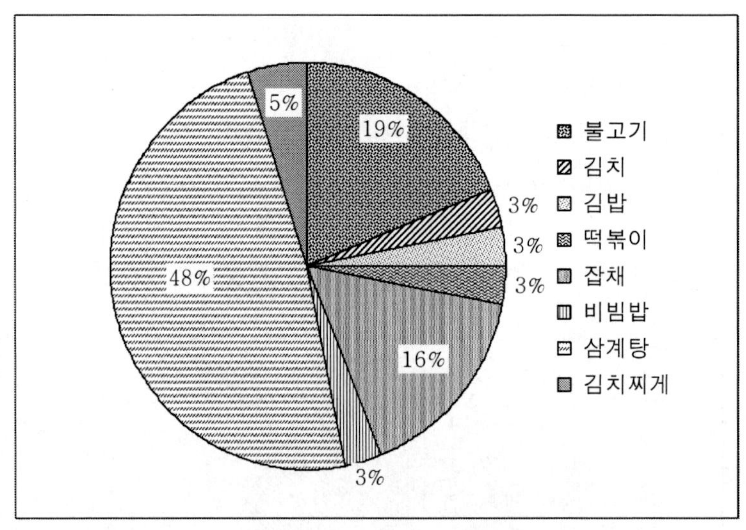

그림 5-10. 중국 현지 근로자가 선택한 가장 맛있는 한국음식

비빔밥을 좋아하는 이유는 맛과 편리함에 이어 영양가 때문에 선호하지만, 싫어하는 가장 큰 이유도 역시 맛이 없기 때문이라는 답변으로 보아 순수한 한식보다는 중국 현지인의 입맛에 맞는 조리법과 소스의 개선이 필요한 것으로 판단된다.

홍콩, 일본과 중국의 설문조사 결과를 종합하면 전통적인 형식보다 불고기를 포함하는 비빔밥으로 간편함을 유지하면서 다양한 야채로 영양학적 균형과 건강지향성을 홍보하는 것이 효과적인 세계화 방향이라고 판단하였다.

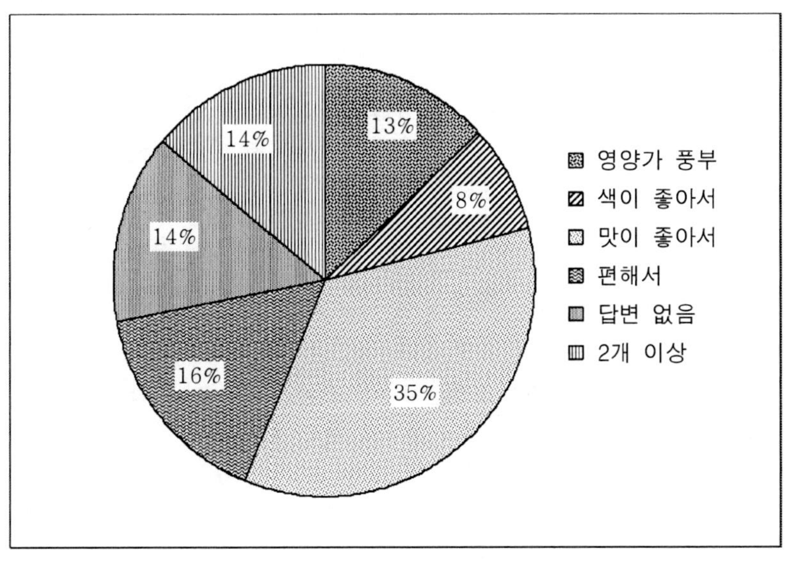

그림 5-11. 중국 현지 근로자가 비빔밥을 좋아하는 이유

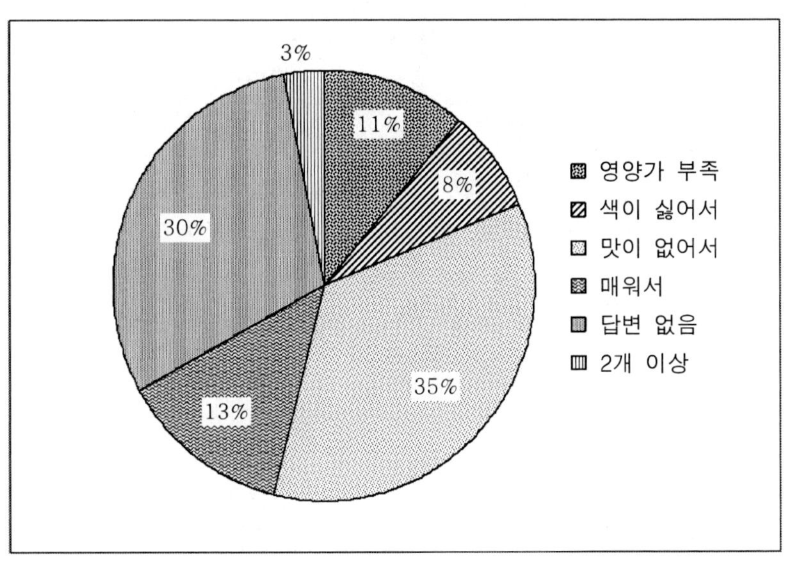

그림 5-12. 중국 현지 근로자가 비빔밥을 싫어하는 이유

비빔밥의 소스는 고추장이 59%이고, 된장이 35%로 답변하였고, 비빔밥의 용기는 70%가 돌솥을, 그리고 22%가 도자기를 선호하였으나 응답자의 92%가 한국음식에 대해서 호감을 갖고 있는 것으로 조사되었다.

4) 외국인 유학생

전라북도 지역에 유학중인 외국인 학생을 대상으로 비빔밥에 대한 선호도와 인지도를 조사하였다. 기초 자료로서 성별, 나이, 국적과 한국방문 이력을 조사한 결과 여성이 55%이고, 94%가 20대였으며, 6%가 20대 미만이었다. 국적은 94%가 중국이었고, 미국과 유럽이 각각 3%였으며, 70%가 처음 한국에 온 것으로 나타났다. 4회 이상 방문한 경우는 15%였으며, 2회와 3회 방문한 경우는 각각 3%로 조사되었다.

전북 지역에 유학중인 외국인 학생에게 가장 맛있는 한식을 물어 본 결과는 잡채와 불고기, 삼계탕의 순서로 답변하였으며, 비빔밥은 6%로서 4위로 나타났다. 이 결과도 홍콩, 일본 중국의 설문조사 결과와 마찬가지로 불고기를 포함한 비빔밥의 세계화 가능성을 예상할 수 있다.

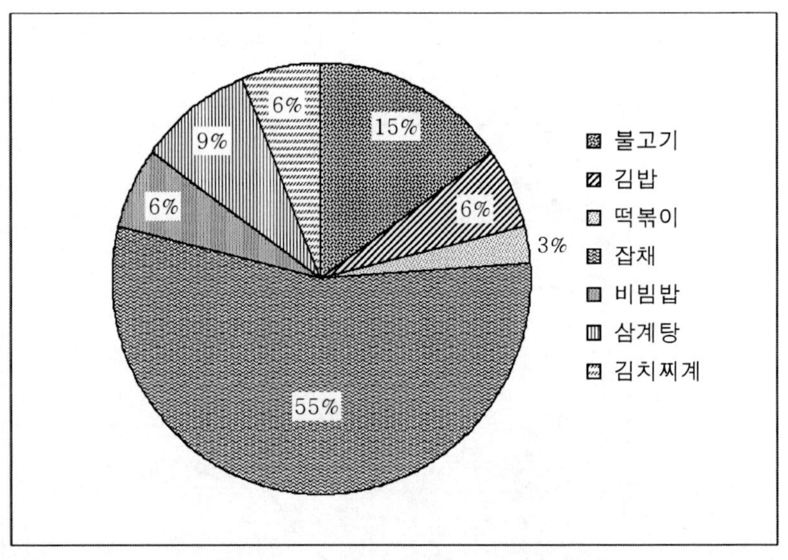

그림 5-13. 전북지역 외국인 유학생들이 가장 선호하는 한국음식

비빔밥을 좋아하는 이유와 싫어하는 이유를 물어 본 결과 61%가 맛과 편리함 때문에 좋아하지만, 싫어하는 이유는 맛이 없어서 31%와 매워서가 27%라고 답했으며, 30%는 답변이 없었다.

비빔밥을 얼마나 자주 먹는가에 대한 질문에 대해서 52%는 거의 먹지 않으며, 33%는 주 1회 정도로 답변하였고, 나물의 형태는 숙채류가 55%이고, 생채류는 42%로 나타났다. 숙채류를 선호하는 이유는 58%가 부드러움 때문이라고 답변했으나, 36%는 답변하지 않았다.

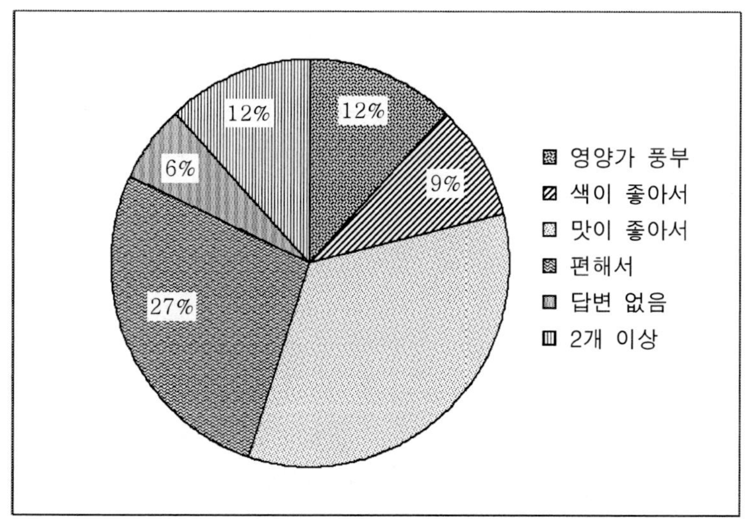

그림 5-14. 전북지역 외국인 유학생들이 비빔밥을 좋아하는 이유

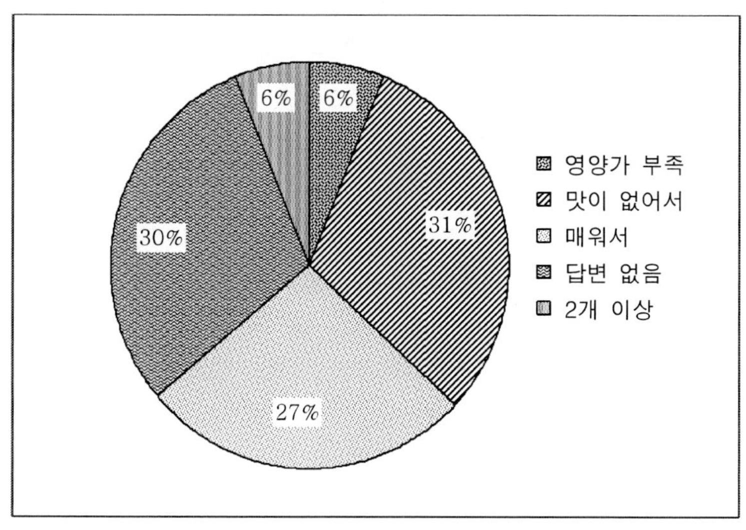

그림 5-15. 전북지역 외국인 유학생들이 비빔밥을 싫어하는 이유

생채류를 선호하는 이유는 46%가 영양가 때문이며, 21%는 씹는 맛 때문이라고 답변했지만 33%는 답변하지 않았다. 비빔밥에 사용하는 밥과 소스에 대한 질문에서는 58%가 백미로 답변했으나, 흑미밥과 잡곡밥도 각각 21%와 12%로 답변하였다.

비빔밥에 어울리는 소스로는 고추장이 64%였고, 간장과 된장도 각각 12%로 답변하여 매워서 싫어한다는 답변과 달리 비빔밥에 어울리는 소스는 고추장이 선호도가 높다는 것을 확인하였다.

따라서 고추장을 비빔밥의 소스로 사용하되 매운맛을 조정하면 외국인에게 적합한 소스개발이 가능할 것으로 판단하여 소스개발에 반영하였다. 비빔밥과 함께 먹고 싶은 국으로는 맑은 국이 55%였으며, 사골국을 선택한 경우도 39%로 나타났다. 그러나 79%의 유학생들은 비빔밥을 먹는 장소로 분식집을 선택한 것으로 보아 한식 세계화의 최일선이라는 점에서 대학 주변의 음식점에 대한 체계적인 관리와 지원이 필요할 것으로 판단하였다.

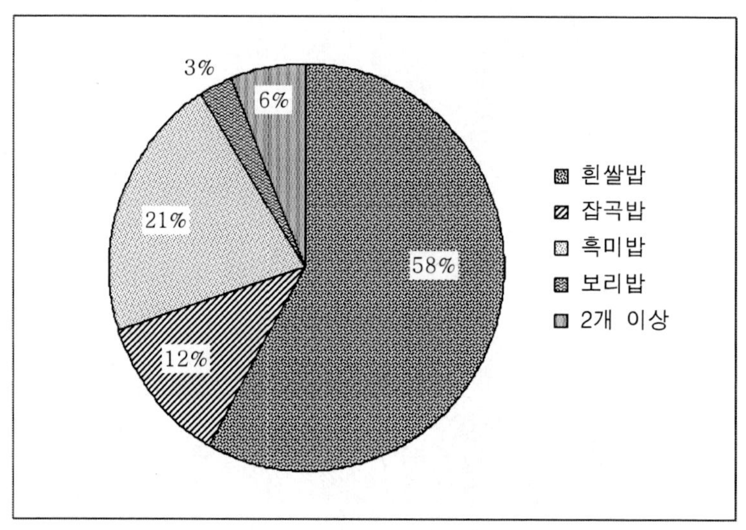

그림 5-16. 전북지역 유학생들이 선택한 비빔밥에 어울리는 밥

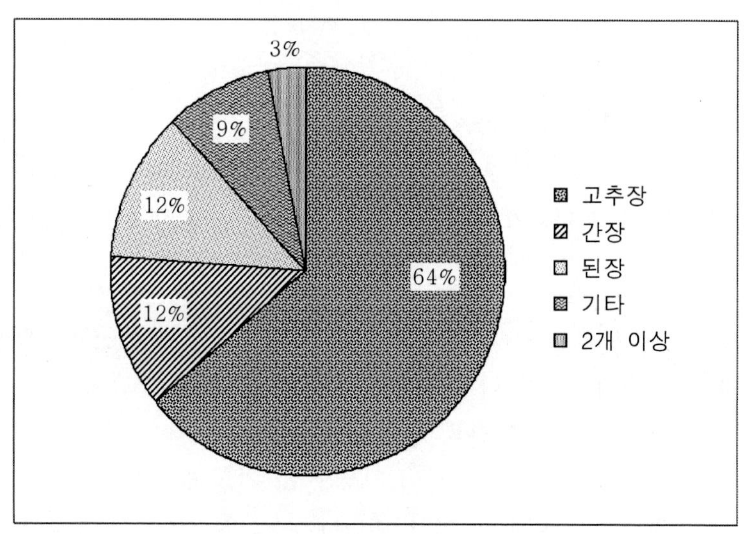

그림 5-17. 전북지역 유학생들이 선택한 비빔밥에 적합한 소스

최근 들어 한국으로 유학을 오는 외국인이 증가하는 추세를 활용하여 적극적인 홍보와 지원대책의 마련이 필요하다. 비빔밥의 용기와 고명에 대한 질문에서는 58%가 돌솥을 선택하였으며, 놋그릇과 양푼도 각각 12%로 나타났으며, 고명으로는 김가루와 통깨가 28%와 24%로 나타났다. 이것은 대학 주변의 음식점들의 가격과 이윤 구조와 관련이 있는 항목으로 생각하며, 계절에 따라 반찬과 고명으로 활용할 수 있는 체계적인 기술지원이 필요한 항목으로 평가한다.

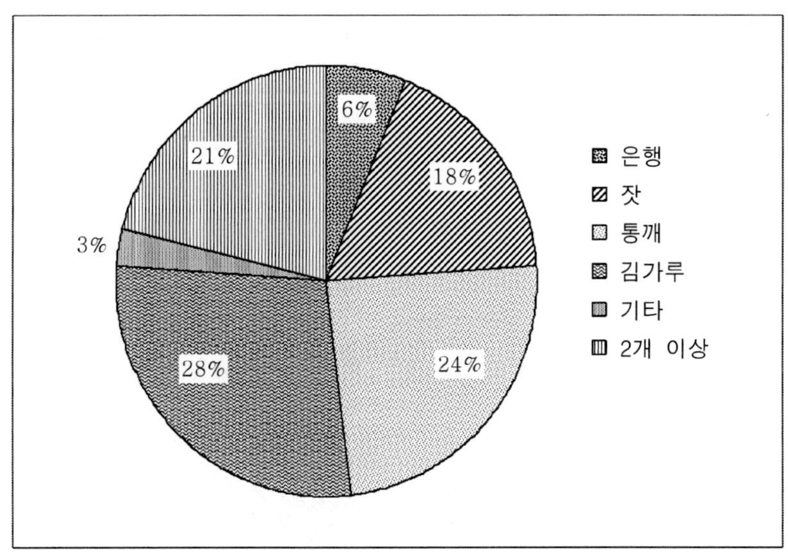

그림 5-18. 전북지역 유학생들이 선호하는 비빔밥의 고명

끝으로 비빔밥에 적합한 기름과 한식에 대한 질문을 한 결과 61%는 올리브오일을 선택하였다. 참기름과 들기름을 선택한 경우는 각각 24%와 6%였으며, 2개 이상으로 답변(3%)한 것을 감안하고, 일부 답변자에 대한 추가적인 대면조사에서 올리브유를 선택한 이유에 대한 질문에서 건강 때문이라는 답변이 나타났다. 이것은 한식용 식용유를 산업화하여 지속적이고, 적극적인 홍보를 통해 얼마든지 세계화가 가능하다는 전제를 의미하는 것으로 평가하였다. 한식에 대한 평가는 58%가 좋아하지만 나쁘다는 것과 무응답도 각각 21%로 나타났다.

5) 일반인(한국)

최종 보고에 이어서 본 사업에서 개발한 비빔밥 표준식단 10종과 소스류 및 한식용 식용유를 전시하면서 견과류 영양비빔밥과 해초·굴 비빔밥에 대한 관능평가를 현장에서 무작위로 일반인을 대상으로 실시하였다.

조사대상의 성별은 남성 38%와 여성 62%였으며, 연령은 20대가 31%, 30대는 15%였고, 40대는 8% 및 50대가 46%였다. 응답자의 62%가 기혼이었으며, 그림 5-19와 같이 좋아하는 한국음식을 조사한 결과 갈비가 54%였고, 김치찌개와 불고기가 각각 15%였으며, 비빔밥을 좋아한다는 응답자는 없었다.

이것은 "가장 한국적인 음식은 무엇인가?"라는 질문과 함께 한식의 산업화와 세계화에 앞서 우리 국민들의 식생활 구성은 물론 음식업체 종사자들의 많은 노력을 필요로 하는 조사결과라고 생각한다. 조사대상인 20대부터 50대까지의 연령대는 가장 왕성한 사회생활을 영위하는 집단으로, 이들의 식생활 패턴은 건강지수와 밀접한 관계가 있다는 점에서 갈비와 불고기 같은 육류 위주의 음식에 대한 선호도가 70%에 육박한다는 것은 건전한 식생활교육에 더 많은 교육과 홍보가 필요하다는 것을 의미한다고 본다.

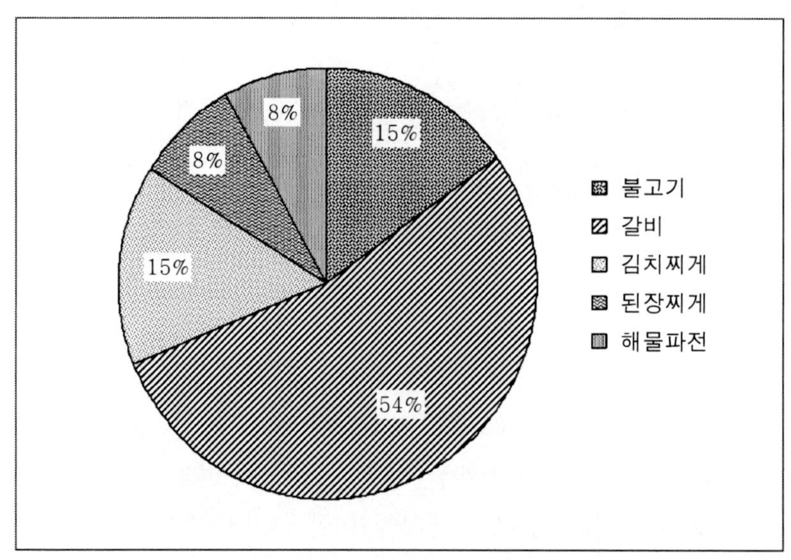

그림 5-19. 일반 한국인이 가장 좋아하는 음식

5점 척도를 활용하여 개발한 견과류 영양비빔밥에 대한 조사에서는 재료의 거부감, 한식용 식용유, 소스와 맛에 대한 시식 후 평가를 실시하였다. 본 사업에서 개발한 견과류 영양비빔밥의 구성 재료에 대한 평가는 매우 적절하다가 69%였고, 적절하다는 답변은 15%였다.

한식용 식용유가 비빔밥의 맛을 증가시키는가에 대해서는 매우 그렇다 38%와 그렇다는 대답이 23%였고, 보통이라는 답은 39%로서 모든 대상자에서 보통 이상이라는 응답이 나타났다. 한식용 식용유가 비빔밥의 맛에 나쁜 영향을 준다는 답은 전혀

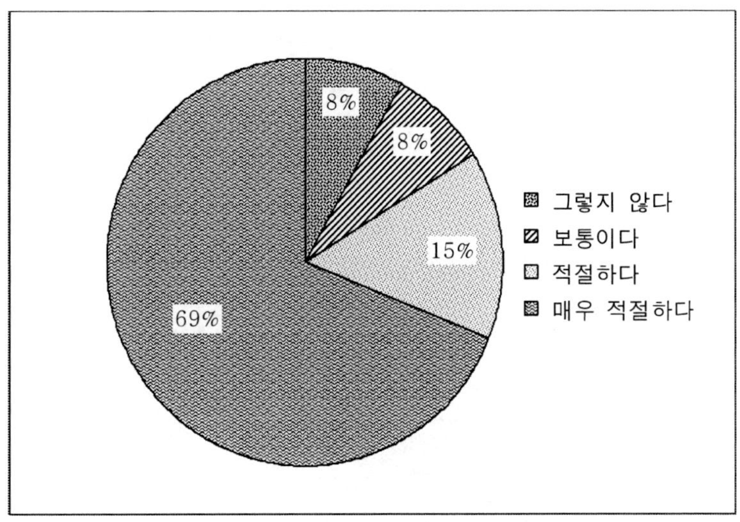

그림 5-20. 견과류 영양비빔밥 재료에 대한 적절성

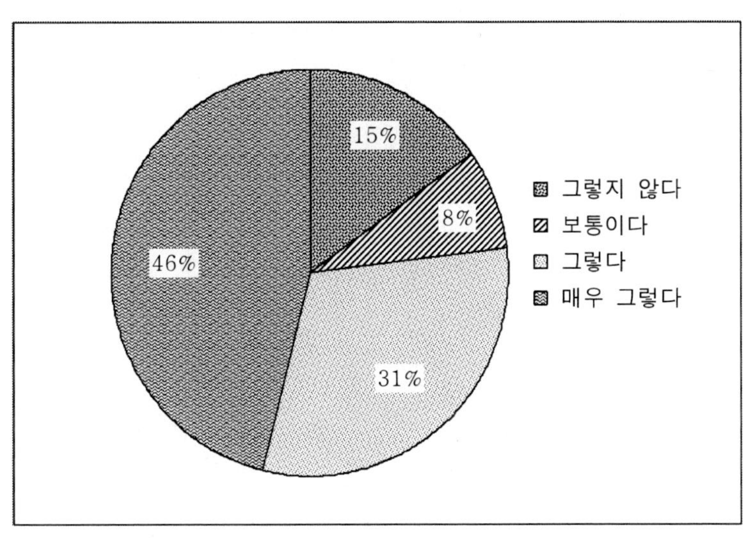

그림 5-21. 견과류 영양비빔밥 소스에 대한 평가

없었다. 이것은 한식용 식용유가 외국인 유학생은 물론 한국인의 경우에도 한식에 적용이 가능하다는 것을 확인시켜 주는 결과로서, 지극히 한국적인 들기름을 기본으로 한 새로운 기능성 식용유의 산업적 성공 가능성을 의미하는 것으로 판단하였다.

개발한 견과류 영양비빔밥에 적용한 소스와 비빔밥의 전체적인 맛에 대한 평가는 각각 다음 그림 5-21과 같이 소스에 대해서는 77%가, 맛은 85%는 우수하다는 답변을 나타내었다.

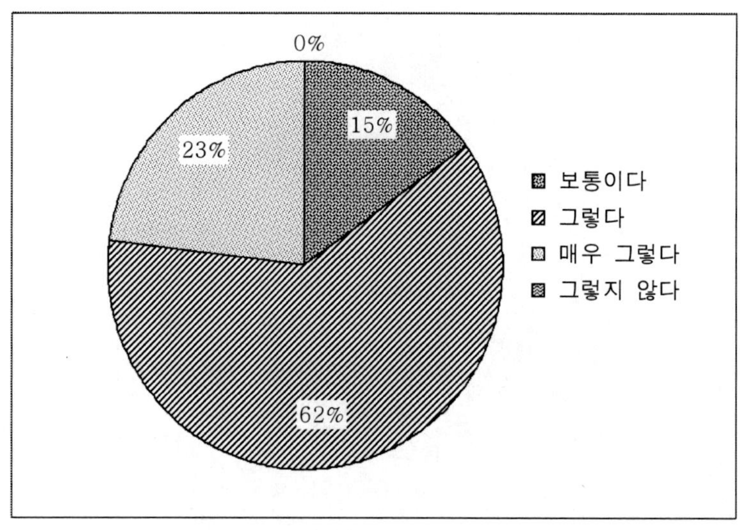

그림 5-22. 견과류 영양비빔밥의 맛에 대한 평가

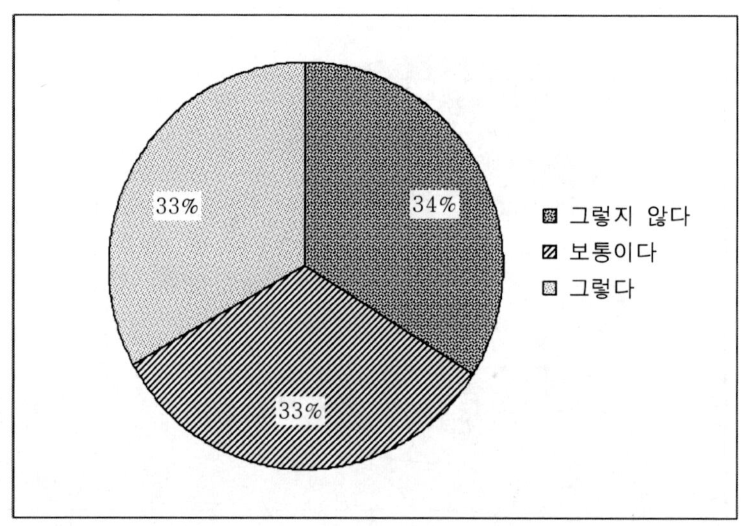

그림 5-23. 견과류 영양비빔밥의 구성 재료에 대한 평가

해초·굴 비빔밥에 대한 평가도 실시하였다. 구성 재료의 적절성에 대한 평가에서는 모든 평가자들이 보통이상으로 답변하였고, 나쁘다는 평가는 전혀 없었다.

한식용 식용유가 해초·굴 비빔밥의 맛을 증가시키는가에 대해서는 "그렇다"와 "보통이다"라는 대답이 각각 33%였고, 아니라는 답이 34%로 나타났다. 이것은 한식용 식용유가 굴의 비린 맛과 섞이면서 다소 나쁜 영향을 주는 것으로 판단된다. 그러나 굴과 해산물에 대해서는 일반적인 한국인이 주로 초고추장을 소스로 사용한다는 점에서 한식용 식용유의 사용량을 줄이고, 초고추장 소스의 양을 증가시키면 기호도 측면에서 큰 문제는 없을 것으로 평가한다.

개발한 견과류 영양비빔밥에 적용한 소스와 비빔밥의 전체적인 맛에 대한 평가는 각각 다음 그림 5-24 및 5-25와 같이 소스에 대해서는 33%가, 맛은 67%가 우수하다는 답변을 나타내었다.

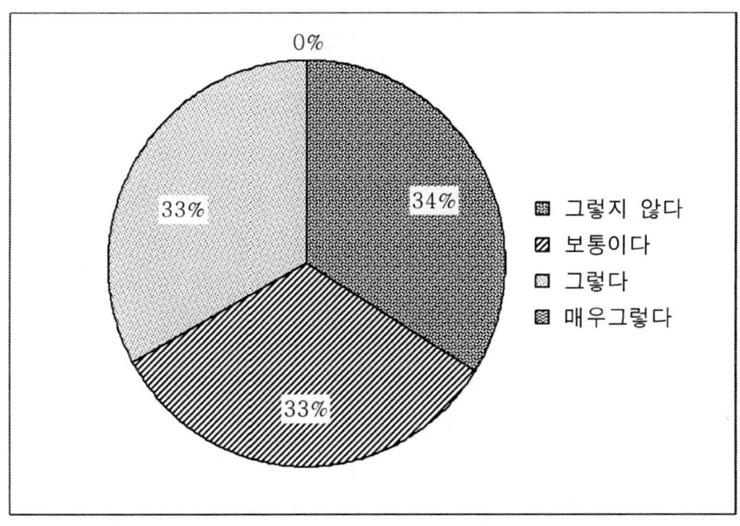

그림 5-24. 견과류 영양비빔밥과 한식용 식용유의 조화

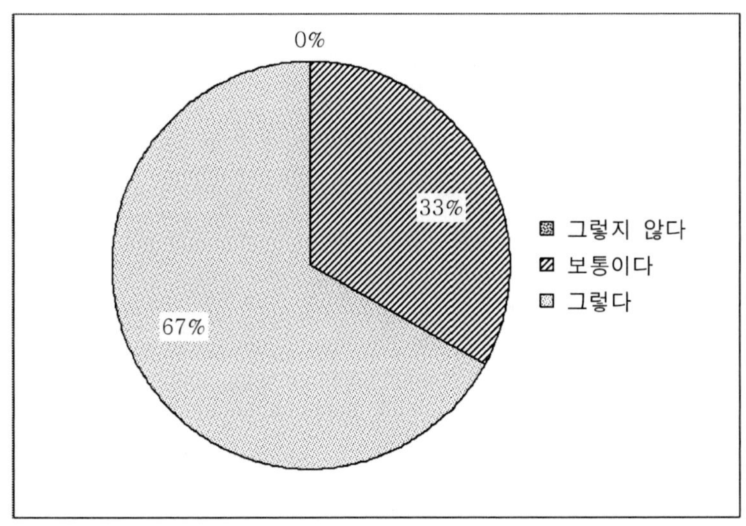

그림 5-25. 견과류 영양비빔밥과 소스의 관계

이상으로 홍콩, 일본, 중국 및 외국 유학생과 한국인을 대상으로 조사한 설문결과를 종합하면 전반적으로 육류의 선호도가 높으며, 간편함과 함께 영양학적 균형 등을 토대로 식사를 선택하는 것을 알 수 있다. 따라서 한식의 대표적인 음식으로 비빔밥을 세계화 하려면 전통적인 비빔밥의 형태를 변형하여 인지도와 선호도가 높은 불고기를 포함하되 영양학적 균형을 고려하여 다양한 야채가 곁들이고, 지역과 섭취하는 칼로리를 고려한 비빔밥 표준식단의 지속적인 홍보가 필요하다.

4 전시용 플라스틱 모형제작

전시용 플라스틱 모형은 최종 보고회를 완료하고, 본 사업에서 개발하여 전시된 비빔밥 10개의 표준식단을 전문 제작업체에 의뢰하여 모델로 제작하였고, 모형 제작업체는 세계로 모형으로 결정하였으며, 1월 14일에 제작을 완료하였다.

음식모형은 10가지 비빔밥 표준식단(비빔밥과 반찬류 포함)을 완벽하게 재현하였으며, 각각 2세트를 제작하였다. 제작한 2세트의 음식모형은 한식재단에 1세트를 제공하고, 우석대학교 식품과학대학이 1세트를 보유하면서 관련분야 학생의 교육과 홍보 및 전시용으로 활용할 예정이다.

제 6 장

비빔밥 산업화 결론과 제언

1. 연구 결과

본 연구를 통하여 ① 외국인 및 젊은 세대를 위한 전주식 비빔밥, 산채 비빔밥, 새싹야채 비빔밥, 버섯불고기 비빔밥, 참치샐러드 비빔밥 등 5가지 비빔밥과, ② 기능성을 강화한 메뉴로서 김치 비빔밥, 나물 비빔밥, 해초·굴 비빔밥, 오곡돌솥 비빔밥, 견과류 영양비빔밥 등 5가지 비빔밥 등을 포함하여 총 10종의 비빔밥 표준 식단을 개발하였다.

10가지 비빔밥은 각각에 어울리는 상차림을 함께 개발하여 과다한 상차림을 배제하면서 영양학적 균형과 칼로리 제한 및 메뉴의 개성에 적합한 식기까지 비빔밥의 표준화와 산업화는 물론 세계화에 필요한 결과를 얻었다. 특히 반찬과 소스 및 양념까지 원가 분석과 식재료 구성을 백분율표로 환산하여 손쉽게 기술이전 및 산업화가 가능하도록 하였다. 비빔밥의 특성을 고려하여 밥의 재료인 곡류와 고명의 색상을 전통 오방색에 기초하여 주·부재료의 교체에 따른 대체 식품메뉴를 제시하였다. 또한 주요 영양소에 따라 대체가 가능한 자료로서 대체 식단표를 함께 제시하였다.

칼로리 제한 및 부가적인 기능성을 제시하기 위하여 체중조절 식단으로 참치구이 채소비빔밥, 대구구이 나물비빔밥, 방어구이 나물비빔밥, 닭 가슴살구이 나물비빔밥(1, 2), 쇠고기볶음 나물비빔밥(1, 2, 3, 4, 5), 돼지고기볶음 나물비빔밥(1, 2) 등 12종의 칼로리 제한 체중 조절용 표준식단을 개발하였다. 12종의 체중 조절용 표준 식단은 반찬의 종류를 변경하여 한 끼에 섭취할 수 있는 칼로리 섭취량을 조절할 수 있도록 설계하였다.

보다 세분화된 기능성 강화식단으로서 ① 철분 강화식단(생 채소 명란 비빔밥, 게살 비빔밥) 2종, ② 칼슘 강화식단(바지락회 비빔밥, 굴회 비빔밥) 2종, ③ 식이섬유

강화식단(무청 비빔밥, 안동 비빔밥) 2종, ④ β-carotene 강화식단(생 채소 불고기 비빔밥, 평양 비빔밥, 쇠고기나물 비빔밥, 돼지고기 양배추 비빔밥) 4종, ⑤ 비타민 C 강화식단으로 닭 가슴살구이 청경채 비빔밥을 개발하여 기능성 강화 표준 식단으로 제시하였다.

본 연구에서 개발한 비빔밥 메뉴를 포함한 표준 식단은 비빔밥 세트메뉴 10종과 체중조절 식단 12종, 철분 강화식단 2종, 칼슘 강화식단 2종, 식이섬유 강화식단 2종, β-carotene 강화식단 4종, 비타민 C 강화식단 1종 등 총 35종의 비빔밥 세트 메뉴를 개발하였다.

비빔밥의 우수성과 기능성을 입증하기 위하여 특수 아미노산 및 면역활성을 분석한 결과 비빔밥용 식재료와 비빔밥에는 GABA, 오르니틴과 시트룰린 등이 상대적으로 다량 포함되어 있는 것을 확인하였고, 특히 기능성을 강화하기 위해 배아미와 오곡쌀 같은 기능성 쌀을 분석한 결과는 일반 백미와 비교하여 배아미에서 가바는 2.5배와 씨트룰린은 1.8배가 함유되어 있으며, 5색 5곡 쌀은 가바 2.9배, 씨트룰린 7.25배 및 오르니틴이 1.1배 정도로 다량의 특수 아미노산이 포함되어 있음을 확인하였다. 비빔밥의 밥으로 기능성 쌀인 배아미는 일반 백미와 1 : 1 또는 배아미만으로 밥을 지었을 때 밥의 색택에는 아무런 변화가 없었으나 모든 시험군에서 밥맛이 훨씬 좋다는 결과를 얻었다.

비빔밥의 면역활성을 분석하기 위하여 세포생존율 측정, 비장 및 흉선세포 활성측정, 혈중 림포카인 측정, 전신성 아나필락시스 효과, 항 알러지 효과와 적혈구 응집소값을 분석한 결과 영양학적 우수성 외에도 강력한 항산화성, 항 당뇨, 중성지방 억제, 암세포 억제, 면역세포 증가, 림포카인 생성촉진, 생존율 증가, 항체생성 촉진 및 과민반응을 억제하는 다양한 생리활성이 확인되었다. 세 가지 백혈병 세포주(THP-1, MOLT-4, HL60) 중에서 1과 10 μg/mL 정도의 낮은 투여농도에서도 양성 대조군인 햄버거에 비하여 새싹 비빔밥과 버섯불고기 비빔밥군에서 백혈병 세포의 생존을 억제하는 항암활성이 확인되었다.

면역세포에 대한 활성을 분석한 결과, 양성 대조군으로 사용한 햄버거는 2가지 면역세포가 크게 감소하였으나(B세포 33%↓와 T세포 평균 12.5%↓), 산채 비빔밥 투여군은 T세포를 활성화(T세포 8%↑, TH세포 11%↑, TC세포 12%↑)시키는 결과를 확인하였고, 흉선세포에 대해서는 산채 비빔밥 22%↑ 및 전주식 비빔밥 21%↑ 증가하여 면역력을 향상시키는 효과를 확인하였다. 혈중 림포카인의 일종인 인터페론 생성량에 미치는 효과를 분석한 결과 산채 비빔밥이 γ-인터페론의 분비가 증가되는 것을 확인하였고, IL-2 및 IL-4 활성화에는 모든 비빔밥 시험군에서 대조군에 비하여 별다른 차이점이 나타나지 않았다.

비빔밥이 전신성 아나필락시스 치사율에 미치는 효과를 측정한 결과는 버섯불고기 비빔밥과 전주식 비빔밥에서 치사율을 각각 50%와 25%까지 감소시키는 예방효과를 확인하였다. 이들 두 가지 비빔밥은 모든 시험군이 완전히 사망하는 30시간을 초과하여 생존하였으며, 전주식 비빔밥은 25% 및 버섯불고기 비빔밥은 50%가 각각 30시간 이상까지 생존하는 연명효과를 확인하였다.

최근 전체 연령대에서 확산되고 있는 아토피 등 피부면역질환에 대한 비빔밥의 영향도 분석하였다. 양성 대조군인 햄버거와 비교하여 지연형 과민반응을 분석한 결과, 주사 직후와 비교하여 산채 비빔밥 투여군에서 가장 높은 억제율(53%↓)을 확인하였고, 참치 비빔밥(20%↓)와 새싹 비빔밥(20%↓)에서도 상대적으로 높은 억제율이 나타나는 것을 확인하였다. 특히 적혈구 응집반응을 활용하여 양성 대조군인 햄버거와 혈액 면역활성을 측정한 결과 새싹 비빔밥, 전주식 비빔밥 및 참치 비빔밥은 대조군보다 낮은 활성을 나타내지만, 버섯불고기 비빔밥은 2배, 산채 비빔밥은 16배 높은 활성을 나타내었다.

비빔밥 및 한식용 소스도 개발하였다. 먼저 10가지 비빔밥에 사용할 6가지의 고추장 및 조선간장을 기본으로 한 소스를 개발하였다. 한식용으로는 조림, 무침, 볶음, 찜 등 11가지 소스를 개발하였고, 한식의 최대 문제의 하나로서 식후 강한 냄새를 통제하면서 풍미를 강화하기 위한 세 가지 기능성 고추장 소스를 마늘, 마늘분말, 참기름과 한식용 식용유를 조합하여 개발하였다.

한식용 식용유는 들기름의 한국적 독창성과 영양학적 우수성, 나아가 쌀 소비를 촉진하기 위한 미강유를 포함하여 맛과 영양 및 산업화 가능성이 매우 높은 시제품을 개발하였다. 먼저 외국인과 한국인에게 부적합한 강한 냄새를 제거하고, 낮은 산화안정성과 국내의 법적 문제를 해결하였고, 내・외국인 모두를 대상으로 실시한 관능평가에서도 우수한 결과를 얻었다.

2. 연구 요약

세계 각국은 전통음식의 역사와 문화적 가치가 농업, 식품산업과 관광 등 다양한 산업에 매우 큰 영향을 미친다는 것을 인식하면서 전통음식의 세계화에 국가 정책적 차원의 지원이 이루어지고 있다. 우리나라도 2008년 11월 식품산업종합대책의 수립 및 2010년 한식재단의 출범과 함께 한식의 우수성을 기반으로 세계적 음식으로 도약하기 위하여 범정부적으로 한식세계화 정책을 추진하고 있다.

한식의 세계화는 정부의 구호나 업계의 희망만으로 달성하기 어려운 복합적인 문제이므로 세계화의 비전을 갖고 체계적으로 한식의 역사적 정통성과 문화, 과학기술 및 1·2·3차 산업이 결합된 융복합산업화 전략이 이루어져야 성공 가능성이 높다.

이러한 상황에서 한식의 대표음식으로 세계적으로 잘 알려진 비빔밥의 가치와 중요성이 새롭게 조명되고 있고, 한식의 세계화·퓨전화 추세와 웰빙 음식에 대한 인식 증대를 비빔밥으로 연결하여 한식의 핵심메뉴로 부각시키려면 보다 적극적이고 체계적인 비빔밥의 변신이 필요하다. 비빔밥의 우수성을 입증하고, 산업화 자산으로 전환하는 데 필요한 과학적인 연구에 집중하여 인지도 향상은 물론 선호도를 바탕으로 육류가 포함된 비빔밥에 대한 이론체계 확립과 산업화에 대한 종합적인 접근이 필요하다.

본 사업은 한식문화 자원의 경쟁력을 향상시키고, 선도적인 한식분야 세계화를 주도하기 위하여 전통음식 세계화로 예상되는 실질적인 부가가치의 핵심요소인 소스와 기름 등 소재개발, 상차림의 표준화, 칼로리 제한 메뉴의 건강관리, 쌀 소비를 위한 기능성 분석과 특화된 소스를 개발하여 비빔밥 관련 산업의 부가가치 창출을 극대화하고, 비빔밥 세계시장을 선도를 목적으로 수행한 결과 비빔밥 산업화를 위한 목표와 주요 핵심과제를 설정하고, 기존 비빔밥 관련 연구와 차별성을 확보하면서 관련 산업의 성장을 뒷받침 할 수 있는 방향성을 제시하고자 수행하였다.

선행연구, 자료조사 및 전문가 자문을 통하여 수행한 결과를 요약하면 다음과 같다.

(1) 국내외 비빔밥 현황과 산업화와 관련하여 시장변화에 대응하면서 산업화 전략을 수립하기 위해 식단 표준화와 칼로리 제한 및 상업요리용 표준 식단을 개발하였다.

(2) 한식의 국내 소비확산과 세계화와 관련하여 표준 메뉴 5종과 기능성 메뉴 5종 등 총 10종의 메뉴를 개발하였다. 특히 쌀 소비를 확산시키기 위하여 일반 백미와 비교하여 생리활성물질의 함유량이 월등하고, 밥맛도 우수한 배아미를 발굴하였다. 또한 추가적인 기능성을 부가하기 위하여 황기추출물을 밥물로 활용하는 기준을 개발하였다.

(3) 현재의 직장인과 학생 등 바쁜 일상인을 위한 편의형(Take-out) 비빔밥 모델 2종(쇠고기 비빔밥, 김치볶음 비빔밥)을 개발하였다.

(4) 소스개발을 통한 한식 세계화를 위하여 비빔밥용 소스 8개, 한식용 소스 11개를 개발하였다. 특히 기능성을 고려하여 지역 특산물인 토마토 퓨레를 포함하는 고추장 소스를 개발하였다.

(5) 한식용으로 특화된 고기능성 식용유로서 가칭 '한식용 식용유'는 들기름을 기본으로 대두유 수준의 산화 안정성을 나타내면서 생리활성이 우수한 식물성 오메

가-3를 다량 함유하며, 외국인에게도 거부감이 없는 한식용 기능성 식용유를 개발하였고, 영문으로는 'OYAH Oil'로 명명하였다.

(6) 개발한 메뉴와 소스의 영양평가, 특수 아미노산 및 면역 기능성 분석을 수행하여 비빔밥의 기능성과 우수성을 확인하였다.

3. 연구의 활용

본 사업은 한식재단의 지원을 받아 수행하였으며, 연구결과는 국내외적으로 다음과 같은 활용이 예상된다.

국내의 대학과 주요 도시의 사무 중심지역 인근의 음식점과 급식시설 및 주거지역에 레시피 제공 및 식자재 생산 자연계를 통해 농업생산 가공자에게 실질적인 소득증가 혜택을 주며, 음식점에게는 다양한 메뉴제공으로 다이어트를 원하는 일반 소비자와 한식을 멀리하는 청소년과 젊은 세대에게 건강한 한식 이미지를 제고하여 한식 산업화와 국내 소비확산의 계기로 삼는다. 또한 기존 음식점의 과다한 상차림과 개성 없는 그릇에 대한 대안을 제시하여 한식의 브랜드 이미지 향상의 계기로 활용한다.

외국인 출입이 많은 국내 음식업소에 대한 레시피 제공 및 식자재 생산 자연계를 통해 농업생산 가공자에게 실질적인 소득증가 혜택을 주며, 음식점에게는 다양한 메뉴제공으로 인한 매출 확대와 한식 우수성 홍보기회로 활용한다. 해외 거점도시에서 영업 중인 한식당에 대한 레시피 제공 및 식자재 공급망을 연계하여 농업생산 가공자에게 실질적인 소득증가 혜택을 주며, 음식점에게는 다양한 메뉴 제공으로 인한 매출 확대와 한식 세계화의 홍보기회로 활용한다.

(1) 상업요리용 조리 및 상차림의 표준화를 통한 매출 증가

분식형 판매업소를 제외하고 거의 대부분의 비빔밥 업소는 과다한 상차림으로 가격 경쟁력은 물론 식품자원의 낭비라는 측면에서도 일반 소비자의 관심을 받지 못하고 있으므로 1인용 1식 3찬의 표준화한 상차림으로 거부감을 줄여 매출 증가가 가능하다.

(2) 소비자 맞춤형 기능성 식단을 통한 경쟁력 증가

일반 식사와 비교하여 표준형 상차림의 총열량을 80% 이하로 조절하여 건강과 다이어트를 지향하는 소비자에게 새로운 선택을 제공하며, 기능성이 보강된 밥, 소스와 식용유를 통해 일반적인 식사에서 보충이 어려운 생리활성을 포함하여 건강 지향적 식품소비와 부합된다.

(3) 편의형 메뉴 도입으로 매출 증가

주먹밥 형태의 비빔밥을 현대적인 감각의 기능성 포장용기에 도입하여 재가열 및 보관과 유통이 편리하며, 소비자 측면에서도 이동하면서 먹기 편리한 편의성으로 소형 편의식 점포(분식점 등)와 비빔밥 전문업소와 일반 음식점에서 후식형과 포장형 식사로도 추가적인 매출이 가능하다.

(4) 한식용 및 비빔밥용 소스의 산업화를 통한 한식 세계화 기반 확보

비빔밥용은 물론 한식의 일반적인 조리형태인 조림, 찜, 무침, 볶음에 필요한 기본적인 소스를 개발하였으므로 새로운 음식업 창업자는 물론 전문 소스 제조업체에서 활용이 가능하다.

(5) 한식용 식용유의 산업화, 수출과 한식 세계화 기반 확보

한식용 식용유는 일반 식용유보다는 가격이 비싸지만 참기름에 비하면 월등한 가격경쟁력을 갖고 있으며, 기능성 측면에서는 오메가-3 함량이 탁월하며, 일반 식용유 정도의 산화 안정성을 갖고 있고, 맛과 향에서는 가장 한식과 잘 어울리며, 세계적으로 거의 유일하게 들깨와 들기름을 사용하는 독창성 측면에서도 한식 세계화와 관련한 식품산업의 경쟁력 측면에서도 중요한 의미가 있다.

(6) 지적재산권 및 학술논문 발표

연구수행 결과를 정리하여 2011년 중에 한식용 식용유의 지적재산권 출원 및 학술진흥재단에 등재된 국내 저명 식품관련 학회지에 최소한 3편의 학술논문을 발표하여 한식의 기능성과 우수성을 입증하여 산업화 및 세계화에 기여하겠음.

4. 기대 효과

본 사업은 한식의 대표 품목 중 하나인 비빔밥의 산업화와 세계화를 위한 연구개발 차원의 노력이므로 일차적으로 "경쟁력 있는 한식산업을 육성"하여 미래의 성장산업으로 발전시키면서, 동시에 "세계로 뻗어가는 한식문화"의 기반을 제공하는 의미가 있다. 이러한 직접효과는 2차적으로 원료 농산물의 내수기반을 넓히고 수출여건을 확충함으로써 국내 농업과 농촌발전의 토대를 강화하는 데도 기여할 것이다.

(1) **한식용 소스 및 식용유 개발 :**
거점 국가별 기호와 편의성을 충족하며, 지역특화 농식품 소재 가공산업 확산 및 한식 세계화에 기여.

(2) **새로운 세계적 소스 개발 :**
고추장과 들기름을 기본으로 하는 세계적인 한국풍 소스의 개발과 확산을 통해 식품산업의 고부가 가치화에 기여.

(3) **농촌 일자리 및 농외소득 개발 :**
특산물 재배 및 가공에 따른 농촌복지에 기여.

(4) **한식 우수성 및 기능성 개발 :**
1회 섭취하는 총 칼로리의 양을 조절하여 과식 및 과다 영양섭취로 인한 성인병 유발요인의 원천적 차단과 체중 감량에 기여.

(5) **현지화 기반개발 :**
핵심 재료(소스, 식용유, 말린 나물 등)와 부재료 개념을 도입하여 적극적인 현지화 및 한국적 식문화 확산에 기여.

(6) **핵심 재료와 조리법**을 제공하고, 부재료는 지역과 기호에 따라 현지에서 쉽게 구입이 가능한 재료를 적용하여 한식의 현지화 및 세계화에 기여.

5. 향후 제언

본 사업단은 비빔밥 기능성 연구・소스개발 사업을 완료하면서 다음 세 가지에 대한 후속 연구를 통해 본 과제 수행결과가 빠른 시간에 확산되어 국내의 식품산업 활성화를 통한 농업 생산자에게 실질적인 경제적 혜택을 부여하고, 한국음식의 산업화와 세계화에 기여할 수 있기를 기대한다.

(1) 비빔밥 기능성에 대한 후속연구

비빔밥의 투여가 면역세포 및 면역성, 생존율에 미치는 효과와 아미노산 및 특수아미노산의 함유량 등은 확인하였으나 이러한 결과와 인과관계가 있는 특정 성분이나 작용기작에 대한 보다 면밀한 연구를 통하여 1차적인 기능성은 물론 우수성을 확실하게 입증할 수 있는 후속연구가 필요함.

(2) 한식용 식용유의 산업화 후속연구

본 과제를 통해 시도한 들기름베이스의 한식용 식용유는 현재 건강식품 시장에서 가장 광범위하게 통용되고 있는 오메가-3 지방산의 자연친화적 공급원으로서 뿐만 아니라 가장 한국적인 소재이며, 한식의 우수성을 표방할 수 있는 소재로서 세계시장에 진입이 가능할 것으로 사료된다. 과업을 통해 산화 안정성은 물론 관능평가를 통해 풍미의 검증을 완료하였고, 일반적인 식용유로서 가격경쟁력도 충분한 것으로 판단된다. 따라서 한식용 식용유의 산업화와 세계화를 위한 후속과제의 지원이 시급하다고 판단된다. 연구기간 1년 내외, 사업예산 10억 내외의 지원으로 연간 10톤 정도의 생산능력을 갖춘 중간규모 제조시설 설립에 필요한 설계 자료와 디자인, 지적재산권 확보 등의 후속작업이 필요함.

(3) 한식용 소스의 산업화 후속연구

과제를 통해 개발한 소스류 중에서 가장 산업화가 가능한 대표적인 소스를 선발하고, 이를 세트화 하여 세트 또는 리필이 가능한 단품으로 생산이 가능한 생산시설 및 설비의 설계, 디자인, 지적재산권 확보 등의 후속연구가 필요함.

6. 비빔밥 표준식단 10종 사진 (컬러화보 참조)

1) 전주식 비빔밥

2) 산채 비빔밥

3) 새싹 비빔밥

4) 버섯 불고기 비빔밥

5) 참치 샐러드 비빔밥

6) 김치 비빔밥

7) 나물 비빔밥

8) 해초 · 굴 비빔밥

9) 오곡 돌솥 비빔밥

10) 견과류 비빔밥

제 7 장

비빔밥 산업화 연구 기초자료

1. 단 위

1.1 계량단위

▣ 부피단위

- 1컵(cup) = 1C = 200cc(mL) = 약 13 Ts*
- 1큰 술(Table spoon) = 1 Ts = 15cc = 3ts**
- 1작은 술(tea spoon) = 5cc = 1/3 Ts

▣ 중량단위

- 1근 = 600g(고추, 설탕, 육류) = 375g(야채, 밀가루, 과일)
- 1파운드(lb) = 454g = 16온스(Oz)
- 1갤론(gallon) = 4쿼터(Quarter)
- 1되 = 1.8L = 1.8kg(물)
- 1관 = 3.75kg

1.2 식품 사용단위

■ 식품의 중량

분 류	식품명	1작은 술(5cc)	1큰 술(15cc)	1컵(200cc)
양념류	물	5	15	200
	간 장	5.7	17	230
	식 초	5	15	200
	술	5	15	200
	소금(천일염)	2.7	2.7	130
	소금(재제염)	2.7	2.7	130
	설 탕	4.2	12.5	150
	꿀, 물엿, 조청	6	18	292
	식물성 기름	3.5	11	180
	참기름	3.5	12.8	190
	고추장	5.7	17.2	260
	된 장	6	18	280
	새우젓	6	18	240
	멸치육젓	6	18	240
	다진 마늘	3	9	120
	다진 파	3	9	120
	다진 생강	3	9	120
	깐 마늘			110
	깐 생강			115
	화학조미료	3.5	10.5	140
	고춧가루	2	6	80
	계피가루	2	6	80
	겨자가루	3	6	80
	후춧가루	3	9	120
	통 깨	3	7	90
	깨소금	3	8	120
	밀가루	3	8	105
	녹말가루	3	7.2	110

*중량 단위는 g임.

분 류	식품명	계 량	중량(g)
곡 류	백 미	1컵	160
	현 미	1컵	160
	찹 쌀	1컵	160
	보리쌀	1컵	180
	압 맥	1컵	110
	참 깨	1컵	120
	밀	1컵	160
	대 두	1컵	160
	녹 두	1컵	170
	팥	1컵	165
	강낭콩	1컵	160
	들 깨	1컵	110
	옥수수	1컵	155
	차 조	1컵	160
	메 조	1컵	165
	기장쌀	1컵	160
	수 수	1컵	180
	흑임자	1컵	110

분 류	식품명	계 량	중량(g)
가 루	밀가루(강력분)	1컵	105
	밀가루(중력분)	1컵	105
	밀가루(박력분)	1컵	100
	수수가루	1컵	90
	쌀가루	1컵	100
	생 콩가루	1컵	98
	볶은 콩가루	1컵	85
	팥가루	1컵	125
	메주가루	1컵	80
	엿기름가루	1컵	115

	잣가루	1컵	90
	도토리녹말	1컵	130
	칡 녹말	1컵	140
	거피팥고물	1컵	114
	볶은 거피팥고물	1컵	108

분 류	식품명	계 량	중량(g)
견과류	구기자	1컵	70
	오미자	1컵	40
	말린 모과	1컵	60
	잣	1컵	140
	깐 행인	1컵	120
	깐 밤	1컵	160
	곶 감	1컵	45
	대 추	1컵	70
	결명자	1컵	140
	깐 호두	1컵	80
	건포도	1컵	120

분 류	식품명	계 량	중량(g)
채소류	배 추	1개	1300
	무	1개	700
	감 자	1개	140
	고구마	1개	25
	연 근	1개	170
	토 란	1개	45
	우 엉	1개	400
	오 이	1개	150
	호 박	1개	300
	양 파	1개	160
	풋고추	1개	10

채소류	가 지	1개	100
	쑥 갓	1단	230
	시금치	1단	250
	마 늘	1통	30
	생 강	1쪽	20
	굵은 파	1뿌리	40
	실 파	1뿌리	20
	붉은 고추	1개	20
	부 추	1단	160
	미나리	1단	180
	당 근	1개	100
	양배추	1개	800
	양상추	1개	400
	토마토	1개	150
	삶은 죽순	1개	200
	숙주나물	1개	300
	상 추	1뿌리	200
	두 릅	10개	120
	더 덕	5개	120
	생 표고버섯	5개	85
	생 느타리버섯	5개	85
	양송이	1봉	200
	달 래	1단	80
	도라지	5뿌리	100
	고사리	1컵	200
	고 비	1컵	200
	늙은 호박	1개	3000
	콩나물	1봉	300

분 류	식품명	계 량	중량(g)
육류 · 어패류	다진 쇠고기	1컵	200
	다진 돼지고기	1컵	200
	다진 닭고기	1마리	200
	꿩	1마리	1,000
	닭	1마리	1,200
	오징어	1마리	500
	낙 지	1마리	140
	갑오징어	1마리	500
	해 삼	1마리	100
	멍 게	1개	20
	꽃 게	1마리	300
	민 어	1마리	2,300
	농 어	1마리	2,000
	조 기	1마리	400
	도 미	1마리	1,000
	넙 치	1마리	1,100
	준 치	1마리	700
	갈 치	1마리	450
	고등어	1마리	600
	동 태	1마리	500
	전갱이	1마리	300
	정어리	1마리	150
	중 하	1마리	30
	대 하	1마리	100
	홍합살	1컵	200
	새우살	1컵	120
	조갯살	1컵	200
	굴	1컵	200
	마른 오징어	1마리	100
	북 어	1마리	150
	암 치	1장	700
	뱅어포	1장	20
	마른 멸치	1컵	50

분 류	식품명	계 량	중량(g)
과실류	사 과	1개	200
	배	1개	220
	감	1개	150
	귤	1개	100
	유 자	1개	110
	참 외	1개	600
	복숭아	1개	140
	자 두	1개	40
	포 도	1송이	200
	수 박	1개	2,000
	레 몬	1개	150
	딸 기	1개	20
	앵 두	1컵	150
	모 과	1개	500
	키 위	1개	100

분 류	식품명	계 량	중량(g)
기 타	계 란	1개	55
	메추리알	1개	15
	두 부	1모	250
	김	5장	5
	생크림	1컵	180
	연 유	1통	250
	분 유	1큰 술	14
	불린 미역	1컵	150
	우 유	1컵	200
	요구르트	1컵	200
	슬라이스치즈	1장	20
	다시마(20cm)	1장	20

*본 자료는 식품영양학사전(한국식품영양학회, 1997), 한국인영양섭취기준(한국영양학회, 2005) 및 한식조리(손영진, 2007)를 위주로 하고, 최근에 발행된 한식관련 책자에서 발췌하여 정리하였음.

2. 설문조사 문항

2.1 한국어 설문조사 문항

※ 시판 비빔밥의 인지도 및 기호도 조사

안녕하십니까? 바쁘신 와중에도 시간을 내어주셔서 대단히 감사합니다. 본 설문조사는 새로운 비빔밥을 개발하여 우리 전통음식인 비빔밥을 세계화하기 위한 것으로 귀하께서 응답하신 모든 내용은 학술적인 목적으로만 사용되며, 오직 통계자료로만 활용됨을 약속합니다. 귀하의 의견이 본 연구에 소중한 자료로 이용되오니 협조해 주시면 많은 도움이 되겠습니다. 감사합니다.

Ⅰ. 일반 환경 조사

다음 질문을 읽고 해당란에 'V' 표시를 해주세요.

1. 귀하의 성별은?

① 남자 ② 여자

2. 귀하의 연령은?

① 20세 이하 ② 20~29세 ③ 30~39세 ④ 40~49세 ⑤ 50세 이상

3. 귀하의 학력은?

① 중졸 이하 ② 고졸 ③ 대졸 ④ 대학원졸 이상

4. 귀하의 종교는?

① 불교 ② 기독교 ③ 천주교 ④ 이슬람교 ⑤ 기타( )

5. 귀하의 결혼 여부는?

① 기혼 ② 미혼

6. 귀하의 주 성장지는?

① 서울 ② 경기 ③ 강원 ④ 충청 ⑤ 경상 ⑥ 호남 ⑦ 제주
⑧ 기타( )

7. 어느 나라 출신이신가요?

① 일본 ② 중국 ③ 홍콩 ④ 대만 ⑤ 베트남 ⑥ 유럽 ⑦ 미국
⑧ 기타( )

8. 한국에 오신 이유는?

① 관광 ② 사업 ③ 유학 ④ 취업 ⑤ 기타( )

9. 한국방문 경험이 있나요?

① 1번 ② 2번 ③ 3번 ④ 4번 이상

10. 한국음식을 먹어 본 적이 있나요?

① 없다 ② 있다(어디서 :)

11. 있다면 가장 맛있는 음식은?

① 불고기 ② 김치 ③ 김밥 ④ 떡볶이 ⑤ 잡채 ⑥ 비빔밥 ⑦ 삼계탕
⑧ 김치찌개 ⑨갈비 ⑩ 냉면 ⑪ 기타( )

Ⅱ. 다음은 비빔밥에 대한 의식과 시식 현황에 관한 문항입니다. 해당 항목에 'V' 표시를 해주세요.

1. 귀하께서는 비빔밥을 좋아하십니까?

(1) 좋아한다면 그 이유는 무엇입니까?

① 영양가가 풍부해서 ② 색깔이 좋아서 ③ 맛이 좋아서
④ 간편하게 먹기 위해서

(2) 싫어한다면 그 이유는 무엇입니까?

① 영양가가 부족해서 ② 색깔이 싫어서 ③ 맛이 없어서 ④ 매워서

2. 귀하께서는 비빔밥을 얼마나 자주 드십니까?

① 거의 먹지 않는다. ② 주 1회 가량 먹는다. ③ 주 2회 가량 먹는다.

④ 주 3회 이상 먹는다.

3. 비빔밥 나물로서 어떤 형태를 좋아하십니까?

① 생채류 ② 숙채류

(1) 생채를 좋아 하신다면 그 이유는?

① 익히지 않아 영양가가 더 많은 것 같아서 ② 씹히는 조직감이 좋아서

(2) 숙채를 좋아하신다면 그 이유는?

① 채소를 많이 섭취하기 위해서 ② 생체에 비해 부드러운 조직감 때문에

4. 귀하는 비빔밥의 밥으로 어떤 형태를 좋아하십니까?

① 흰 쌀밥 ② 잡곡밥 ③ 흑미밥 ④ 보리밥 ⑤ 기타 ( )

5. 비빔밥의 소스는 무엇을 좋아하십니까?

① 고추장 ② 간장 ③ 된장 ④ 기타 ( )

6. 비빔밥을 손수 만들 수 있습니까?

(1) 만들 수 있다면 누구에게 배웠습니까?

① 가족 ② 요리학원 ③ 매스컴 ④ 요리책 ⑤ 기타 ( )

(2) 만들 수 없다면 그 이유는 무엇입니까?

① 관심이 없어서 ② 조리방법을 몰라서 ③ 조리방법이 어려워서
④ 시간이 없어서 ⑤ 기타 ( )

7. 비빔밥의 시식 동기는 무엇입니까?

① 건강을 위해서 ② 채식을 하기 위해서 ③ 간편히 먹기 위해서

8. 귀하께서는 비빔밥과 어울리는 국물 음식이 무엇이라 생각하십니까?

① 맑은 국 ② 토장국 ③ 사골국 ④ 기타 ( )

9. 귀하께서 주로 비빔밥을 드시는 장소는 어디입니까?

① 호텔 ② 식당 ③ 분식집 ④ 가정 ⑤ 기타 ( )

10. 귀하께서는 비빔밥의 용기로 어떤 것이 적당하다고 생각하십니까?

① 놋그릇 ② 돌솥 ③ 도자기 ④ 양푼 ⑤ 기타 ( )

11. 귀하께서는 비빔밥의 밥을 지을 때 밥물로써 어떤 것이 적당하다고 생각하십니까? 이유도 간단히 써주십시오.

① 사골국물 (　　　　　　)
② 생 수　(　　　　　　)

12. 비빔밥의 고명(장식)으로 무엇을 좋아하십니까?

① 은행　② 잣　③ 통깨　④ 김가루　⑤ 기타 (　　　)

13. 비빔밥에 두르는 기름으로 무엇을 좋아하십니까?

① 참기름　② 들기름　③ 올리브 오일　④ 기타 (　　　)

14. 음식과 반찬의 양은?

① 많다　② 적당하다　③ 부족하다.

15. 한국음식에 대한 느낌은 어떻습니까?

16. 개선할 점을 지적해 주실 수 있나요?

Ⅲ. 다음 질문은 우리나라 전통 비빔밥에 대한 인지도 및 기호도 조사 문항입니다. 해당 항목에 'V' 표시를 해주세요.

	인지도			기호도		
비빔밥명	들어보지 못했다	들어보았다		좋아한다	보통이다	싫어한다
		먹어보지 못했다	먹어보았다			
전주 비빔밥						
진주 비빔밥						
해주 비빔밥						
안동 헛제사밥						
평양 비빔밥						
통영 비빔밥						
산채 비빔밥						

IV. 다음은 비빔밥에 대한 귀하의 생각에 'V' 표시를 해주세요.

	전혀 그렇지 않다	그렇지 않다	보통이다	그저 그렇다	그렇다
우리 전통음식이므로 계승발전 시켜야 한다.					
영양이 풍부하다.					
맛이 좋다.					
간편하다.					
만들기 번거롭다.					
김치와 더불어 세계화 해야 한다.					

V. 다음은 비빔밥 재료의 기호도 조사입니다. 해당란에 'V' 표시를 해주세요.

재료명	기호도		
	좋아한다	보통이다	싫어한다
오 이			
당 근			
시금치			
미나리			
치커리			
허 브			
도라지			
호 박			
감 자			
콩나물			
육 회			
쇠고기 볶음			
돼지고기			

(계속)

재료명	기호도		
	좋아한다	보통이다	싫어한다
닭고기			
도토리묵			
황포묵			
청포묵			
표고버섯			
느타리버섯			
팽이버섯			
송이버섯			
상 추			
무 우			
무나물			
취나물			
참나물			
부추나물			
시래기나물			
산나물			
곤드레			
새싹채소			
생채소			
고사리			
통 깨			
잣			
수 삼			
은 행			
오징어			
낙 지			
생 선			

(계속)

재료명	기호도		
	좋아한다	보통이다	싫어한다
참 치			
새 우			
조 개			
재 첩			
굴			
논우렁			
해조류			
생선전			
고기전			
채소전			
미역줄기			
다시마부각			
김가루			
해 초			
톳			
배추김치			
열무김치			
명 란			
날치알			
성게알			
달걀지단			
달걀노른자			
달걀후라이			
참기름			
들기름			

VI. 다음은 비빔밥 소스의 기호도 조사입니다. 해당란에 'V' 표시를 해주세요

	기호도		
	좋아한다	보통이다	싫어한다
찹쌀고추장			
막고추장			
초고추장			
양념간장			
강된장			

VII. 다음은 시판 비빔밥의 기호도 조사입니다. 해당란에 'V' 표시를 해주세요.

비빔밥명	인지도			기호도		
	들어보지 못했다	들어보았다		좋아한다	보통이다	싫어한다
		먹어보지 못했다	먹어 보았다			
전주 비빔밥						
새싹 비빔밥						
해초 비빔밥						
강된장비빔밥						
육회 비빔밥						
돌솥 비빔밥						
산채 비빔밥						
양푼 비빔밥						
삼각전주 비빔밥						
굴돌솥밥						
해물돌솥밥						
허브돌솥밥						
도토리묵 비빔밥						
버섯 비빔밥						
박지 비빔밥						
참치 비빔밥						

2.2 영어 설문조사 문항

– Questionnaires on Bibimbap,
One of Most Famous Korean Traditional Dish –

How are you? This questionnaire is carried out for the development and globalization of a novel types of Bibimbap, and your answer is only for academic and statistical uses. Thanks agin for your help and cooperation!

I. General Backgrounds

Please "V" or write, after lead following questions.

1. What is your gender?

① Male ② Female

2. What is your age?

① under 20 ② 20~29 ③ 30~39 ④ 40~49 ⑤ over 50

3. What is your academic career?

① under middle school ② high school ③ college ④ over post-graduate

4. What is your religion?

① Buddhist ② Christian ③ Catholic ④ Islamic ⑤ Others ( )

5. Are you married?

① yes ② no

6. Which country are you from?

① Japan ② China ③ Hongkong ④ Taiwan ⑤ Vietnam
⑥ Europe ⑦ USA ⑧ Others ( )

7. Purpose of visit Korea? Tourism Business Study Job Others ( )

8. Have you been in Korea before?

None 1 2 3 4

9. Have you tasted Korean food before? none yes (where :   )

10. If you say 'yes', what is the best taste?

① Bulgogy ② Kimchi ③ Gimbap ④ Ddukboggy ⑤ Japchae
⑥ Bibimbap ⑦ Samgaetang ⑧ Kimchi-ggigae ⑨ Galbi
⑩ Nangmeon ⑪ Other (   )

Ⅱ. Next questions are on your experience and think about Bibimbap. Please check 'V'on your choice.

1. Do you like Bibimbap?

(1) If you say yes, what is the reason?

① nutritional ② colour ③ taste ④ easy to take

(2) If you say no, what is the reason?

① low nutrition ② colour ③ taste ④ hot to take

2. How often to eat Bibimbap?

① almost not ② once a week ③ once a month
④ twice a week ⑤ twice a month

3. What kind of vegetables within Bibimbap?

① fresh ② cooked

(1) If you like fresh, what is the reason?

① more nutritional ② good texture

(2) If you like cooked, what is the reason?

① easy to take more ② soft texture

4. What kinds of rice within Bibimbap?

① rice ② assorted grain ③ black rice ④ barley rice ⑤ others (   )

5. What kind of source do you like with Bibimbap?

① Korean hot paste ② soy source ③ bean paste ④ others (   )

6. Can you cook Bibimbap by yourself?

(1) If say yes, how or where to learn?

① family ② cooking school ③ mass media ④ cooking book
⑤ others ( )

(2) If say no, what is the reason?

① no interest ② do not know to cook ③ hard to cook
④ have no time ⑤ others ( )

7. What makes you to eat Bibimbap?

① for health ② for vegetarian diet ③ easy to eat ④ curiosity
⑤ others

8. What kind of soup is the best with Bibimbap?

① clear ② bean paste soup ③ meat soup ④ others ( )

9. Where are you take Bibimbap?

① hotel ② restaurant ③ take-out bar ④ home ⑤ others ( )

10. Which is the best dish for Bibimbap?

① brass ② stone ③ bone china ④ metal ⑤ others ( )

11. Which is the best for Bibimbap?

Can you write the reason why.

① meat soup ( )
② clean water ( )

12. What do you like with a toppings of Bibimbap?

① gingko nut ② chest nut ③ sesame ④ lever ⑤ egg fry
⑥ others ( )

13. What do you like with an oil for Bibimbap?

① sesame ② wild sesame ③ olive ④ others ( )

14. How do you think about the volume of Korean foods?

① too lot ② good ③ too small

15. How do you think about Korean foods?

16. Have you got any idea on Bibimbap for the future?

2.3 일어 설문조사 문항

– 市販ピビムパの認知度及び嗜好度調査 –

こんにちわ?
お忙しい中で時間を作って下さいまして大変ありがとうございます. 本說問調査は新しいピビムパを開發し`なおかつ韓國の傳統飮食であるピビムパを世界化するためであり`あなたが應答して下さいましたすべての內容は學術的な目的及び統計資料として活用されることを約束します. あなたのご意見が本硏究に貴重な資料として利用されますおうにご協助`ご聲援お願い申し上げます. 心より感謝到します.

Ⅰ. 一般 環境 調査

次の質問を讀んでから該當項目に'V'表示をして下さい.

1. あなたの性別は?

① 男子 ② 女子

2. あなたの年齡は?

① 20歲 以下 ② 20～29歲 ③ 30～39歲 ④ 40～49歲 ⑤ 50歲 以上

3. あなたの學歷は?

① 中卒 以下 ② 高卒 ③ 大卒 ④ 大學院卒 以上

4. あなたの宗教は?

① 佛敎 ② 基督敎 ③カトリク敎 ④ イスラム敎 ⑤ 其他( )

5. あなたの結婚與否は?

① 旣婚 ② 未婚

6. あなたの故鄕は？(　　　)

7. あなたの韓國訪問の經驗は？

①1回　② 2回　③ 3回　④ 4回 以上

8. あなたは韓國飮食を食べたことはありますか？

① ある　② ない

9. 食べたことがあれば一番おいしい飮食は？

① 焼き肉　② キムチ　③ トクボキ　④ ピビムパ　⑤ 蔘鶏湯
⑥ キムチチゲ　⑦ カルビ　⑧韓定食　⑨ 冷麪　⑩ 其他(　　　)

Ⅱ. 次はピビムパに對する意識と試食現況に關する質問であります. 該當項目に"V"表示をして下さい.

1. あなたはピビムパが好きですか？

(1) 好きであればその理由は何ですか？

① 營養價が豊富であるため　② 色が好きであるため　③味が良いので
④ 簡便食であるため

(2) 嫌いであればその理由は何ですか？

① 營養價が不足であるため　② 色が嫌いであるため　③ 味がないので
④ からいので

2. あなたはピビムパをどんなに食べますか？

① ほとんど食べない　② 週1回ぐらい　③ 週2回ぐらい
④ 週3回 以上 食べる

3. ピビムパナムルとしてどのような形態が好きですか？

① 生菜類　② 熟菜類

(1) 生菜が好きでしたらその理由は？

① 熟させないため營養價がより豊富である
② かまれる組織感が好きである

(2) 熟菜が好きでしたらその理由は？

① 野菜をたくさん攝取するため
② 生菜に比らべやわらかい組織感が好きである

4. あなたはピビムパの御飯としてどのような材料が好きですか？

① 白米 ② 雜穀 ③ 黑米 ④ 大麥 ⑤ 其他（　　）

5. あなたはピビムパのソースとして何が好きですか？

① とうがらし味噌 ② 醬油 ③ 味噌 ④ 其他（　　）

6. あなたはピビムパをご自分で作れますか？

(1) 作るごとが出きましたらとこから習らいましたか？

① 家族 ② 料理學院 ③ マスコミ ④ 料理の本 ⑤ 其他（　　）

(2) 作るごとが出きないでしたらその理由は何ですか？

① 關心がないので ② 調理方法を知らないので ③ 調理方法が難しいので
④ 時間(ひま)がないので ⑤ 其他（　　）

7. ピビムパの試食動機は何ですか？

① 健康のため ② 菜食をするため ③ 簡便食であるため

8. あなたはピビムパと似合う汁は何だと思っていますか？

① すまし汁 ② みそしる ③ 牛四骨汁 ④ 其他（　　）

9. あなたはピビムパを主にとこで食べますか？

① ホテル ② 専門食堂 ③ 焼き肉や ④ 家庭 ⑤ 其他（　　）

10. あなたはピビムパの容器として何がふさわしいと思っていますか？

① 黃銅の器 ② 石釜 ③ 陶磁器 ④ 其他（　　）

11. あなたはピビムパの御飯の水として何が適當だと思っていますか？

① 牛骨の汁 ②生水 ③ 其他（　　）

12. ピビムパの飾り物として何が好きですか？

① 銀杏 ② 朝鮮松の實 ③ 胡麻 ④ のりつぶし ⑤ 其他（　　）

13. ピビムパに入れる油として何が好きですか？

① 胡麻油 ② 荏の油 ③ オリブオイル ④ 其他（ ）

14. ピビムパとお饌の量は？

① 多い ② 適當 ③ 少ない

15. 韓國飲食に對するあなたの思いはどうですか？

16. 韓國飲食に對して改善すべき点などを指摘して下されましたら？

まことにありがとうございました

2.4 중국어 설문조사 문항

– 对市场中的拌饭认知度和喜爱度的调查 –

您好°感谢您百忙之中抽出时间接受问卷调查. 把传统拌饭开发成新品种的拌饭使之世界化，为此特意对您进行问卷调查，您回答的学术性内容将一直作为统计材料使用. 您的意见对本研究起到很关键的作用，协助调查将会帮助我们很多. 致以感谢.

Ⅰ. 一般环境调查

请阅读下面问题并在答案上画 “V”

1. 请问您的性别是？

① 男 ② 女

2. 您的年龄是？

① 20岁以下 ② 20～29岁 ③ 30～39岁 ④ 40～49岁 ⑤ 50岁以上

3. 您的学历是？

① 初中以下 ② 高中 ③ 大学 ④ 研究生以上

4. 您的宗教是？

① 佛教 ② 基督教 ③ 天主教 ④ 伊斯兰教 ⑤ 其他（ ）

5. 您的婚姻状况为？

① 已婚　　② 未婚

6. 您的主要生活地为？

① 首尔　② 京畿道　③ 江原道　④ 忠清道　⑤ 京上道　⑥ 湖南道
⑦ 济州岛　⑧ 其他（　　）

7. 您的出生地？

① 日本　② 中國大陆　③ 香港　④ 臺灣　⑤ 越南　⑥ 欧洲
⑦ 美国（　　）

8. 您来韩国的理由是？

① 观光　② 事业　③ 留学　④ 就职　⑤ 其他（　　）

9. 有到韩国访问的经验吗？

① 1次　② 2次　③ 3次　④ 4次以上

10. 吃过韩国料理吗？

① 没有　　② 有哪里)

11. 吃过最美味的料理是？

① 烤肉　② 泡菜　③ 紫菜包饭　④ 炒年糕　⑤ 杂烩　⑥ 拌饭
⑦ 参鸡汤　⑧ 泡菜汤　⑨ 排骨　⑩ 冷面　⑪ 其他（　　）

Ⅱ. 下面是关于对拌饭的认识和品尝情况的问题. 请在答案上画“V”

1. 您喜欢拌饭吗？

(1) 喜欢的理由是什么？

① 营养丰富　② 色彩　③ 味道　④ 食用方便

(2) 不喜欢的理由是什么？

① 营养不足　② 颜色单调　③ 味道不合适　④ 太辣

2. 您多长时间食用一次拌饭？

① 基本不吃　② 一周一次　③ 一周两次　④ 一周三次以上

3. 拌饭中使用的蔬菜是哪种状态比较喜欢？

① 生菜 ② 熟菜

(1) 喜欢生菜的理由是？

① 可能生菜的营养价值更高 ② 咀嚼感较好

(2) 喜欢熟菜的理由是？

① 对蔬菜营养的摄取 ② 比起生菜较柔软的咀嚼感

4. 您比较喜欢拌饭中的哪种饭？

① 白米 ② 杂粮 ③ 黑米 ④ 大麦 ⑤ 其他（ ）

5. 您比较喜欢拌饭中的哪种调味料？

① 辣椒酱 ② 酱油 ③ 大酱 ④ 其他（ ）

6. 会亲手做拌饭吗？

(1) 会的话从哪里学到的？

① 家里 ② 料理学院 ③ 大众传播 ④ 料理书 ⑤ 其他（ ）

(2) 不会做的理由是什么？

① 不关心 ② 不知道做法 ③ 做法太难 ④ 没有时间 ⑤ 其他（ ）

7. 食用拌饭的动机是？

① 健康 ② 素食 ③ 方便

8. 您认为搭配拌饭比较合适的汤是什么？

①清汤 ② 土酱汤 ③ 肉骨汤 ④ 其他（ ）

9. 您通常在哪品尝拌饭？

① 酒店 ② 饭店 ③ 韩食店 ④ 家里 ⑤ 其他（ ）

10. 您觉得盛拌饭最合适的容器是？

① 铜碗 ② 石锅 ③ 陶瓷器 ④ 铜盆 ⑤ 其他（ ）

11. 您认为用什么水煮饭比较合理？请简单写出理由

① 肉骨汤（ ） ② 生水（ ）

12. 您喜欢拌饭中的哪种配菜？

① 银杏 ② 松子 ③ 芝麻 ④ 紫苿沫 ⑤ 其他（ ）

13. 拌饭用的油哪种比较喜欢？

① 麻油 ② 苏子油 ③ 橄榄油 ④ 其他（ ）

14. 主食和配菜的量怎样？

① 多 ② 合适 ③ 不足

15. 感觉韩国饮食怎样？

16. 要改善的话请给出指点？

2.5 기능성 비빔밥 관능평가

– 비빔밥 관능평가 –

안녕하십니까?
본 설문 조사는 비빔밥의 관능평가를 하기 위하여 실시하고 있습니다.
설문 내용에는 맞고, 틀린 답은 없으며, 이 설문은 오로지 학술적 목적으로만 사용됩니다. 바쁘신 중에도 설문조사에 응답하여 주셔서 대단히 감사합니다.

연구자 : 우석대학교 식품생명공학과 조문구 교수
(010-3349-4279 / mfusiontech@hanmail.net)

※ 인구 통계학적 특성에 대한 문항입니다. 'V' 표를 해주시기 바랍니다.

1. 귀하의 성별은?

① 남성 ② 여성

2. 연령은?

① 20세 미만 ② 20～29세 ③ 30～39세 ④ 40～49세 ⑤ 50세 이상

3. 결혼 여부?

① 미혼 ② 기혼

4. 좋아하는 한국음식은?

① 불고기 ② 비빔밥 ③ 갈비 ④ 김치찌개 ⑤ 된장찌개 ⑥ 해물파전
⑦ 육개장 ⑩ 기타 (   )

5. 국적과 한국 체류기간은?

※ 비빔밥 선호도 문항입니다. 'V' 표를 해주시기 바랍니다.

순	질 문 사 항	전혀 그렇지 않다	그렇지 않다	보통이다	그렇다	매우 그렇다
1	한국 비빔밥의 명성과 평판을 들었다.	①	②	③	④	⑤
2	비빔밥을 평소에 즐겨 먹는다.	①	②	③	④	⑤
3	이 비빔밥의 재료들은 거부감이 없이 적절하다.	①	②	③	④	⑤
4	이 비빔밥의 양은 적당하다.	①	②	③	④	⑤
5	이 비빔밥의 오일은 맛을 증가시킨다.	①	②	③	④	⑤
6	이 비빔밥의 소스는 맛을 증가시킨다.	①	②	③	④	⑤
7	이 비빔밥의 맛은 괜찮았다.	①	②	③	④	⑤

6. 비빔밥에 대한 의견과 개선사항은?

3. 거점국가 현장조사

3.1 홍콩지역 현장조사

일 시 : 2010년 10월 29일(금)~10월 31일(일)

장 소 : 홍콩

인 원 : 총 8명

교수 4인(최동성, 정문웅, 우자원, 박옥필)

연구원 4인(장정연, 김희선, 배재오, 김수곤)

《일 정》

10월 29일(금)

09:00~13:00 인천 - 홍콩 국제공항

18:00~21:00 TIMES SQUARE의 SORABOL 한식당 : 시식 + 설문조사

★ 일반 퓨전요리 대중음식점(사장 - 신홍우)

비빔밥 메뉴 - 총 2종, 기타 메뉴

가 격 - 홍콩달러 68~110

개 점 - 1995년(체인점)

10월 30일(토)

10:00~13:00 CAUSEWAY BAY부근 한국식당 설문조사

18:00~21:00 TIMES SQUARE의 Arirang 아리랑 : 시식 + 설문조사

★ 일반 퓨전 대중음식점

비빔밥 메뉴 - 총 4종, 기타 메뉴 10여 종

가 격 - 홍콩달러 100~140

개 점 - 1964(본점)

10월 31일(일)

10:00~12:00 CAUSEWAY BAY부근 외국인 및 현지인 설문조사

12:00~13:00 CAUSEWAY BAY의 MYUNG GA 명가 : 시식회

★ 일반 퓨전요리 대중음식점

비빔밥 메뉴 - 총 6종, 기타 메뉴 10여 종

가 격 - 홍콩달러 110~140

개 점 - 1996년(체인점)

17:00~20:30 홍콩 국제공항 - 인천

3.2 일본 나고야 및 오사카지역 현장조사

일 시 : 2010년 11월 5일(금)~11월 8일(월)
장 소 : 일본 중부(나고야) 및 관서(오사카)지역 비빔밥 전문식당
인 원 : 우석대학교 식품과학대학 소속 교수, 연구원 - 총 7명
교수 2인(오찬호, 오석홍)
연구원 5인(김남석, 박정섭, 유진주, 김동훈, 이미진)

《일 정》

11월 5일(금)

12:30~14:30 인천 - 일본 중부 센트럴(나고야) 공항

18:00~20:00 나고야시 中村區 소재 天狗 일본식 대중식당 : 시식회
★ 일반 퓨전요리 대중음식점

11월 6일(토)

10:00~12:00 나고야대학 생명농학부(농과대학) 방문
- 가도와끼 교수 면담

12:00~14:00 나고야시 千種區 소재 『韓國料理 食(Kuu) 돌솥비빔밥』
★ 비빔밥전문 대중식당 : 시식 및 설문조사
비빔밥 메뉴 - 총 13종, 기타 요리 6종
가 격 - 610엔~880엔, 월 매출 - 약 120만엔
개 점 - 2000년 8월, 총 15석
설문조사 - 8명(일본인)

18:30~20:30 나고야시 名東區 소재 『炭火燒肉 新羅館 名東本店』
★ 최고급 한국요리 전문식당 : 시식 및 설문조사
체인점(명동본점, 미찌노미야점)
비빔밥 메뉴 - 총 4종, 세트요리(4000엔~6500엔/1인)
가 격 - 980엔~1480엔, 월 매출 - 약 3000만엔
개 점 - 1988년 3월, 총 300석
점 장 - (남), 종업원 20명
설문조사 - 7명(일본인)

11월 7일(일)

11:30～13:00 나고야시 中村區 소재 韓國旬彩料理 妻家房 Midland Square

★ 한국요리 대중(퓨전요리)식당 : 시식 및 설문조사

체인점(전국 14점포), 김치박물관(동경 신주쿠 소재) 운영

비빔밥 메뉴 - 6종, 기타 세트요리(4000엔～9000엔/1인)

개 점 - 2001년 8월, 총 80석

사 장 - 박양기(남), 종업원 10명

설문조사 - 10명(일본인, 재일교포)

18:00～20:00 오사카부 心齋橋 소재 『龍宮店 Ryugutei』

★ 일본식 스시요리 대주식당(무한리필)

입장료 - 남 : 1700엔/1인, 여 : 1300엔/1인

11월 8일(월)

12:00～14:00 오사카부 心齋橋소재 『韓國料理 bibm' 心齋橋 OPA店』

★ 한국요리 대중(퓨전요리)식당 : 시식 및 설문조사

체인점(오사카 시내 4점포) : NAMBA, OPA

비빔밥메뉴 - 6종, 기타 퓨저요리

가 격 - 950엔～1050엔, 월 매출 - 약 1500만엔

개 점 - 2002년 7월, 총 60석

점 장 - (남), 종업원 8명

설문조사 - 4명(일본인)

17:50～19:40 간사이공항(오사카) - 인천

4. 비빔밥의 구성 재료

4.1 외국인을 위한 비빔밥 5종 및 비교식품의 구성 재료

전주비빔밥	버섯불고기 비빔밥	새싹비빔밥	참치샐러드 비빔밥	산채비빔밥	햄버거
다진 마늘	쇠고기	새싹 4종[1]	참치통조림	도라지	빵
통 깨	느타리버섯	겨자 잎	마요네즈	시래기	고기패티
도라지	표고버섯	레디쉬	다진 피클	취나물	양상추
고사리	미나리	오 이	양 파	깻잎 순	달걀후라이
애호박	당 근	영양부추	된 장	비듬나물	피 클
표고버섯	고추장	청 상추	레몬즙	표고버섯	기름 등
당 근	조 청	쌀	조 청	당 근	
미나리	매실 청	부 추	식 초	쇠고기등심	
황포 묵	다진 마늘	간 장	천일염	파	
달걀노른자	통 깨	레몬즙	삶은 달걀 노른자	다진 마늘	
은 행	정 종	다진 마늘	흑임자	간 장	
잣 소금	배 즙	조 청	양상추	조 청	
달걀황백지단	쌀	고춧가루	오 이	통 깨	
간 장	정제수	통 깨	홍파프리카	후 추	
천일염	한식용 식용유	정제수	노란 파프리카	달 래	
후춧가루		한식용 식용유	쌀	고춧가루	
설 탕					
잣가루			정제수	정제수	
고추장			한식용 식용유	쌀	
조 청				한식용 식용유	
매실청					
정 종					
정제수					
쌀					
한식용 식용유					

[1]모듬새싹 : 새싹 4종(청경채, 다채, 배추, 적무)

4.2 기능성 비빔밥 5종의 구성 재료

김치비빔밥	나물비빔밥	해초굴 비빔밥	오곡돌솥 비빔밥	견과류 영양비빔밥
백 미	백 미	백 미	오 곡[2)]	백 미
날치 알	콩나물	굴	쇠고기[3)]	정제수
볶은 김치	얼갈이배추	칠면채	배 즙	은 행
콩나물	시금치	미 역	다진 마늘	밤
다진 마늘	다진 마늘	톳	정 종	대 추
참기름	참기름	다시마	간 장	잣
들 깨	통 깨	고추장	다진 파	호 두
당 근	고사리	조 청	통 깨	인 삼
달걀노른자	간 장	매실청	참기름	표고버섯
김가루	다진 파	식 초	후춧가루	우엉조림
쇠고기	식용유	정제수	잣가루	부추간장
간 장	토란대	한식용 식용유	표고버섯	레몬즙
후 추	들깨가루		당 근	다진 마늘
통 깨	들기름		콩나물	조 청
삶은 시금치	생도라지		애호박	고춧가루
정제수	느타리버섯		도라지	참기름
한식용 식용유	정제수		청포묵	통 깨
	한식용 식용유		김가루	한식용 식용유
			생달걀노른자	
			상 추	
			달 래	
			조 청	
			고춧가루	
			정제수	
			한식용 식용유	

[2)]오곡 : 팥, 수수, 찹쌀, 차조, 흑미

[3)]쇠고기 : 육회용(꾸리살, 홍두깨)

5. 비빔밥 재료의 선행연구 및 문헌조사 자료

5.1 비빔밥의 재료관련 자료

재 료 명	참 취
재료의 효능	– 동풍채라 하여 혈액순환 개선, 해독, 진통의 약효가 있어 요통, 두통, 인후염, 타박상 등에 이용되고 있음.
재료의 기능성 관련 논문명	– Park, J.A *et al.* (1999). Effect of Korean native plant diet on lipid metabolism, antioxidative capacity and cadmium detoxification in rats. *Korean J. Nutr.* 32, 353-357. – Kim, S.J. *et al.* (2004). Quality characteristics of aster scaber and development of functional healthy drinks using its extract. *Korean J. Soc. Food Cookery Sci.* 20, 310-316. – Lee, H.J. *et al.* (2001). Effect of dried powder and juice of aster scaber on lipid metabolism and antioxidative capacity in rats. *Korean J. Nutr.* 34, 375-383.
재료 관련 논문의 기능성 내용	– 항산화 능력, 중금속 제거 및 지방 축적 억제효과 – 고지혈증, 심방순환계 질환의 치료와 예방효과 – 혈청 지질대사 개선 및 체내 항산화 능력 증진효과
총 평	– 항산화, 지방축적 억제 및 지질대사 개선 등에 효과가 있어 성인병 예방 효과가 있는 것으로 판단됨.

재 료 명	은 행
재료의 효능	- 외피를 제거한 껍질안의 황록색을 띤 배유조직을 식용으로 하며, 전분, 카로틴, 비타민 C 등을 함유함. - 동의보감 : 폐와 위의 탁한 기운을 맑게 하고, 숨찬 것과 기침을 멎게 한다고 함. - 본초강목 : 심장의 기능을 돕고, 설사를 멎게 하며, 야뇨증, 냉증, 주독해소, 강장작용에 도움을 줌.
재료의 기능성 관련 논문명	- Lena M. Goh *et al.* (2002). Antioxidant capacity in Ginkgo biloba. *Food Research International* 35, 815-820. - Swetha Mahadevan *et al.* (2008). Modulation of cholesterol metabolism by Ginkgo biloba L. nutsand their extract. *Food Research International* 41, 89-95. - Barry S. Oken *et al.* (1998). The Efficacy of Ginkgo biloba on Cognitive Function in Alzheimer Disease. *Arch Neurol.* 55, 1409-1415.
재료 관련 논문의 기능성 내용	- 항산화력 검증 - 체내 콜레스테롤 저하효과 - 치매 억제효과
총 평	- 은행은 항산화력과 콜레스테롤 저하효과가 있고, 심장의 기능을 돕고 항치매 효과가 있는 것으로 판단됨.

재 료 명	시금치
재료의 효능	- 비타민 A, C, 철분, 칼슘, 클로로필을 많이 포함하는 녹황색 채소로 식물섬유도 부드러우며 소화가 잘 됨. - 본초강목 : 혈맥을 통하고 가슴이 막힌 것을 통함. 기를 내리고 속을 고르게 함. - 식료본초 : 오장을 이롭게 하고, 주독을 품.
재료의 기능성 관련 논문명	- Yun Wang *et al.* (2005). Dietary supplementation with blueberries, spinach, or spirulina reduces ischemic brain damage. *Experimental Neurology* 193, 75-84. - 박자영 외. (2007). 시금치 추출물에 의한 뇌세포 사멸 보호 효과. 한국식품저장유통학회 425-430. - Aeda N. (2007). Anti-Tumor Effects of the Glycolipids Fraction from Spinach which Inhibited DNA Polymerase Activity. *Nutr. Cancer* 57, 1216-223.
재료 관련 논문의 기능성 내용	- 허혈성 뇌손상 감소효과 - 뇌세포사멸 보호효과 - 항암효과
총 평	- 시금치는 허혈성 뇌손상 감소효과, 뇌세포사멸 보호효과, 항암효과가 있으며, 오장을 이롭게 하고 주독을 풀 수 있는 것으로 알려짐.

재 료 명	미나리
재료의 효능	- 봄의 7초 중의 하나인 다년생 초본으로 논 미나리와 밭 미나리가 있음. 카로틴, 비타민 C가 비교적 많이 함유되어 있음. - 동의보감 : 황달이나 부인병, 음주 후의 두통이나 구토에 특히 효과가 뛰어남. 또한 해열, 혈압강하, 해독작용이 있으며, 복수나 부종이 있을 때 미나리 생즙을 갈아먹으면 효과가 있음. - 본초종신 : 물미나리는 열을 식혀주고, 가슴이 답답하고, 입이 마른 것을 치료하며, 황달을 치료하고, 소변을 잘 보게 함. - 본초강목 : 감미롭고 마음을 평안하게 하며, 정수(精髓)를 보익(補益)하는 건위, 강장제.
재료의 기능성 관련 논문명	- 이은 외. (2005). 미나리 즙이 과산화 지질과 알코올을 투여한 흰쥐의 체지질 구성, 간장기능 및 항산화능에 미치는 영향. Korean J. Plant Res. 18, 343-350. - Mi Kyeong Lee *et al.* (2008). Isorhamnetin from Oenanthe javanica Attenuates Fibrosis in Rat Hepatic Stellate Cells via Inhibition of ERK Signaling Pathway. *Natural Product Sciences* 14(2), 81-85.
재료 관련 논문의 기능성 내용	- 간 기능 및 항산화능력 조절 - 섬유종 억제기능
총 평	- 미나리는 카로틴과 비타민 C를 비교적 많이 함유하고 있으며, 간 기능 개선 및 항산화 능력이 우수한 것으로 조사됨.

재 료 명	호 박
재료의 효능	– 칼로리가 높고, 카로틴을 다량 함유하며, 비타민 B_1, C가 매우 풍부함. – 저장성이 높으므로 동지에 먹는 습관은 채소가 적은 겨울시기에 영양보급으로서 중요한 역할을 함. – 뿐만 아니라 애호박에는 위 점막의 생성에 필수적인 성분으로 위 표면을 윤기 있게 해주며, 점액 분비를 관여하는 비타민 A가 풍부함. – 본초강목 : 애호박은 속을 보호하고 기를 늘려줌. 주된 효능은 소화기계통, 특히 위와 비장을 보호하고, 기운을 더하는 효능이 있음. 애호박에는 비타민뿐만 아니라 아연, 망간 등 다른 식품에서 얻기 어려운 미량원소가 많이 들어 있어 더욱 진가가 발휘됨. 또한 애호박의 당분은 특히 소화가 잘 되기 때문에 위궤양 환자도 손쉽게 먹을 수 있음. – 동의보감 : 성분이 고르고, 맛이 달며 독이 없으면서 오장을 편하게 함.
총 평	– 호박은 카로틴을 다량 함유하며 비타민 B_1, C가 매우 풍부하고, 애호박에는 위 점막의 생성에 필수적인 성분으로 위 표면을 윤기 있게 해주며, 점액 분비를 관여하는 비타민 A가 풍부한 것으로 알려져 있음.

재 료 명	오 이
재료의 효능	- 96%가 수분으로 칼로리가 매우 낮음. 영양성분보다는 식욕을 증진시키기 위한 채소로서 사각사각한 미각을 즐길 수 있음. - 동의보감 : 이뇨효과가 있고, 장과 위를 이롭게 하며, 소갈을 그치게 하고, 부종이 있을 때 오이 덩굴을 달여 먹으면 낫는다고 하였음. 한방에서는 오이가 성질이 차고 맛이 달고 독이 없으며, 너무 많이 먹으면 한열(寒熱)을 일으키기 쉽다고 함.
총 평	- 오이는 항산화능이 우수한 효소가 들어 있고, 식욕을 돋우며, 이뇨효과가 우수한 것으로 알려져 있음.

재 료 명	밤
재료의 효능	- 밤은 북반주의 온난대에 약 12종이 분포되어 있고, 전국적으로 유명한 품종은 수정임. 저장양분은 전분이 주임. - 동의보감 : 기를 도와주고, 장과 위를 든든하게 하며, 신기를 보하고, 배고프지 않게 한다고 기록되어 있음. 하혈이나 토혈에 밤을 태워서 만든 가루를 복용하면 효험을 볼 수 있으며, 배탈과 설사가 심할 경우에는 군밤을 먹이면 좋음. - 본초강목 : 기에 이로우며, 위장을 든든하게 하고, 기를 견디게 하고, 신기(腎氣)를 보함. 밤을 생식하면 다리와 허리의 무력감을 덜어주고 인대, 근육 손상과 골절로 인한 부종, 통증, 어혈에 생밤을 갈아서 도포하면 일정한 효과가 있음.
총 평	- 밤은 장과 위를 든든하게 하며, 신기를 보하고, 다리와 허리의 무력감을 덜어주는 것으로 알려짐.

재 료 명	콩과 콩나물
재료의 효능	- 비타민이 풍부하고, 아미노산과 아스파트산 성분이 포함되어 있어서 간을 보호해 주는 역할.
재료의 기능성 관련 논문명	- 김은미 외. (2005). 실험쥐를 통한 콩과 콩나물 Isoflavones의 생체 이용성 비교. 한국영양학회 38, 335-343. - 김정인 외. (2003). Streptozotocin 유발 당뇨 쥐에 있어서 콩나물 메탄올 추출물의 혈당강하 효과. 한국식품영양과학회 32, 921-925. - Oh and Choi., (2001). Changes in the levels of γ-aminobutyric acid and glutamate decarboxylase in developing soybean seedlings. - Oh *et al.* (1996). Purification and characterization of phytoferrin. - 차연수 외. 콩의 발아에 따른 카르니틴 함량 변화. - Kim *et al.* (2005). Germination effect of soybean on its contents of Isoflavones and oligosaccharides. - 김동희 외. (2003). 단메밀과 콩 추출물들의 생리기능성
재료 관련 논문의 기능성 내용	- 콩나물의 이소플라본의 생체 이용률 증가 - 혈당강하 효과 - 콩나물의 특수아미노산인 γ-aminobutyric acid와 glutamate decarboxylase 함량 변화 - Phytoferrin 함량 및 특성
총 평	- 콩나물에는 각종 아미노산과 아스파트산 성분, GABA, Ferritin 등의 성분이 들어 있어 혈당강하, 항산화, 간 기능 개선 효과가 있을 것으로 판단된다.

재 료 명	고추장
재료의 효능	- 고추장은 미생물의 발효과정에서 생성되는 유리 당, 유기산과 유리아미노산에 의한 단맛, 신맛, 구수한 맛과 소금의 짠맛, 고춧가루의 매운맛이 조화를 이루는 식품임. - 최근 우리나라의 전통 발효식품의 기능성 연구보고와 함께 고추장의 비만억제 및 항암효과 같은 다양한 생리적 기능성이 알려지면서 기능성을 부여한 새로운 고추장 제조를 위한 연구가 계속되고 있음.
재료의 기능성 관련 논문명	- 이숙희 외. (2003). 지방식이를 섭취한 흰쥐에서 고추장의 체중 및 지방조직과 혈청내의 지질감소 효과. 한국식품영양과학회 32, 882-886. - 주종재.(2000). 고지방식이를 섭취시킨 흰쥐에서 고추장의 항비만효과. 한국영양학회 33, 787-793. - Bon Sun Koo *et al.* (2008). Fermented Kochujang Supplement Shows Anti-obesity Effects by Controlling Lipid Metabolism in C57BL/6J Mice Fed High Fat Diet. *Food Sci. Biotechnol.* 17336-342. - Kun-Young Park *et al.* (2001). Inhibitory effect of Kochujang extracts on the tumor formation and lung metastasis in mice. *J. Food Sci. Nutr.* 6, 187-191.
재료 관련 논문의 기능성 내용	- 지질감소 효과 - 항비만 효과 - 종양형성 억제효과
총 평	- 고추장은 항비만 효과가 알려진 비빔밥의 대표적인 소스이며, 기능성이 강화된 고추장 개발이 계속되고 있음.

재료명	고사리
재료의 효능	– 산성 다당류가 함유되어 체내에 침투한 병원체의 세포막을 파괴하여 살균작용을 하며, 석회질이 풍부하게 함유되어 뼈를 튼튼하게 해줌. – 동의보감 : 성질이 차고 활하며, 맛이 담. 열을 내리고, 오줌을 잘 나가게 함. – 본초강목 : 오장의 부족한 것을 보충하며, 독기를 풀어줌.
총 평	– 고사리는 산성 다당류를 많이 함유하고 있어 체내에 침투한 병원체의 세포막을 파괴하여 살균작용을 하는 재료임.

재료명	다시마
재료의 효능	– 알긴산을 많이 함유하며, 혈중 콜레스테롤, 혈압 강하 효과가 있음. 음식물 섬유소로서 가치가 있음. – 동의보감 : 곤포라는 이름으로 기록되어 있고, 막힌 것을 풀어주고 응어리진 것을 흐트러트리는 효과가 있는 약재. – 본초강목 : 성질이 차고 맛이 짜며, 독이 없어 오줌을 잘 나가게 하고, 얼굴이 부은 것을 내리게 함.
총 평	– 다시마는 알긴산을 많이 함유하며, 혈중 콜레스테롤, 혈압 강하 효과가 있으며, 섬유소로서 가치가 있음.

재 료 명	잣
재료의 효능	- 오래 전부터 선인의 영약이라고 하며 지방, 단백질, 철, 칼슘, 비타민 B_1, B_2와 비타민 E를 풍부하게 함유함. - 고서(古書)에서의 잣의 효능 ① 해약본초 : 모든 풍병을 다스리고, 장과 위를 좋게 한다. ② 개본본초 : 골절풍(사지신경통)과 어지럼증 그리고 부종을 다스리고, 오장을 좋게 하며, 주리지 않게 한다. ③ 본초통현 : 폐에 유익하고 기침을 그치며, 기를 보하고 혈을 늘리며, 장을 윤활하게 하고, 갈증을 그치게 한다. ④ 본초비요 : 폐를 윤활하게 하고 위를 따뜻하게 하며, 풍을 없애고 기침을 그치게 하며, 허비(虛泌)를 다스린다. ⑤ 동의보감 : 성질이 따뜻하고 감미, 무독하다. 골절풍과 풍비와 현기증을 다스리고 피부를 윤택하게 하며, 오장에 영양이 되며, 허하고 여위어 원기가 쇠약한 것을 보한다. ⑥ 동의보감 : 장복하면 몸이 산뜻해지고 장수불로 하며, 조금 먹어도 영양이 된다. ⑦ 사림삼서 : 잣죽을 먹으면 심폐가 윤활하고, 대장이 화한다. ⑧ 본초강목 : 골절풍과 풍미(風痹)를 다스리며, 오장을 도와주고 허손을 보한다.
총 평	- 지방, 단백질, 철, 칼슘, 비타민 B_1, B_2와 비타민 E를 풍부하게 함유하고 있는 재료임.

재 료 명	들기름
재료의 효능	– 들기름에는 고도불포화 지방산인 알파-리놀레산이 함유되어 있어 혈관을 막히게 하는 콜레스테롤의 침착을 감소시켜 주어 혈중 콜레스테롤을 낮추어 주고, 혈관의 노화를 방지해 주어 동맥경화 예방에 좋음. – 동물실험에서 들기름을 섭취시켰을 때 체중, Triglyceride, total cholesterol이 낮았다고 보고됨. – 동의보감 : 들깨는 성질이 따뜻하고 독이 없으며, 간을 윤택하고 기운을 돋워 준다고 기재되어 있어 예로부터 병을 앓았거나 나이가 들어 기력이 떨어진 사람에게 들깨죽을 끓여 먹였음. – 본초강목 : 들깨로 환약을 만들어 상복하면 만물에 통하고 신명에 접하며, 재주에 뛰어나다 했음. 이는 들기름이 두뇌 활동에 영향을 준다고 미루어 볼 수 있음.
재료의 기능성 관련 논문명	– 곽충실, 최혜미(1992). 들기름, 옥수수기름의 섭취와 2-Acetylaminofluorene 투여가 지질 과산화물 및 PG TX 생성에 미치는 영향. 한국영양학회지 25, 351-359. – 김우경 외(1996). 들기름과 참치유의 섭취가 흰쥐의 지방대사와 eicosanoids 생성에 미치는 영향. 한국영양학회지 29, 703-712. – 이인숙(2008). 들기름의 오메가-3 지방산이 콜레스테롤을 투여한 흰쥐 혈청성분에 미치는 영향. 명지대학교 박사학위 논문. – 장석암, 최용어(1999). 캡사이신과 들기름 섭취한 쥐의 유영훈련 후 혈청 CPK와 LDH 활성도 변화. 한국스포츠리서치. 10, 187-198. – 한명주, 임혜영(1999). 들기름에 대한 칡추출물 분획의 항산화 효과. 한국조리과학회 15, 114-120. – 최춘언(1996). 들기름의 섭취와 영향. 식품공업 134, 17-21.

(들기름 계속)

재료의 기능성 관련 논문명	- Ikemoto S. *et al.* (1996). High-fat diet-induced hyperglycemia and obesity in mice: Differential effects of dietary oils. *Metabol.* 45, 1539-1546. - Okuno M. *et al.* (1997). Perilla oil pervents the excessive growth of visceral adipose tissue in rats but down-regulating adipocyte differentiation. *J. Nutr.* 127, 1757-1757.
재료 관련 논문의 기능성 내용	- 체중, Triglyceride, total cholesterol 감소 효과 - CPK, LDH 활성 감소 - 백근 조직세포의 증가와 체중과의 상관관계 - 산 처리한 칡 추출물의 ethylacetate 분획을 들기름에 첨가 시 들기름 산패 억제. - 옥수수기름과 비교 시 지질 과산화물 및 PG, TX 생성이 더 낮아짐. 이는 지질 과산화나 eicosanoid를 통한 종양발생 촉진효과가 낮을 것으로 예상됨. - 들기름의 섭취는 오메가-3 보충제와 비교 시 ① Triglyceride, LDL-cholesterol 함량과 동맥경화 지수가 유의적으로 낮아짐. ② ALP, creatine, LDH가 높아짐. ③ 혈중 포도당 및 체중 증가량이 낮아짐.
총 평	- 들기름의 지방산 조성은 1그룹 팔미트산(16:0) 6.3%, 스테아르산(18:0) 1.6%, 올레산(18:1) 13.8%, 2그룹 리놀레산(18:2, n-6) 14.6%, 3그룹 알파-리놀레산(18:3, n-3) 62.8%임. 이와 같이 들기름은 60% 이상이 오메가-3계열 고도불포화지방산인 알파-리놀레산으로서 심장, 혈관계통 질환, 특히 관상동맥 질환의 예방과 억제효과가 있음. 또한 LDH의 변화 및 체중, 중성지질, 총콜레스테롤 감소효과가 있는 것으로 판단됨.

재 료 명	황포 묵
재료의 효능	- 청포묵에 치자물을 드려 색을 낸 것으로, 오행에 맞춰 개발한 우리 조상의 지혜가 나타나는 음식. 주재료는 녹두임. - 동의보감 : 백독(百毒)을 풀어주는 명약으로, 원기를 돋우어 주고, 오장을 조화롭게 하며, 몸 안에 쌓은 열을 다스리고, 소변을 잘 배출되도록 도우며, 인체의 12경맥(經脈)을 잘 돌게 한다. - 식료본초 : 원기를 돋우어 주고, 오장을 조화시켜 주며, 정신을 안정시킨다. - 본초비요 : 열을 없애고, 독을 풀어주며, 소변을 이롭게 한다. - 천금식치 : 몸 안의 열을 다스리고, 설사를 그치게 하며, 복수에도 효과가 있다. - 동의보감 : 성질이 차고 맛이 달며, 독이 없다. 기를 보하고 열독을 없애는 효과가 있어 큰 종기 등의 질환을 치료하며, 술독이나 식중독을 풀어주는 것으로 기록됨.
재료의 기능성 관련 논문명	- Vijayalakshmi Purushothaman MSc PhD *et al.* (2008). Supplementing iron bioavailability enhanced mung bean. *Asia Pac. J. Clin. Nutr.* 99-102. - 오혜숙 외. (2003). 팥과 녹두의 이소플라빈 함량과 항산화 및 혈전용해 활성. 한국식품조리과학회 19, 263-270.
재료 관련 논문의 기능성 내용	- 철의 이용률 증가 - 항산화 및 혈전 용해 활성
총 평	- 황포 묵은 비빔밥의 중요한 재료로써 원기를 돕고, 오장을 조화롭게 하며, 항산화 및 혈전용해 활성이 우수함.

재 료 명	참기름
재료의 기능성 관련 논문명	- 김은주 외. (2009). 참기름, 흑참기름, 들기름 및 올리브유 추출물의 생리활성. 한국식품영양과학회 38, 280-286. - Dur-Zong Hsu *et al.* (2006). Sesame oil attenuates acute iron-induced lipid-peroxidation associated hepatic damage in mice. *Shock.* 26, 625-630. - D.Z. Hsu *et al.* (2010). Protective effect of daily sesame oil supplement on gentamicin-induced renal injury in rats. *Shock.* 33, 88-92. - D.Z. Hsu *et al.* (2008). Sesame oil attenuates hepatic lipid peroxidation by inhibiting nitric oxide and super-oxide anion generation in septic rats. *J. Parenter Enteral Nutr.* 32, 154-159.
재료 관련 논문의 기능성 내용	- 참기름 등의 생리활성 규명 - 간 손상예방 - 신장손상 보호효과
총 평	- 참기름은 간 손상 예방, 신장손상 보호 등의 효과가 알려져 있는 비빔밥의 주요 재료의 하나임.

재료명	표고버섯
재료의 효능	– 열량이 높고 단백질과 비타민이 풍부함. 또한 다당류가 풍부하게 함유되어 있어 암을 예방하는 기능을 함. 표고버섯의 엘리타데닌 성분을 혈중 콜레스테롤 및 혈압저하 작용을 하며, 비타민 B_1, B_2, 나이아신 등 비타민 B군과 칼륨, 식이섬유가 풍부하여 혈압을 안정시키고, 중성지방과 콜레스테롤을 저하시키며, 장내 노폐물 배설을 촉진하는 등의 효과가 있음. 또한 표고버섯의 비타민 B_{12} 성분은 적혈구를 늘리며, 빈혈을 방지함. – 동의보감, 본초강목 : 기를 보충하고, 기갈을 없애며, 풍을 다스리고, 혈을 뚫음.
재료의 기능성 관련 논문명	– 박민경 외. (2007). 표고버섯 추출액이 loperamide로 유도된 변비에 미치는 영향. 한국식품과학회 39, 88-93. – Jiao Shen *et al.* (2009). Effect of the culture extract of Lentinus edodes mycelia on splenic sympathetic activity and cancer cell proliferation. *Autonomic Neuroscience: Basic and Clinical* 145, 50-54. – 박정민 외. (2004). 자궁경부암 동물세포에서 표고버섯의 in vitro 및 in vivo 항암효과 Apoptosis에 의한 종양 세포주의 성장억제. 한국식품과학회 36, 141-146. – E.R. Carbonero *et al.* (2008). Lentinus edodes heterogalactan : Antinociceptive and anti-inflammatory effects. *Food Chemistry* 111, 531-537. – 김재현, 정종길. (2009). 표고버섯의 항산화능과 알코올 분해능에 미치는 영향. 한국본초학회지 24, 159-164.

(표고버섯 계속)

재료의 기능성 관련 논문명	- 조영자 외. (2002). 식이 중 표고버섯의 섭취가 당뇨유발 쥐의 혈당과 지질농도 및 Glutathione 효소계에 미치는 영향. 한국영양학회지 35, 183-191. - 이성현 외. (2004). 표고버섯의 급여가 SHR 흰쥐의 혈압 및 혈정지질 수준에 미치는 영향. 한국영양학회지 37, 509-514.
재료 관련 논문의 기능성 내용	- 변비개선 효과 - 대장암, 유방암 세포증식 억제효과 - 자궁경부암 종양세포 성장억제 기능 - 항염증효과 - 항산화, 항돌연변이 효과 - 항산화능력 및 숙취해소 효과 - 혈당 및 혈청 콜레스테롤 증가 억제 효과 - 고혈압 흰쥐의 수축기 및 이완기 혈압, 혈청, 총 콜레스테롤 수준 감소효과
총 평	- 표고버섯은 암세포 증식억제, 항산화, 혈중 콜레스테롤 증가억제, 혈당강하 등 각종 성인병에 효과적인 비빔밥의 중요 재료임.

재료명	당 근
재료의 효능	- 당근에 들어 있는 카로틴은 몸 안에서 비타민 A로 바뀌기 때문에 당근을 비타민 A의 보고라고 부름. 당근 1/3조각만 먹어도 하루에 필요한 비타민 A를 충분히 섭취할 수 있음. 또한 비타민 E를 제외한 거의 모든 비타민과 철분, 칼슘, 칼륨, 식물성 섬유 등이 균형 있게 들어 있음. 당근에 많이 들어 있는 비타민 A와 철분은 조혈을 촉진하고, 혈액의 흐름을 좋게 하므로 빈혈은 물론 허약 체질인 사람에게 좋으며, 피로회복에도 도움이 됨. - 동의보감 : 당근은 성질이 따뜻하기 때문에 몸이 냉한 사람이 섭취하면 좋음. 또한 허약하고 무기력하며, 감기에 잘 걸리고, 간장이 약한 사람, 식욕이 없고 눈이 침침하며 치아와 뼈가 약한 사람, 점막의 저항력이 떨어져 천식 등이 쉽게 걸리는 사람에게 좋은 건강 채소임. - 본초강목 : 기를 진정시키고 비위를 도우며, 오장을 편하게 함.
재료의 기능성 관련 논문명	- Kerstin Schnbele *et al.* (2008). Effects of carrot and tomato juice consumption on faecal markers relevant to colon carcinogenesis in humans. *British Journal of Nutrition.* 99, 606-613.
재료 관련 논문의 기능성 내용	- 대장암 진행과정 감소효과
총 평	- 당근에는 비타민 A의 전구체가 풍부하게 들어 있어 체내에 비타민 A를 공급해 주어 항암효과를 나타낼 수 있는 비빔밥의 중요한 재료임.

재료명	도라지
재료의 효능	- 기관지염과 호흡기 질환에 좋은 도라지. 인삼 부럽지 않은 사포닌을 함유한 도라지는 예부터 기관지염과 호흡기 질환에 민간요법으로 사용되었음. 인삼에 들어 있는 사포닌과 효능은 다르지만, 도라지의 사포닌은 호흡기 점막의 점액 분비량을 증가시켜 가래를 없애주고, 감기를 예방하며, 축농증을 완화시키고, 호흡기 질환을 개선함. 목에 가래가 많으면 평상시 공복에 생도라지를 날로 먹거나, 숨이 차고 감기에 걸렸으면 도리지 뿌리 달인 물을 마시면 감기회복에 도움이 됨. - 동의보감 : ① 맛은 쓰고 맵고 성질은 따뜻함. 쌉쌀한 맛이 입맛을 돋우며 건위, 정장, 강장, 효능이 있음. ② 도라지는 사포닌이 풍부하여 기관지의 점액 분비를 촉진해 가래를 삭이는데 특효가 있어 진해, 거담의 묘약으로 잘 알려져 있음. ③ 한방에서 도라지는 '길경'이라 하여 예로부터 상기도감염증, 급성기관지염, 폐렴, 폐농양, 천식, 결핵 등에 약재로 사용해 왔음. - 신농본초경 : 감기, 천식, 폐결핵에 거담제로 유용하며, 늑막염에도 효과가 있음.
재료의 기능성 관련 논문명	- 김희숙 외. (1998). 도라지의 급이가 고콜레스테롤혈증, 흰쥐의 간기능 및 간조직의 지질조성에 미치는 영향. 한국식품영양학회지 11, 312-318. - 변부형 외. (2001). 고지방식이를 섭취시킨 흰쥐의 혈청 지질성분에 도라지가 미치는 영향. 대한본초학회지 16, 35-40. - 성낙주 외. (1996). 도라지 추출액이 Alloxan 유발 당뇨성 흰쥐의 혈당 및 지질성분에 미치는 영향. 한국식품영양과학회지 25, 986-992.

(도라지 계속)

논문의 기능성 내용	- 콜레스테롤 저하 및 혈당개선 - 암세포 증식억제
총 평	- 도라지는 콜레스테롤저하와 암세포 증식억제효과가 있으며, 기관지염과 호흡기질환에 효능이 있는 재료임.

재 료 명	무
재료의 효능	- 뿌리에는 비타민 C가 많으며, 소화를 돕는 디아스타아제와 발암성 물질을 분해하는 옥시다아제를 함유함. 잎 부분도 철, 비타민 B_1, B_2, A, C와 칼슘이 풍부함. - 동의보감 : 맛이 달고, 오장이 이로우며, 소화를 돕고 종기를 해소함.
재료의 기능성 관련 논문명	- 김종덕 (2009). 무의 품성과 효능에 대한 문헌연구. 한국농업사학회.
총 평	- 무는 비타민 C가 많으며, 소화효소가 풍부한 것으로 알려져 있어 매우 우수한 재료임.

5.2 비빔밥의 우수성 및 기능성 관련 자료

비빔밥 관련 논문명	한국 전통 한 그릇 음식(비빔밥) 및 그 재료들의 항산화성과 아질산염 소거능
저 자	- 김업식 외(한국조리과학회 20 : 677-683, 2004)
논문 내용	- 비빔밥 및 그 재료들의 항산화성과 아질산염 소거능력 - 한국 전통 한 그릇 음식인 비빔밥에 들어가는 재료로 호박, 표고버섯, 참취, 고사리, 도라지 및 당근을 생시료, 간단 조리 및 양념 조리한 것의 ethanol 추출물에 대한 DPPH 수소 공여증과 아질산염 소거능력을 조사. - 수소 공여능 : 생시료, 간단조리 및 양념조리 모두 참취가 월등히 높았고, 그 다음이 표고버섯이었음. 전반적으로 간단 조리 시나 양념 조리함으로써 항산화성 향상. - 비빔밥>김밥>햄버거 순으로 비빔밥의 항산화 능력이 월등이 높았음. - 아질산염 소거능력 : 사람이 소화기관 환경과 유사한 pH 1.2～3.0(공복 시 및 비공복 시 위 환경)과 pH 6.0(장내 환경)에서는 비빔밥 재료들의 생시료, 간단조리 및 양념조리 비교에서 생시료보다 간단조리나 양념조리 경우 아질산염 소거능력이 약간 향상되며, 특히 참취의 아질산염 소거능이 우수함. - 비빔밥을 김밥이나 햄버거와 비교하면 아질산염 소거능력은 장내환경에서 비빔밥이 약간 높게 나타남.
총 평	- 비빔밥 및 그 재료들의 항산화성과 아질산염 소거능력에 대하여 상세히 조사하여 기술하고 있음.

비빔밥 관련 연구 자료명	비빔밥의 세계화를 위한 다양화 및 편의 유통기술 개발과 국제 프랜차이즈화 연구보고서
저 자	– 연구기관 : 한국식품개발연구원(총괄 연구책임 : 권대영)
내 용	– 비빔밥은 각종 질병을 예방한다고 보고되어 있는 부재료(콩나물, 버섯, 묵, 대추, 나물, 다시마 등)로 구성된 천연식품. – 부재료들은 생 시료에 비해 조리된 나물로 만들었을 때 식이섬유소 함량 증가. – 비빔밥용 콩나물의 생산(침지방식) – 비빔밥의 수출 및 프랜차이즈 전략 조사 – 비빔밥 볶음 고추장의 저장성 미생물검사 및 관능검사 – 비빔밥나물의 일반 성분 및 영양성분 분석 – 저장 유통 시 살균방법(오존수 처리, 초음파처리 등) – 냉동 비빔밥용 나물의 저장 시 미생물학적 및 관능적 특성 조사 – 비빔밥 시제품의 기호도 평가 및 국내 소비자 조사 – 외국인용 비빔밥 레시피 확립
총 평	– 비빔밥의 우수성으로 식이섬유에 의한 각종 장관질환 예방효과, 심혈관계 관련 질병 예방효과, 비만의 치료 및 예방효과, 항 당뇨효과, 장내균총 개선효과.

6. 영양평가 프로그램

6.1 CAN Pro 3.0 프로그램

1) 프로그램의 특징

개인의 영양섭취 상태를 평가하는 프로그램으로 한국영양학회 영양정보센터에서 과학적이고 객관적인 영양학적 자료를 바탕으로 식품 데이터베이스, 음식 데이터베이스와 영양평가용 수식 및 판정기준을 정하였고, 이에 근거하여 개발한 소프트웨어이다.

본 프로그램의 개발 목적은 식품영양학을 전공자에게는 교육용 도구로, 그리고 식품과 영양분야에 관심이 많은 일반인들에게는 건강향상을 위한 영양관리 도구로 활용할 수 있도록 도움을 주는데 있다.

개인이 먹은 혹은 먹어야 할 식품이나 음식의 분량과 영양학적 적절성을 정확하게 평가한다는 것은 보다 바람직한 식습관을 습득함으로써 최적의 건강을 유지할 수 있게 도와 주는 중요한 작업이다. 섭취한 음식의 영양소 함량을 계산하려면 수많은 종류의 식품 데이터베이스를 필요로 하며, 개인별 조건에 따라 다르게 적용되는 영양평가 기준에 맞추어 분석하는 과정은 매우 복잡하며, 시간이 요구되는 전문적인 작업이다.

CAN Pro 3.0 **프로그램**은 전문가용과 일반용 프로그램으로 나뉘어져 있다.

CAN Pro 3.0 **전문가용**은 개인이나 집단의 영양 평가를 목적으로 개발된 프로그램이다. 본 프로그램은 식품영양학 관련 분야의 교수, 대학원생, 식품・의약관련 연구소, 병원・보건소의 의사 및 영양사 등 관련 분야의 전문인들이 연구 도구로서 개인이나 집단의 영양상태를 판정하고, 그 결과들을 통계처리 하거나 다른 프로그램에 응용하고자 할 때 손쉽게 활용할 수 있는 도구로 사용할 수 있다.

기존의 2.0 버전에서는 2000년에 개정된 영양권장량 제7차 개정판이 영양 평가의 기준으로 사용되었는데, 새로이 개정되는 CAN Pro 3.0에서는 2005년에 한국영양학회에서 제정한 한국인 영양섭취 기준을 적용하여 섭취한 영양소를 평가한다.

영양평가용 CAN 3.0 **일반용 프로그램**은 일반인들이 식사 일기를 쓰는 것처럼 쉽고 편리하게 사용할 수 있도록 도와 주기 위하여 개발되었다. 개인의 기본 정보와 음식의 종류 및 분량을 선택하면 프로그램에 내장된 최신 데이터를 활용하여 영양소의 종류와 함량을 알 수 있으며, 각 영양소별, 식품군별로 과부족이나 적정성 여부를 파악할 수 있도록 구성되어 있다.

2) 프로그램의 구성

(1) 영양소와 식품군별 섭취 수준의 평가

개인이 선택한 음식을 각 끼니별로 입력하면 특정 음식의 영양소 함량은 물론 일일 및 끼니별 영양소와 식품군별 섭취 수준, 개인별 필요량 대비 영양 섭취의 수준을 한 눈에 확인할 수 있다. 특히, 식품군별 섭취평가에서는 식사구성의 개념과 각 식품군에 속하는 식품 종류를 파악할 수 있도록 구성되어 있다.

[영양소 섭취량 평가 화면]

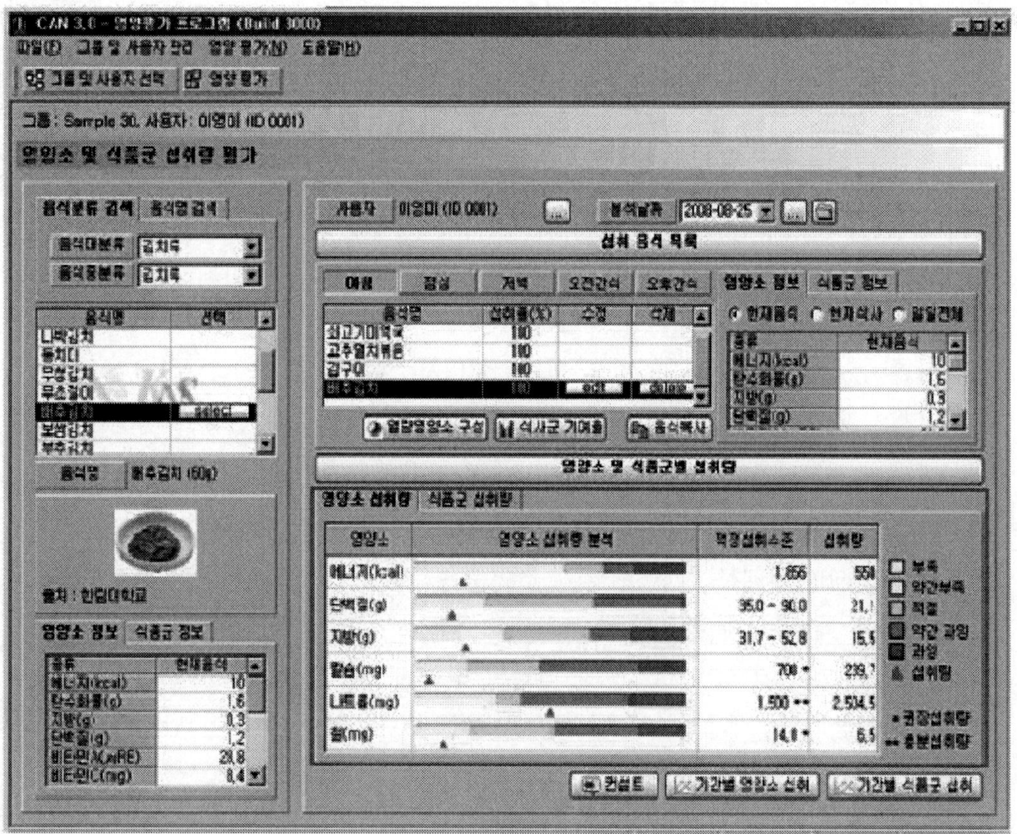

[식품군 섭취량 평가 화면]

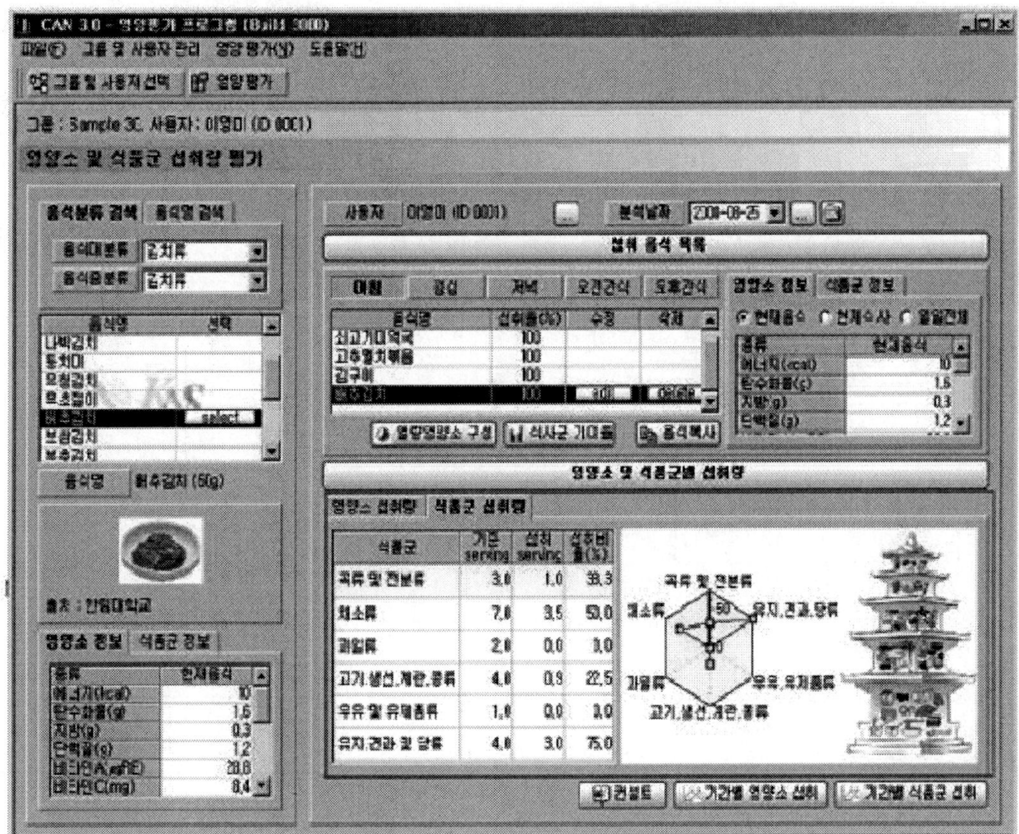

(2) 영양평가 결과지

현재 나이와 성별, 몸무게, 키, 활동량 등을 기초 자료로 개인의 비만도를 판정하고 이상적인 체중과 그에 따른 적정에너지를 제시해 주며, 영양소와 식품군 섭취평가에 대한 전문가의 조언이 제공된다.

식품군별 섭취평가에서는 기준 serving에 대비한 섭취 serving에 대한 판정과 함께 식품군별 1인 1회 분량을 알려 줌으로써 일반인들이 보다 쉽게 자신에게 적합한 음식의 섭취기준을 파악할 수 있도록 구성되어 있다.

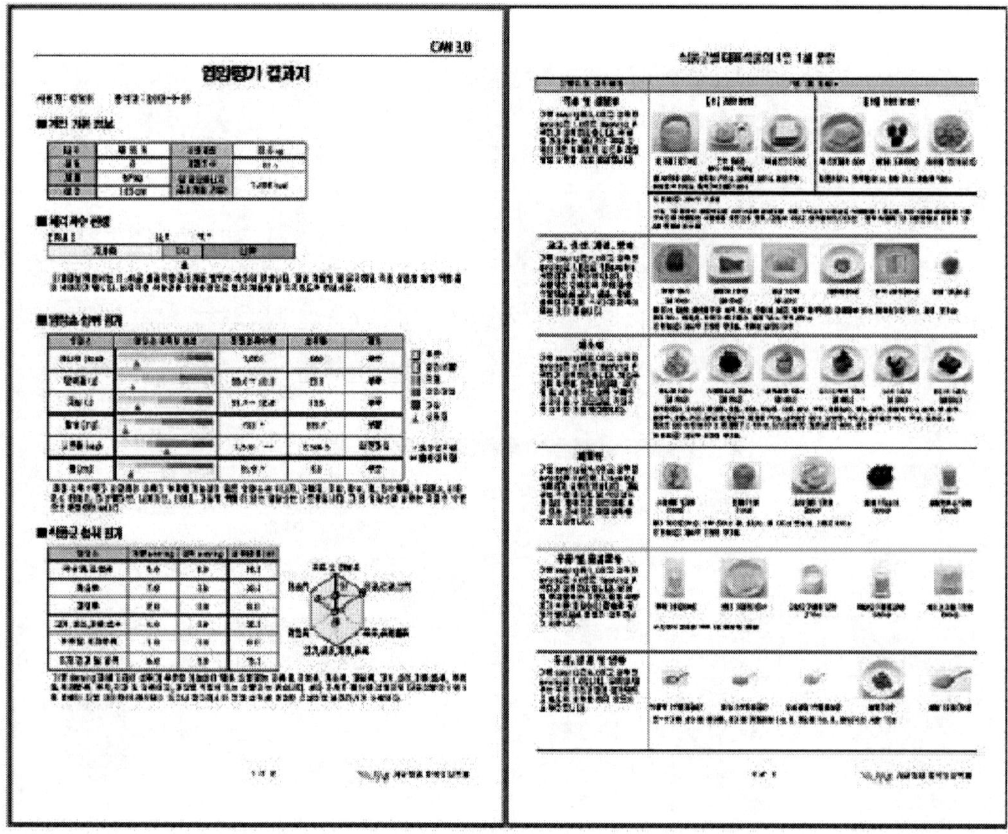

(3) 프로그램의 기본 자료

① 본 프로그램에서 사용된 모든 자료는 한국영양학회에서 제시하는 한국인영양섭취기준 및 식사 구성안에 근거한 자료이다.

② 본 프로그램에서 제시되는 수식 및 판정 기준은 학계에서 인정되는 보편적인 자료에 근거하여 선정된 것이다.

③ 음식 데이터베이스 자료는 급식 관련 연구 및 국민건강영양조사 자료에 근거한 것으로, 한국인이 상용하는 대표적인 음식 재료 및 재료량에 근거하여 구성하였다.

(4) 음식 체계 분류

본 프로그램에서 사용된 총 1,266여 종의 음식들은 대체로 섭취 빈도가 높은 음식들을 기준으로 하였다.

음식은 조리법을 기준으로 하여 24가지로 대분류 하였으며, 주재료가 되는 식품에 따라 중분류하였다. 사용상의 편의를 위하여 음식에 들어간 주재료가 음식명에 반영되도록 하였으므로 사용자가 선택할 음식이 없는 경우에는 음식에 사용된 주재료 식품을 고려하여 음식명을 선택하시면 실제 섭취한 것과 근접한 결과를 얻을 수 있다.

3) 프로그램 활용 방안

① 식사일기 기록하여 영양소 및 식품군별 섭취수준 평가하기
② 자신에게 맞는 영양섭취 기준 알기
③ 자신에게 적합한 식사계획 세우기

6.2 모바일 칼로리 코디 프로그램 및 어플리케이션

이동통신사의 무선 인터넷을 통해 다운로드 받을 수 있는 '칼로리 코디 프로그램 및 어플리케이션'은 자신의 체중과 키를 기본 자료로 입력하고 섭취한 음식과 운동 등 활동 내역을 입력하면 언제라도 자신의 비만도를 체크할 수 있고, 필요한 맞춤형 관리를 할 수 있는 프로그램이다.

주요 기능은 ① 개인의 비만도 평가와 필요 열량 산출, ② 식품별 영양성분 함량 정보, ④ 일일 및 주간 열량평가, ⑤ 신체활동에 따른 칼로리 소비량, ⑥ 식약청이 제공하는 건강정보와 재미있는 미니게임 등이 있다.

식품의약품안전청은 휴대폰을 통해 간편하게 자신의 비만도(BMI)를 체크하고, 식품별 영양성분 함량 정보 및 섭취한 음식의 칼로리를 확인할 수 있는 맞춤형 체중관리 프로그램인 '칼로리 코디'를 개발하였다. 이 프로그램은 체중을 줄이거나 늘리기 위해 섭취해야 할 목표 칼로리를 제시하는 '체중조절 플랜' 기능을 포함하고 있어 매일매일 사용하면 개인의 건강 체중 유지에 도움이 될 수 있는 프로그램이다.

휴대폰 영양관리 프로그램인 '칼로리 코디'를 소비자 편의성과 영양성분 DB를 대폭 보강해 스마트 폰용으로도 프로그램을 개발하여 무료로 프로그램을 제공하고 있다.

[휴대폰 영양관리 프로그램]

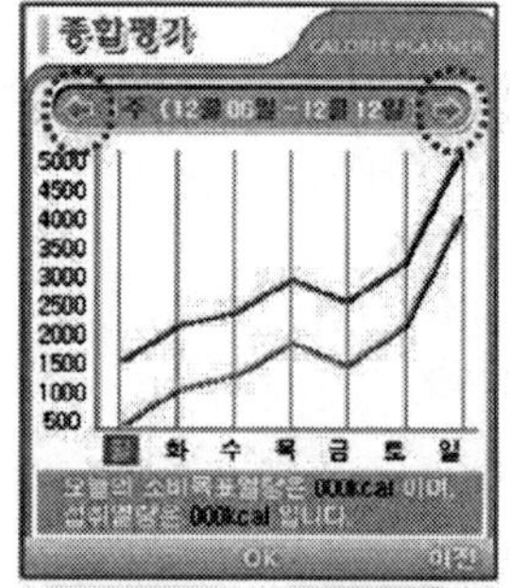

[평가_종합평가]

- 한 주간 유저가 섭취한 열량(kcal)과 소비목표열량을 그래프로 보여줍니다. 자신에게 필요한 목표열량을 확인하고 부족하거나 초과한 경우를 체크해서 일정한 열량을 섭취하도록 도와줍니다.
- 일자를 좌우로 변경하여 지난 평가도 볼 수 있습니다.

※ 소비목표열량 : 목표열량 + 운동소비열량
※ 섭취열량이 많을 경우 '운동칼로리계산기' 를 이용합니다.

[평가_영양평가]

- 하루하루 유저가 섭취한 5대 영양소 정보를 그래프화 해서 보여줍니다.
- 평가를 통해 자신의 현재 부족하거나 과잉인 영양소를 체크, 관리 할 수 있습니다.
- 일자를 좌우로 변경하여 지난 평가도 볼 수 있습니다.

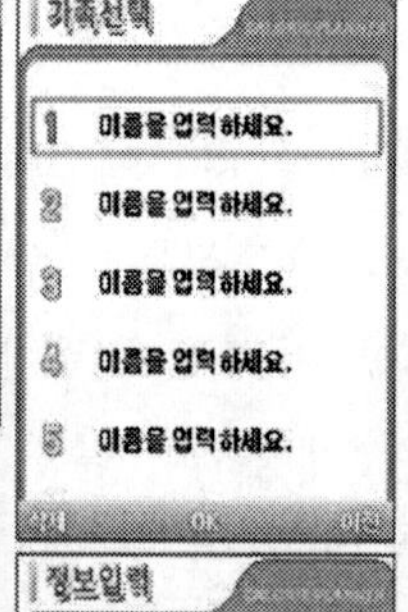

[가족선택]

- 컨텐츠를 기동 시키면 처음에는 '가족선택'을 결정합니다. 이 기능을 통해 하나의 컨텐츠로 자신의 가족들의 건강상태와 칼로리량을 매일 체크 가능합니다. (•최대 5인까지 정보 입력 가능합니다.)

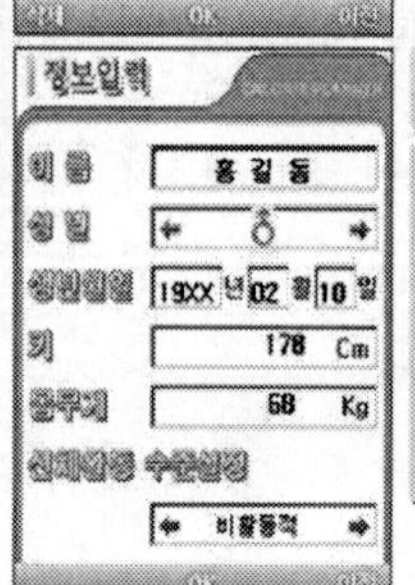

[정보입력]

- 가족원들의 정보를 입력합니다. (이름, 성별, 생년월일, 키, 몸무게, 신체활동수준)
- [신체활동수준설정]은 좌우키로 비활동적,저활동적,활동적,매우활동적 4가지 중 한가지 선택
- 모든 항목 입력 후 [입력완료]선택 시, 다음 화면으로 이동

신체활동수준	표시내용
비활동적	입원환자 등 활동이 제한된 사람들의 활동수준
저활동적	대부분의 시간을 앉아서 하는 정적 활동으로 보냄
활동적	주로 앉아서 보내지만 서서 하는 직업,출근,물건구입,가사,가벼운 운동 등 포함
매우활동적	주로 서서 하는 직업 종사,또는 운동 등의 활발한 여가 활동

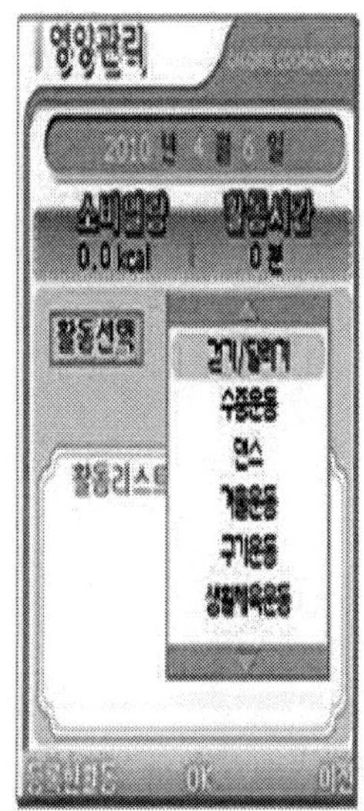

영양관리_신체활동

- 신체활동 항목에서는 하루에 행하는 운동의 소비열량과 활동시간을 확인 할 수 있습니다.
- 활동은 [걷기/달리기, 수중운동, 댄스, 겨울운동, 구기운동, 생활체육운동]으로 구분
- [활동량 조절] : 10분 단위로 조절
- [등록한 활동] 에서 리스트보기, 수정, 삭제 가능

[영양관리_식사_음식검색_분류별 검색]

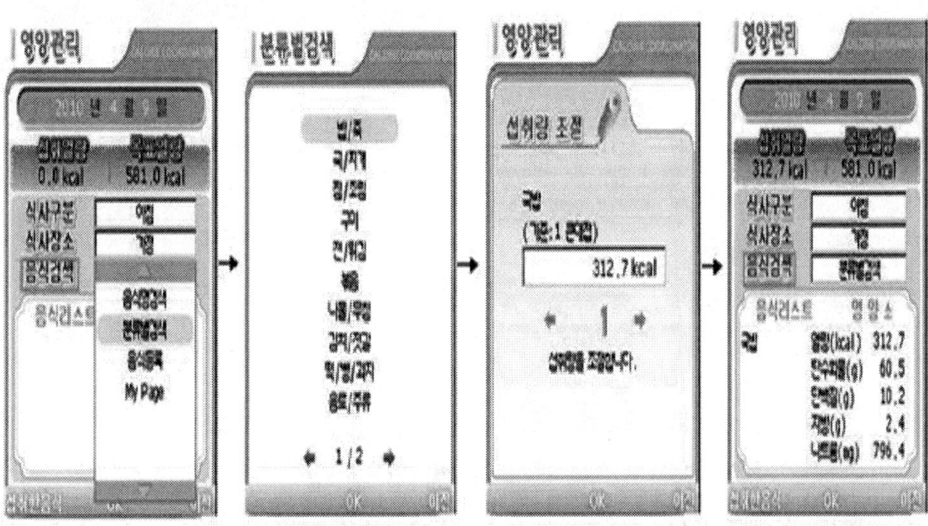

- 13가지의 음식분류 팝업창이 출력됨. '밥/죽'을 선택했을 경우
- 저장된 음식DB에서 '밥/죽' 으로 분류된 모든 음식들이 음식리스트에 출력됨.

- 음식을 선택 후, [섭취량 조절]을 한다.

※ 섭취량은 기준량을 1로 본다.

(1/3, 1/2, 2/3, 1, 1½, 2, 2½, 3)

- 섭취량을 선택하면, 선택한 음식이 등록되고 [섭취한 음식]메뉴에서 확인 가능함.

컨텐츠 진행 - 미니게임

- 식약청 아바타 캐릭터를 이용한 미니게임 입니다.

3개 라인에 등장하는 음식은 1,2,3 번 키에 대응합니다.

숫자 키를 입력하면 음식이 캐릭터에게 이동하고 섭취하게 됩니다.

게임 시작 전에 표시되는 '좋아요', '싫어요'를 기억해서 올바르게 음식을 제공합니다.

'싫어요' 음식을 먹게 되면 라이프가 한 개 감소합니다. 라이프 3개가 모두 감소하면 게임오버가 됩니다.

음식을 계속 먹어 포만도가 가득 찬 경우에는 5번 키를 이용해 물을 마십니다.

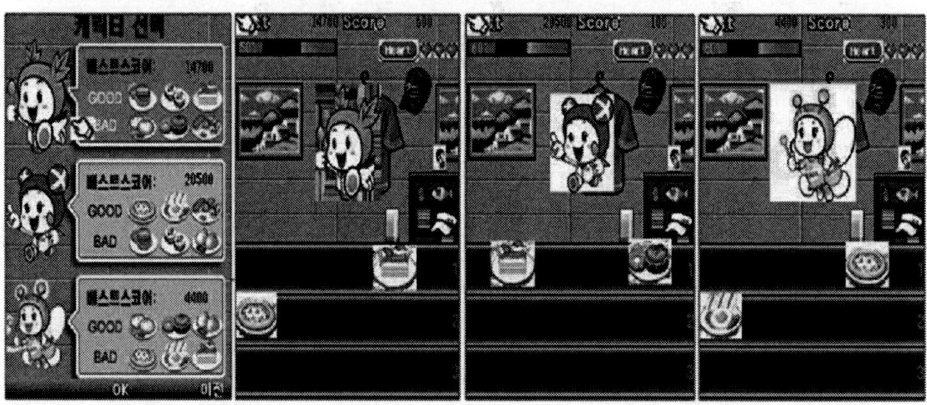

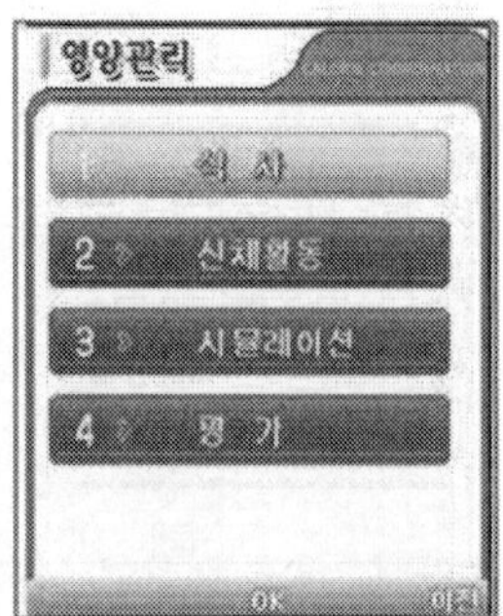

[영양관리]

- 식사 : 유저가 하루하루 섭취한 음식을 입력해서 자신의 목표열량에 맞게 영양섭취하고 있는지 관리하는 항목입니다.
- 신체 활동 : 신체활동설정수준(일상활동)에서의 초과되는 운동의 종류와 시간을 등록합니다.
- 시뮬레이션 : 음식 정보를 입력하기 전 시뮬레이션 가능. 정보는 저장되지 않음
- 평가 : 입력한 내용을 '평가' 통해 그래프로 확인 가능합니다.

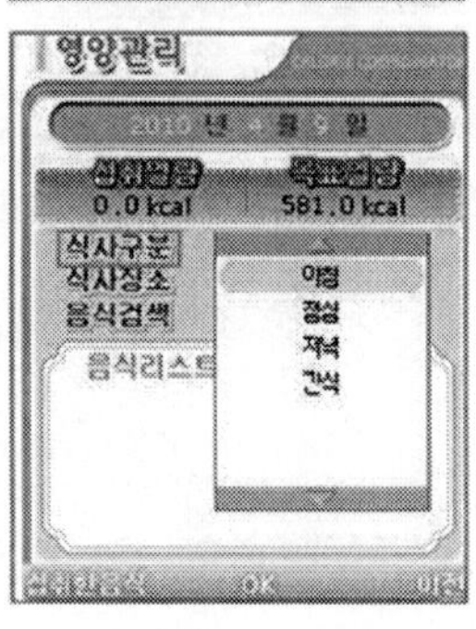

[영양관리_식사]

- 목표열량이 설정되고, 섭취열량이 음식을 등록하면 올라갑니다.
- 식사구분 : [아침, 점심, 저녁, 간식] 선택
- 식사장소 : [가정, 외식] 선택
- 음식검색 : [음식명, 분류별 검색]이 가능하며, 음식등록을 통해 영양표시 된 값을 MyPage에 등록하여 선택할 수 있습니다.

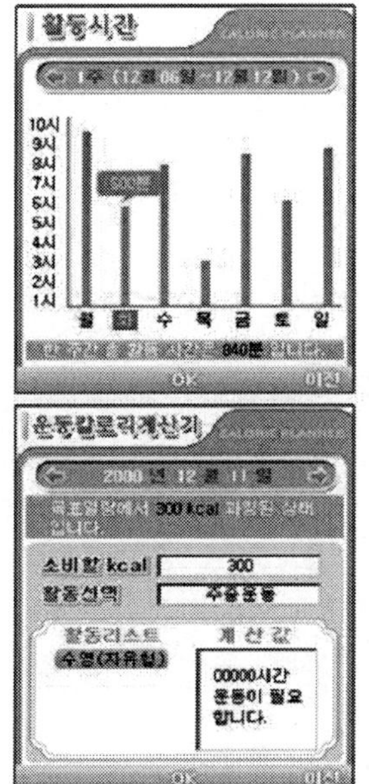

평가 _ 활동시간

● 유저가 선택한 활동정보를 그래프화해서 보여줍니다.
한주간, 선택한 1일의 총 활동 시간을 확인 할 수 있습니다.

평가 _ 운동칼로리 계산기

● 유저가 소비해야 하는 열량(kcal)를 어떤 운동을 통해 얼마나 운동해야 소비 가능한지 간편하게 계산해주는 운동칼로리 계산 기능입니다.

[건강관리] 화면

● 건강관리 항목은 실생활에 유용한 건강정보를 제공합니다.
식생활지침, 질병과영양, 체중관리, 영양표시정보

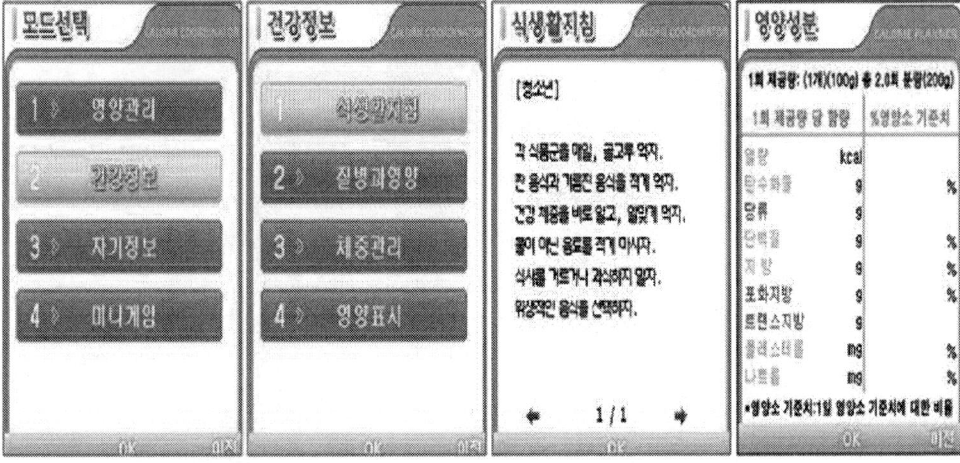

[모바일 어플리케이션]

칼로리 코디 어플리케이션 설치는 안드로이드 마켓에서 '칼로리'로 검색하면 코디 어플리케이션을 무료로 설치할 수 있다. 칼로리 코디는 식품의약품안전청(식약청)에서 개발한 응용프로그램으로 칼로리 사전, 영양관리, 건강정보, 운동칼로리 계산기 등을 통해 자신의 건강관리를 보다 쉽고, 구체적으로 할 수 있다.

1) 칼로리 사전

칼로리 사전은 식약청에서 직접 제공한 식품 DB를 바탕으로 음식별 칼로리 계산

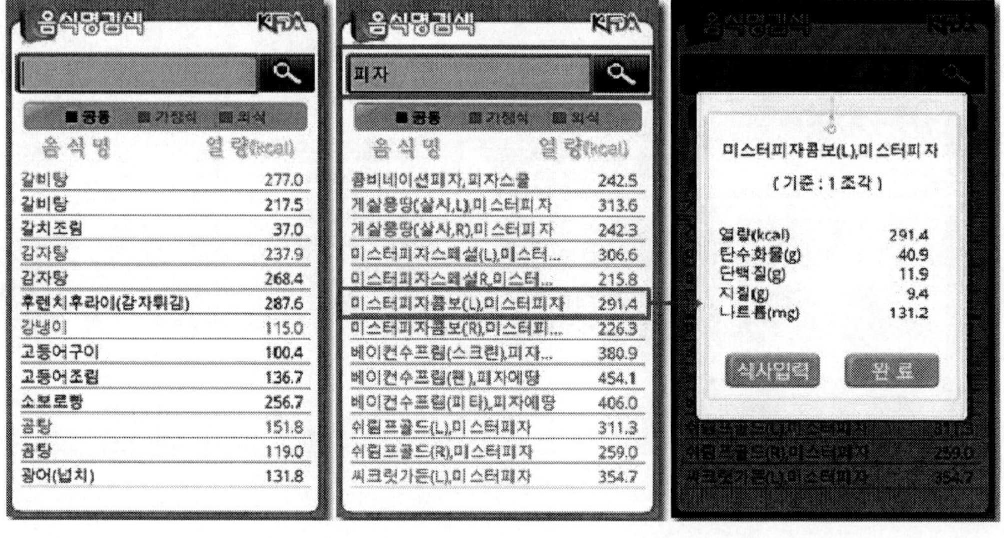

은 물론 필수영양소 함유량까지 한눈에 볼 수 있고, 검색을 통해서 다양한 음식정보를 손쉽게 찾을 수 있다.

2) 영양관리

칼로리 코디의 영양관리 메뉴를 통해 본인의 신체 정보만 입력해도 필요 열량, 건강 체중, 비만도를 확인할 수 있으며, 또한 식약청에서 제공하는 다양한 음식 DB 정보를 통해 개인이 섭취한 칼로리를 쉽게 계산할 수 있다. 또한 영양관리에서는 식사, 활동, 평가 등 하루 동안 먹고 소비한 칼로리를 그래프를 통해 확인할 수 있다.

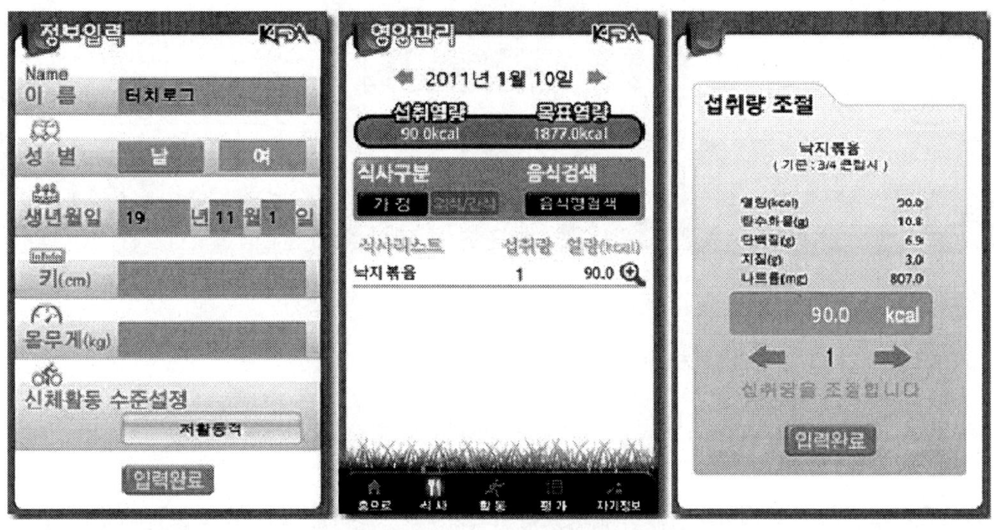

3) 건강정보

임신, 영유아, 어린이, 청소년, 성인 등 연령별 식생활지침을 비롯해 고혈압, 당뇨 등 각종 질병과 영양정보, 비만에 대한 관련정보까지 확인할 수 있다.

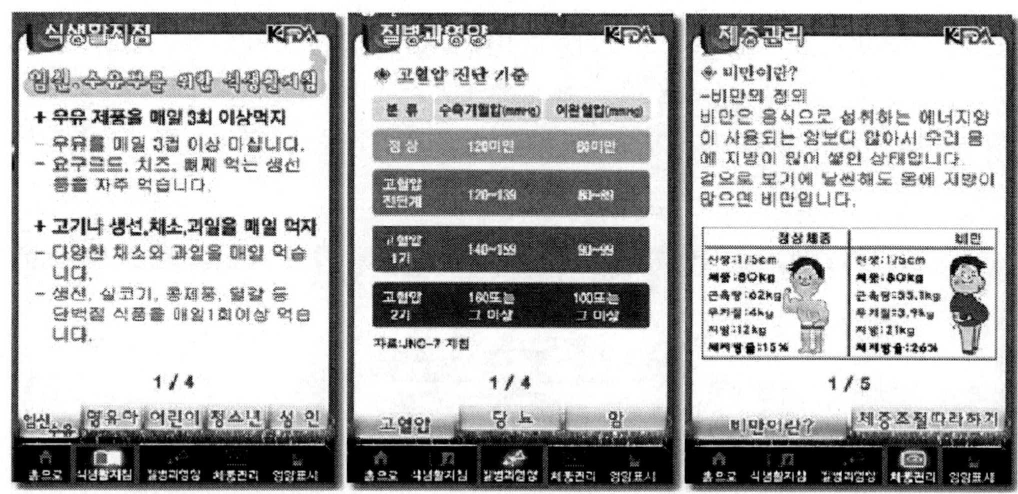

4) 운동 칼로리 계산기

소비할 열량과 활동을 선택하면 선택한 활동량(운동, 걷기 등)에 필요한 시간을 자

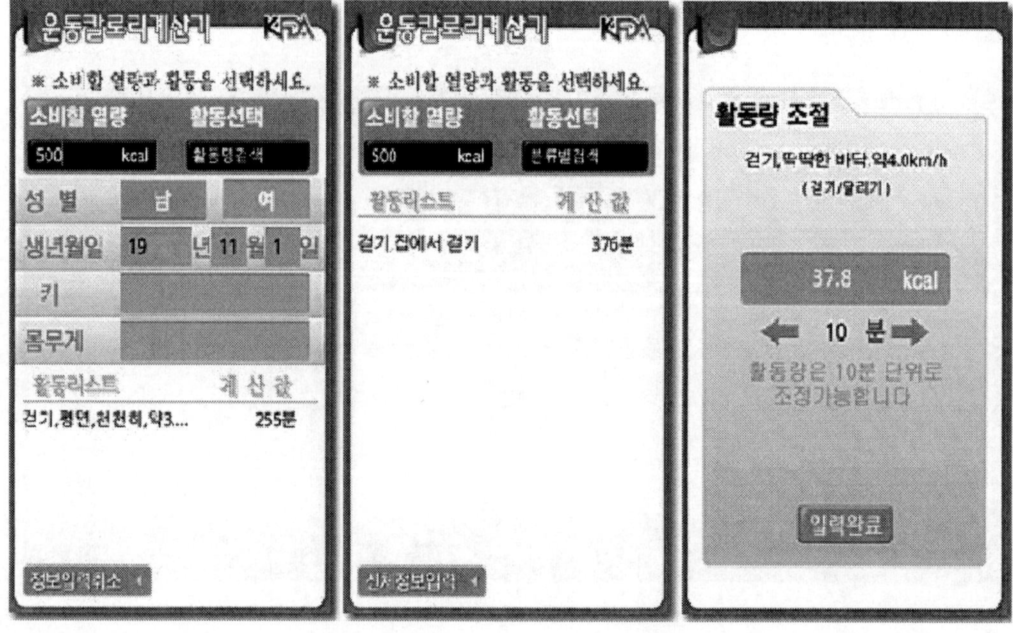

동으로 계산해 주며, 보다 정확한 측정을 위해서는 신체정보를 입력하여 실행한다.

칼로리 코디 어플리케이션은 오늘 먹은 음식과 운동 등의 활동내역을 입력하면 언제라도 개인의 영양상태를 체크할 수 있는 휴대폰용 식사-건강관리 프로그램이다.

참고문헌

1. 강미영. (2003). 발아거대 배아미의 생리활성 효과 탐색 및 기능성 식품에의 이용성 검정. 한국과학재단, 우수 여성과학자 도약과제(R04-2000-00063). 곽충실, 최혜미. (1992).

2. 들기름, 옥수수기름의 섭취와 Acetylaminofluorene 투여가 지질 과산화물 및 PG, TX생성에 미치는 영향. 한국영양학회지 25, 351-359.

3. 권은정, 김영찬, 권미선, 김창섭, 강우원, 이주백, 정신교. (2001). 밤 귀피의 용매분획별 항산화 활성과 항산화 물질의 분리. 한국식품영양학과학지 30, 726-731.

4. 고상돈, 김기순. (1984). 고사리 에탄올 추출액에 의한 혈압 강하작용. 대한생리학회지 18, 171-180.

5. 김광옥, 이혜성. (2007). 고 Isoflavone 콩나물이 만성 에탄올 투여 흰쥐의 지질대사에 미치는 영향. *J. Korean Soc. Food Sci. Nutr.* 36(12), 1544-1552.

6. 김대수. (2005). 최대 운동시 오이(Cucumis Sativus) 섭취가 수분조절 hormone 및 전해질 농도에 미치는 영향. 충북대학교 대학원 박사학위 논문.

7. 김미향, 하배진, 배송자. (2008). 난소 절제한 흰쥐에서 도라지 추출물이 골 대사에 미치는 영향. 동의생리병리학회지 22, 183-188.

8. 김미향, 하배진, 배송자. (2000). 당근 추출물이 난소를 절제한 흰쥐의 혈중 지질 및 항산화효소 활성에 미치는 영향. 생명화학회지 10, 7-13.

9. 김성란 (1999). 콩 및 콩제품 중의 isoflavone 특성. 식품기술 12(4), 3-19.

10. 김수정, 김재광, 김건희. (2004). 참취의 고부가 식품 이용화를 위한 품질 특성 및 기능성 건강음료 개발. 한국조리과학회지 20(3), 310-316.

11. 김연희, 이지혜, 구보경, 이혜성. (2007). 고 이소플라본 콩나물의 고지혈증 개선효과. *J. Korean Soc. Food Sci. Nutr.* 36(10), 1248-1256.

12. 김영호, 차월석, 김종수, 류성렬. (1984). 호도와 잣기름 중의 트리글리세리드 조성에 관하여. 한국생물공학회지 5(4), 341-345.

13. 김용두, 조덕봉, 김경제, 김기만, 허창기, 조인경. (2005). 밤 부위별 추출물의 항균활성. 한국식품저장유통학회지 12(3), 257-262.

14. 김우경, 이경애, 김숙희. (1996). 들기름과 참치유의 섭취가 흰쥐의 지방대사와 eicosanoids 생성에 미치는 영향. 한국영양학회지 29(7), 703-712.

15. 김은미, 김경진, 최진호, 지규만. (2005). 실험쥐를 통한 콩과 콩나물 Isoflavones의 생체 이용성 비교. 한국영양학회지 38(5), 335-343.

16. 김은애 (1998). 오이 추출물의 항산화작용 및 기능성 식품에의 이용. 동아대학교 대학원 석사학위 논문.

17. 김은주, 황성연, 손종연. (2009). 참기름, 흑참기름, 들기름 및 올리브유 추출물의 생리활성. 한국식품영양과학회지 38(3), 280-286.

18. 김은성, 문영은, 이윤기. (2005). Thiopental 투여 후 발생한 아나필락시스. 대한마취과학회지 48(4), 417-419.

19. 김재현, 정종길 (2009). 표고버섯의 항산화능과 알코올 분해능에 미치는 영향. *Kor. J. Herbology* 24(4), 159-164.

20. 김정인, 강민정, 배세연. (2003). Streptozotocin 유발 당뇨쥐에 있어서 콩나물 메탄올 추출물의 혈당 강하효과. *J. Korean Soc. Food Sci. Nutr.* 32(6), 921-925.

21. 김종덕. (2009). 무의 품성과 효능에 대한 문헌연구. 한국농업사학회지. 8(2), 115-146.

22. 김지영. (2010). 밤 추출물의 항산화활성 및 암세포주에 대한 세포독성 효과. 진주산업대학교 석사학위 논문.

23. 김지은. (2007). Effect of heat-treated cucumber(cucumis sativus L.) juice on detoxification of alcohol, carbon tetrachloride and lead in rats. 대구대학교 석사학위 논문.

24. 김현구, 권명주, 김영언, 낭궁배. (2004). 마이크로웨이브 추출조건에 따른 참취 추출물의 총 폴리페놀 함량 및 항산화작용의 변화. *Kor. J. Food Preservation* 11(1), 88-93.

25. 김희숙, 김군자, 김한수. (1998). 도라지의 급이가 고 콜레스테롤혈증 흰쥐의 간기능 및 간조직의 지질조성에 미치는 영향. *Kor. J. Food & Nutr.* 11(3), 312-318.

26. 노숙령, 김도희. (2002). 인체 폐암 세포주 NCI-H1299에 대한 당근 추출물의 항암효과. *J. East Asian Soc. Dietary Life* 12(4), 289-298.

27. 류혜숙. (2004). 생강 및 참취 추출물이 마우스의 면역기능에 미치는 영향. 숙명여대 대학원 박사학위 논문.

28. 박건영, 이경임, 이숙희. (1992). 녹황색 채소류의 돌연변이 유발 억제 및 AZ-521 위암세포의 성정 저해효과. *Kor. J. Food & Nutr.* 21(2), 149-153.

29. 박민경, 진영건, 김동건, 진주연, 이영재. (2007). 표고버섯 추출액이 loperamide로 유도된 변비에 미치는 영향. *Kor. J. Food Sci. Technol.* 39(1), 88-93.

30. 박민정, 류호경, 한지숙. (2007). 다시마 추출물이 제2형 당뇨병 환자의 혈당, 지질 및 항산화 체계에 미치는 영향. *J. Korean Soc. Food Sci. Nutr.* 36(11), 1391-1398.

31. 박샛별 (2009). 은행 잎, 종실 및 외종피 추출물의 항균활성에 관한 연구. 한경대학교 대학원 석사학위 논문.

32. 박영서, 정명수. (2005). 잣 성분의 혈중 콜레스테롤 저하효과. *Kor. J. Food Sci. Technol.* 37(5), 702-708.

33. 박자영, 허진철, 우상욱, 신흥묵, 권택규, 이진만, 정신교, 이상한. (2007). 시금치 추출물에 의한 뇌세포 사멸 보호효과. *Kor. J. Food Preservation.* 14 (4), 425-430.

34. 박정민, 이성현, 김정옥, 박홍주, 박재복, 신정임. (2004). 자궁경부암 동물세포에서 표고버섯의 in vitro 및 in vivo 항암효과 Apoptosis에 의한 종양세포주의 성장억제. *Kor. J. Food Sci. Technol.* 36(1), 141-146.

35. 박종철, 유영법, 이종호, 김남재. (1994). 한국산 식용식품의 화학성분 및 생리활성(Ⅵ)-참죽나무 잎, 미나리, 쑥의 항염증 및 진통효과. *J. Korean Soc. Food Sci. Nutr.* 23(1), 116-119.

36. 박종철, 김종연, 이윤주, 이지선, 김보금, 이승호, 남두현. (2008). Acetaminophen으로 유도한 쥐의 간 독성에 대한 미나리(Oenanthe javanica) 추출액의 간 보호작용. *Yakhak Hoeji* 52(4), 316-321.

37. 박현애. (1996). 고사리에서 분리된 추출물이 마우스의 면역계에 미치는 영향. 고려대학교 대학원 석사학위 논문.

38. 배재오. (1991). 은행종실 및 잎 추출물의 항산화 효과에 관하여. 경북대농학지 9, 61-69.

39. 변부형, 서부일. (2001). 고지방식이를 섭취시킨 흰쥐의 혈청 지질성분에 도라지가 미치는 영향. *Kor. J. Herbology* 16(2), 35-40.

40. 서덕자. (2010). 오이 추출액의 피부첩포에 따른 피부개선 효과 연구. 조선대학교 대학원 석사학위 논문

41. 성낙주, 이수정, 신정혜, 이일숙, 정영철. (1996). 도라지 추출액이 Alloxan 유발 당뇨성 흰쥐의 혈당 및 지질성분에 미치는 영향. *J. Korean Soc. Food Sci. Nutr.* 25(6), 986-992.

42. 정덕화, 김찬조. (1986). Aspergillus Parasiticus R-716의 생육 및 aflatoxin 생성에 미치는 채소 추출물의 영향. *Korea J. Senitat* 1(1), 109-117.

43. 오마이 뉴스(황재관 교수 분석 인용). 2008. 10.09. 배아미를 아시나요?

44. 오병미, 권미향, 나경수. (1994). 고사리 열수 추출물로부터 보체계 활성화 산

성 다당의 분리 및 특성. *Kor. J. Food & Nutr.* 7(3), 159-168.

45. 오세권. 2009. 새싹채소 발효액을 이용한 건강보조식품 조성물의 제조방법. 등록특허 10-0886090.
46. 오세인, 이미숙. (2007). 표고버섯 에탄올 추출물의 산화적 스트레스 억제효과와 항돌연변이 효과. *Kor. J. Food & Nutr.* 20, 341-348.
47. 오인석. (2010). 구강암 세포주에 대한 고사리 추출물의 항암효과에 관한 연구. 조선대학교 대학원 석사학위 논문.
48. 오창경, 김명철, 오명철, 양태석, 현재석, 김수현. (2010). 호박분말 효소 가수분해물의 항산화활성. *J. Korean Soc. Food Sci. Nutr.* 39(2), 172-178.
49. 오창경, 오명철, 김성홍, 임상빈, 김수현. (1998). 미역과 다시마 에탄올 추출물의 항돌연변이 및 항균효과. *J. Korean Fish Soc.* 31(1), 90-94.
50. 오혜숙, 김준호, 이명희. (2003). 팥과 녹두의 이소플라빈 함량과 항산화 및 혈전용해 활성. *Korean J. Soc. Food Cookery Sci.* 19(3), 263-270.
51. 윤재영, 이서래 (1988). 고사리의 돌연변이 유발성. *Kor. J. Food Sci. Technol.* 20, 558-562.
52. 윤태헌, 이상무. (1994). 한국산 잣기름이 정상 토끼의 혈중 지방질 및 지단백질의 대사에 미치는 영향. *Korean J. Nutr.* 27(4), 323-335.
53. 이 은, 박영훈, 염상철. (2005). 미나리 즙이 과산화 지질과 알코올을 투여한 흰쥐의 체지질 구성, 간장기능 및 항산화능에 미치는 영향. *Korean J. Plant Res.* 18(2), 343-350.
54. 이경애, 김무성, 조홍범. (2008). 미나리 발효액이 장내 유해세균 및 유익균의 in vitro 생육 및 효소활성에 미치는 영향. *J. Microbiology* 44(4), 358-361.
55. 이경임, 박건영, 이숙희. (1992). 아플라톡신과 4-NQO에 대한 녹황색 채소류 항돌연변이 효과. *J. Korean Soc. Food Sci. Nutr.* 21(2), 143-148.
56. 이경임, 이숙희, 박건영. (2004). 미나리와 돌미나리의 돌연변이 유발 억제작용과 항산화 작용. *Kor. J. Community Living Sci.* 15(1), 49-55.
57. 이성현 외 (2004). 표고버섯의 급여가 SHR 흰쥐의 혈압 및 혈정지질 수준에 미치는 영향. 한국영양학회지 37, 509-514.
58. 이숙희, 공규리, 정근옥, 박건영. (2003). 지방식이를 섭취한 흰쥐에서 고추장의 체중 및 지방조직과 혈청내의 지질 감소효과. *J. Korean Soc. Food Sci. Nutr.* 32(6), 882-886.
59. 이승은, 성낙술, 정태영, 최미연, 윤은경, 정유진. (2001). 참취 분말이 에탄올을 투여한 흰쥐의 항산화계에 미치는 효과. *Kor. J. Food Sci. Technol.* 30(6), 1215-1219.
60. 이영국, 박관규, 신정임, 신임희, 박재신. (2007). 신우신염 흰쥐 모델에서 표고

버섯의 신반흔 억제효과. *Korean J. Urology* 48(3), 315-320.

61. 이영애, 김미향. (2008). 다시마 추출물이 갱년기 유도 흰쥐의 collagen 및 collagen 가교물질의 형성에 미치는 영향. *J. Life Sci.* 18(11), 1578-1583.

62. 이영애, 김미향. (2008). 다시마 추출물이 난소를 절제한 흰쥐의 혈중 지질함량에 미치는 영향. *J. Life Sci.* 18(2), 249-254.

63. 이인숙. (2008). 들기름의 오메가-3 지방산이 콜레스테롤을 투여한 흰쥐 혈청 성분에 미치는 영향. 명지대학교 박사학위 논문.

64. 이지영 외 (1998). 도라지 추출 성분의 암세포 증식 억제효과. *Kor. J. Food Sci. Technol.* 30, 13-21.

65. 이현주, 정미자, 조재열, 함승식, 최면. (2008). 국내산 밤 일부 품종의 기능성 성분 분석과 항산화 및 대식세포 활성. *J. Korean Soc. Food Sci. Nutr.* 37(9), 1092-1101.

66. 이혜진, 한대석, 김미경. (2001). 참취의 건분 및 녹즙이 흰쥐의 지방대사와 항산화능에 미치는 영향. *Koeran J. Nutr.* 34(4), 375-383.

67. 임상선, 이종호 (1997). 참취 및 씀바귀 첨가식이가 고지혈증 흰쥐의 심혈관 수축과 이완 및 혈관 내피세포에 미치는 영향. *J. Korean Soc. Food Sci. Nutr.* 26(2), 300-307.

68. 장민아, 이경순, 서정숙, 최영선. (2002). 다시마 추출물의 급여가 당뇨 쥐의 중성 스테로이드와 담즙산 배설에 미치는 영향. *J. Korean Soc. Food Sci. Nutr.* 31(5), 819-825.

69. 장석암, 최용어. (1999). 캡사이신과 들기름 섭취가 혈청 Glucose, Triglyceride와 Cholesterol에 미치는 영향. *The Korean J. Physical Education.* 38(2), 449-459.

70. 정덕화, 김찬조 (1986). *Aspergillus Parasiticus* R-716의 생육 및 aflatoxin 생성에 미치는 채소 추출물의 영향. *Korean J. Sanitat.* 1(1), 109～117.

71. 정숙현, 문숙희 (2001). 오이 추출물의 항돌연변이 및 항미생물 효과. *J. Korean Soc.Food Sci. Nutr.* 30(6), 1164-1170.

72. 정제기, 정태영, 나상무. (1976) 콩나물의 스테롤 성분에 관한 연구. *Korean J. Nutr.* 9(3), 26-30.

73. 주강현, 박경하, 송화섭, 우자원, 장지훈, 이기복. (2009). 전주음식의 DNA와 한브랜드화 전략- 전주음식. 민속원. ISBN 978-89-5638-715-4.

74. 조영자, 김현아, 방미애, 김은희. (2002). 식이 중 표고버섯의 섭취가 당뇨 유발 쥐의 혈당과 지질농도 및 Glutathione 효소계에 미치는 영향. *Korean J. Nutr.* 35(2), 183-191.

75. 조영자, 방미애 (2004). Streptozotocin-유발 당뇨 쥐에서 다시마 추출물 첨가 식이의 항당뇨 및 항산화 효과. *Korean J. Nutr.* 37(1), 5-14.

76. 주종재 (2000). 고지방식이를 섭취시킨 흰쥐에서 고추장의 항비만효과. *Korean J. Nutr.* 33(8), 787-793.

77. 지희연, 노재승, 김정태, 이선주, 김미정, 한상준, 정일민. (2005). 콩나물의 영양성분과 isoflavones 함량에 미치는 광질의 효과. *Koeren J. Crop Sci.* 50(6), 415-418.

78. 차배천, 이혜원, 임태진. (2003). 도토리와 밤 외피의 항산화 성분 및 활성. *Yakhak Hoeji* 47(4), 212-217.

79. 차연수, 김형연, 소주련, 오석흥. (2000). 콩의 발아에 따른 카르니틴 함량 변화. *J. Korean. Soc. Food Sci. Nutr.* 29(5), 762-765.

80. 천석조, 박영호 (1984). 잣기름의 triglyceride 조성. 한국식품과학회지 16(2), 179-181.

81. 최무영, 최은정, 이은, 박희준. (2000). 미나리즙이 고지방식이를 급여한 흰쥐의 혈청지질 구성에 미치는 영향. *Korean J. Plant. Res.* 13(1), 54-60.

82. 최선필, 강미영, 남석현. (2004) : 유색미 겨 추출물의 염증반응 억제활성. 한국응용생명화학회지 47(2), 222-227.

83. 최애란, 성숙경. (2008). 인삼과 당근즙액 첨가 참취녹즙이 흰쥐의 혈청지질에 미치는 영향. *Kor. J. Food Preservation* 15, 897-902.

84. 최춘언 (1996). 들기름의 섭취와 영향. 식품공업 134, 17-21.

85. 한명주, 임혜영. (1999). 들기름에 대한 칡 추출물 분획의 항산화 효과. *Korean J. Soc. Food Sci.* 15(2), 114-120.

86. 함승시, 황보현주, 최승필, 이의용, 조미애, 이득식. (2001). 참취뿌리 에탄올 추출물의 유전독성 억제효과. *J. East Asian Soc. Dietary Life.* 11(6), 466-471.

87. 한은주, 노승배, 배송자. (2000). 인체 암세포에 대한 당근 추출 성분의 세포독성 효과. *J. Korean Soc. Food Sci. Nutr.* 29(1), 153~160.

88. Aeda N. (2007). Anti-Tumor Effects of the Glycolipids Fraction from Spinach which Inhibited DNA Polymerase Activity. *Nutr. Cancer* 57, 1216-223.

89. Asherson GL, and Ptak W. (1968). Contact and delayed hypersensitivity in the mouse. I. Active sensitization and passive transfer. *Immunology* 15, 405-407.

90. Byun, BH (2003). Antiobesity effects of Platycodon grandiflorum extract on body weight change and serum lipid profiles of obese rats induced high fat diet. *Kor. J. Life Sci.* 13, 896-902.

91. Carbonero ER *et al.* (2008). Lentinus edodes heterogalactan : Antinociceptive and anti-inflammatory effects. *Food Chemistry* 111, 531-537.

92. Enavall E, and Perlmann P. (1972). Enzyme-linked mmunosorbent assay III, Quantitation of specific antibodies of enzyme labelled anti-immunoglobulin in antiben-coated tubes. *J. Immunol.* 109(1), 129-135.

93. Hsu, D. Z., Chen, K. T., Chien, S. P., Li, Y. H., Huang, B. M., Chuang, Y. C., Liu, M. Y. (2006). Sesame oil attenuates acute iron-induced lipid-peroxidationYassociated hepatic damage in mice. *Shock.* 26, 625-630.

94. Hsu, D. Z., Liu, C. T., Li, Y. H., Chu, P. Y., Liu, M. Y. (2010). Protective effect of daily sesame oil supplement on gentamicin-induced renal injury in rats. *Shock.* 33, 88-92.

95. Hsu, D. Z., Chien, S. P., Li, Y. H., Chuang, Y. C., Chang, Y. C., Liu, M. Y. (2008). Sesame oil attenuates hepatic lipid peroxidation by inhibiting nitric oxide and superoxide anion generation in septic rats. *J. Parenter Enteral Nutr.* 32, 154-159.

96. Ikemoto S. *et al.* (1996). High-fat diet-induced hyperglycemia and obesity in mice: Differential effects of dietary oils. *Metabol.* 45, 1539-1546.

97. Jiao Shen *et al.* (2009). Effect of the culture extract of Lentinus edodes mycelia on splenic sympathetic activity and cancer cell proliferation. Autonomic Neuroscience: *Basic and Clinical.* 145, 50-54.

98. Kerstin Schnäbele *et al.* (2008). Effects of carrot and tomato juice consumption on faecal markers relevant to colon carcinogenesis in humans. *British Journal of Nutrition.* 99, 606-613.

99. Kim *et al.* (2005). Germination effect of soybean on its contents of lsoflavones and oligosaccharides. *Food science and biotechnology* 14, 498-502.

100. Kim, H. J., Kang, J. S., Park, H. R., Hwang, Y. I. (2010). Neuroprotective effects of methanolic extracts from peanut sprouts. *J. Life Sci.* 20(2), 253-259.

101. Kim H, Back YS, Kim YA. (2003). Inhibitory effect of Anaphylaxis is by mentha herba water extract. 한국미용학회지. 9(2), 3-12.

102. Kim MN *et al.* (2001). Cytotoxicity and antigenotoxicity effects of Cordyceps militaris extracts. *J. Korean Soc. Food Sci. Nurt.* 30, 921-927.

103. Kim SH, Kim DK, Chae BS and Shin TY. (2003). Inhibitory effect of Isodon japonicus hara on mast cell-mediated immediate-type allergic reactions. *Kor. J. Pharmacogen.* 34(2), 132-137.

104. Kim, S. J., Kang, E. J., Park, H. S., Kim, S. J., Choi, M. H., Kim, G. H. (2004). Quality characteristics of aster scaber and development of functional healthy drinks using its extract. *Korean J. Soc. Food Cookery*

Sci. 20, 310-316.

105. Kleijnen J and P. Knipschild. (1992). Ginkgo biloba for cerebral insufficiency. *Br. J. Clin. Pharmacol.* 34, 352-358.

106. Koo, B. S. *et al.* (2008). Fermented Kochujang Supplement Shows Anti-obesity Effects by Controlling Lipid Metabolism in C57BL/6J Mice Fed High Fat Diet. *Food Sci. Biotechnol.* 17, 336-342.

107. Lee, B.W. *et al.* (1991). Antimicrobial effect of some plants extracts and their fractionates for food spoilage micoroorganism. *Korea J. Food Sci. Tcchnol.* 23, 200-204.

108. Lee, M. K. *et al.* (2008). Isorhamnetin from Oenanthe javanica Attenuates Fibrosis in Rat Hepatic Stellate Cells via Inhibition of ERK Signaling Pathway. *Natural Product Sciences* 14(2), 81-85.

109. Lena M. Goh *et al.* (2002). Antioxidant capacity in Ginkgo biloba. *Food Research International* 35, 815-820.

110. Maeda N. *et al.* (2005). Effect of DNA polymerase inhibitor and antitumor activities of lipase-hydrolyzed glycolipid fractions from spinach. *J. Nutr. Biochem.* 16, 121-128.

111. Matsubara K. *et al.* (2005). Inhibitory effect of glycolipids from spinach on in vitamin and ex vivo angiogenesis. *Oncol. Rep.* 14, 157-160.

112. Mosmann T. (1983). Rapid colorimetric assay for cellular growth and survival application to proliferation and cytotoxic assays. *J. Immunol. methods.* 65(1-2), 55-63.

113. Oh JK *et al.* (2007). Neuroprotective Effects of Ginkgo biloba extract, GBB, in the Transient Ischemic Rat Model. *The Journal of Applied Pharmacology* 15, 169-174.

114. Oh SM *et al.* (2008). Effect of Ginkgo Biloba on in vitro osteoblast cells and ovariectomized rat osteoclast cells. *Arch. Pharm. Res.* 31, 216-224.

115. Oh and Choi. (2001). Changes in the levels of γ-aminobutyric acid and glutamate decarboxylase in developing soybean seedlings. *J. Plant Res.* 114, 309-313.

116. Oh *et al.* (1996). Puricication and characterization of phytoferritin. *Journal of biochemistry &molecular biology* 29, 540-544.

117. Oken BS *et al.* (1998). The Efficacy of Ginkgo biloba on Cognitive Function in Alzheimer Disease. *Arch Neurol.* 55, 1409-1415.

118. Okuno M. *et al.* (1997). Perilla oil pervents the excessive growth of visceral adipose tissue in rats but down-regulating adipocyte differentiation.

J. Nutr. 127, 1757-1757.

119. Oh and Oh. (2003). Brown rice extracts with enhanced levels of GABA stimulate immune cells. *Food Sci. Biotechnol.* 12, 248-252.

120. Oh et al. (2003). Germinated brown rice extract shows a nutraceutical effect in the recovery of chronic alcohol-related symptoms. *J. Med. Food.* 6(2);115-21.

121. Oh and Oh. (2004). Effects of germinated brown rice extracts with enhanced levels of GABA on cancer cell proliferation and apoptosis. *J. Med. Food.* 7(1), 19-23.

122. Oh *et al.* (2005). Effect of water extract of germinated brown rice on adiposity and obesity indices in mice fed a high fat diet. *Journal of Food Science and Nutrition* 10(3), 207～309.

123. Oh *et al.* (2003). γ-aminobutyric acid(GABA) content of selected ncooked foods. *Nutraceuticals and Food* 8, 1～112.

124. Park, M. J *at al.* (2006). Protective effects of the BuOH fraction from Laminaria japonica extract on high glucose-induced oxidative stress in human umbilical vein endothelial cell. *J. Food. Sci. Nutr.* 11, 94-99.

125. Park J.A. *et al.* (1999). Effect of Korean native plant diet on lipid metabolism, antioxidative capacity and cadmium deoxification in rats. *Korean J. Nutr.* 32, 353-357.

126. Park, S.G. (1989). Studies and technique: Food utility value and culture methods of sprout-vegetables. *Kor. J. Fac. Hort. Res.* 2(2):34.

127. Park, K. Y. *et al.* (2001). Inhibitory effect of Kochujang extracts on the tumor formation and lung metastasis in mice. *J. Food Sci. Nutr.* 6, 187-191.

128. Park JY *et al.* (2007). Spinacia oleracea Extract Protects against Chemical -Induced Neuronal Cell Death. *Korean Journal of Food Preservation* 14, 425-430.

129. Porrini M. *et al.* (2002). Spinach and tomato consumption increases lymphocyte DNA resistance to oxidative stress but this is not related to cell acrotenoid concentrations. *Eur. J. Nutr.* 41, 95-100.

130. Roitt I, Brostoff J and Male D. (2001). *Immunology* 6th Ed. Mosby Publishing, U.K.:1-45

131. Shin, S. L., Chang, Y. D., Jeon, A. R., Lee, C. H. (2009). Effect of Different Greening Periods on Antioxidant Activities of Sprout Vegetables of Coreopsis tinctoria Nutt. and Saussurea pulchella(Fisch.) Fisch. *Kor. J.*

Hort. Sci. Technol. 27(3): 503-510.

132. Shin TY, Won JH, Kim HM and Kim SH. (2001). Effect of Alpinia oxyphylla fruit extract on compound 48/80 induced anaphylactic reactions. *Am. J. Chin. Med.* 29(2), 293-302.

133. Shortman K and Backson H (1974). The differentiation of T lymphocytes, I: Proliferation kinetics and interrelation-ships of subpopulations of mouse thymus cells. *Cell. Immunol.* 12(2), 230-246.

134. Song HJ. (1997). Studies on the Antiallergic effect of RADIX ASARI. *J. of Hebology.* 12(2), 143-155.

135. Swetha Mahadevan *et al.* (2008). Modulation of cholesterol metabolism by Ginkgo biloba L. nutsand their extract. *Food Research International* 41, 89-95.

136. Vijayalakshmi Purushothaman MSc *et al.* (2008). Supplementing iron bioavailability enhanced mung bean. *Asia Pac. J. Clin. Nutr.* 99-102.

137. Yun Wang *et al.* (2005). Dietary supplementation with blueberries, spinach, or spirulina reduces ischemic brain damage. *Experimental Neurology* 193, 75-84.

138. Yoon, H. Y., Lee, J. G., Jeong, J. C., Ok, H. C., Kim, C. G. (2006). Effect of temperature and light on the antioxidative polyphenols contents in tatary buckwheat sprout. *Kor. J. Med. Crop Sci.* 51:378-379.

139. 中島泉외 2인 저, 오찬호 역(2006). 심플면역학(제3판). 메디컬코리아:17-37.

찾아보기

ㅇ

ㅈ

ㅊ

비빔밥 산업화

2021년 4월 5일 초판 인쇄
2021년 4월 10일 초판 발행

저 자 : 조문구
펴낸이 : 천승배
펴낸곳 : 도서출판 유한문화사

주소 : 경기도 고양시 덕양구 지도로124번길 8-35
전화 : (02) 2668-2055
팩스 : (02) 2668-2565
http://www.yuhansa.com
E-mail : yuhansa@hanmail.net

등록 : 제 5-31호. 1979. 3. 6.

값 28,000 원

ISBN : 978-89-7722-947-1 93590